nowledge. 知識工場

Knowledge is everything！

nowledge.
知識工場
Knowledge is everything！

nowledge. 知識工場

Knowledge is everything！

隨書附贈 超方便日文mail立即貼書寫軟體「JBM」

零失誤！

# 日文商用 E-mail 即貼即用

好用句

超好貼光碟

範本

免煩惱・馬上用

到日商公司上班，就要先準備好這本——

NEWS

三木 勳／著

# 前言

對於職場上班族、商務人士而言，其必備的技能便是溝通的技巧。不論是在日商公司工作或是和日商企業貿易往來都必須使用到日文商用文書，通常一封合宜且適切的書信更能促進雙方的合作關係更為順暢。學會如何掌握要點寫出正確的商務信，可以說是決定此筆生意是否成功的重要關鍵也不為過。如今因網路的發達及普及，電子郵件（E-Mail）的便捷，縮短了書信往來的時間，經濟效益更強，使得其使用率早已超越了傳統書信，尤其是對於從事與國外貿易往來的人士而言，在商務上最不可欠缺之工具就是電子郵件。

商務上的書信是不允許任何出錯的，只要一個小疏失就可能為公司帶來大損失，因此正確的溝通方式是必須的。而和日本客戶往來，還要注意到正確使用敬語的禮儀，以免貽笑大方。目前的日本商務E-mail仍舊還是墨守傳統的商業慣例之措辭和方式。筆者發現就連日本的社會新鮮人還是會為了如何寫商務mail而傷透腦筋。

那麼，該如何是好呢？

## 唯一的解決之道就是模仿！

只要模仿前人所寫的文件和電子郵件的方式以及其遣詞用字即可。通常這些日常業務所需的商務E-mail其實是大同小異的，大部分是可以直接套用的，只要依個人需求加以修改、調整即可。

本書貼心打造上百封包含完整起承轉合之全篇式日文E-mail範例，供你隨時需要隨時查找！拒絕降價、請求延期付款、迎新送舊、尾牙邀請、婚喪喜慶……統統都找得到對應的範例。記載了各種商務情境中會派上用場的郵件範本和措辭，請在需要的時候，翻開本書找到您需要的類向和主題，然後模仿即可。

本書中的每一封E-mail，會先依照主題類向將「書寫結構」標示出來，從開頭問候語開始，包括「道謝信函、致歉信函、說明信函、詢問信函、請求信函、允諾信函、拒絕信函、寄送領收信函、祝賀信函、知會信函、通知信函、抱怨催促信函、慰問信函」，……等，主題廣泛齊全，所有狀況都找得到對應的範例。可以說是專為在日商工作的上班族所設計的，不再抓破頭，就能「照著抄・好好貼・輕鬆寫」的日文商用、職場E-mail的範例大全，就算日文程度很普通也不用怕！

希望各位讀者能好好活用本書，寫出很酷又合宜的商務郵件，進而促進各位在商場上的生意順遂成功。

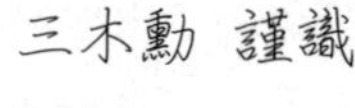


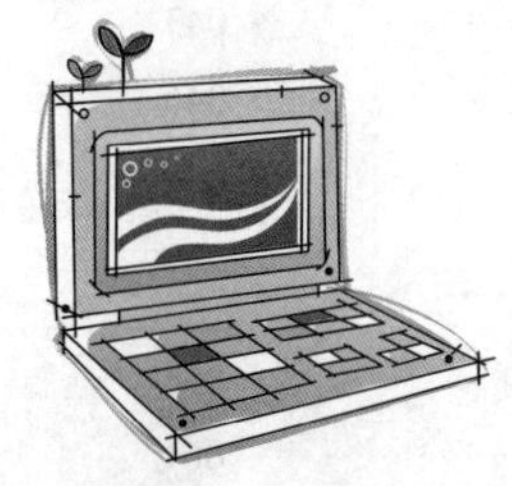

# Part 1 商用書信書寫要點



# Part 2 對外郵件

# 目錄

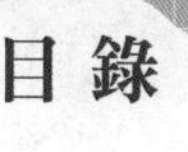

## Part 3 公司內部的對內郵件

# /本書特色/

1. 收錄了106封的E-mail範文和豐富的例句，依用途分門別類，包含了各式商務、職場上的情境，方便你輕鬆又快速地處理公司內部／對外郵件。

2. 清楚說明各商務、職場情境的郵件在結構上和寫法上的差異，及應該著重在書寫哪些內容。

3. 106封的E-mail範文採用中日對照，一頁中文，一頁日文，再轉以單字解說，書寫重點說明，讓您立即就可應用、抓到要領。

4. 每個信件主題後設計了「好用句」單元。並將實用例句按「開頭語」「正文」「結語」，分組收錄，方便讀者自行依自己的情況書寫出道地的商用Email。

5. 貼心將好用句依**【一般】【正式】【簡略】【客套】**列出，讀者可依和對象的親疏選用，以避免寫出失禮的日文商務信。

6. 隨書附贈：日文mail立即貼書寫軟體「JBM」
內有本書的範文和例句，複製 copy 貼上 paste吧！

**Step 1** 依照軟體的指示在「開頭」「正文」「結語」的選單裡選擇你要的句子，就可以自動產生出符合自己需求的日文mail。

**Step 2** 速查所需要的商務情景，立刻把範文和例句複製貼上。

**Step 3** 專屬於你的日文信就產生了。

只要依主題順著結構來寫**【選類向→找範例→組合句子→補充調整】**，就能一步步完成簡單扼要又不失禮的商用書信。

方便讀者想貼就貼、想改就改，再怎麼難回覆的E-mail書信，都能輕鬆貼、自在貼、立即用！



**「JBM」軟體登入密碼：**jbm2013

# 商業書信書寫要點

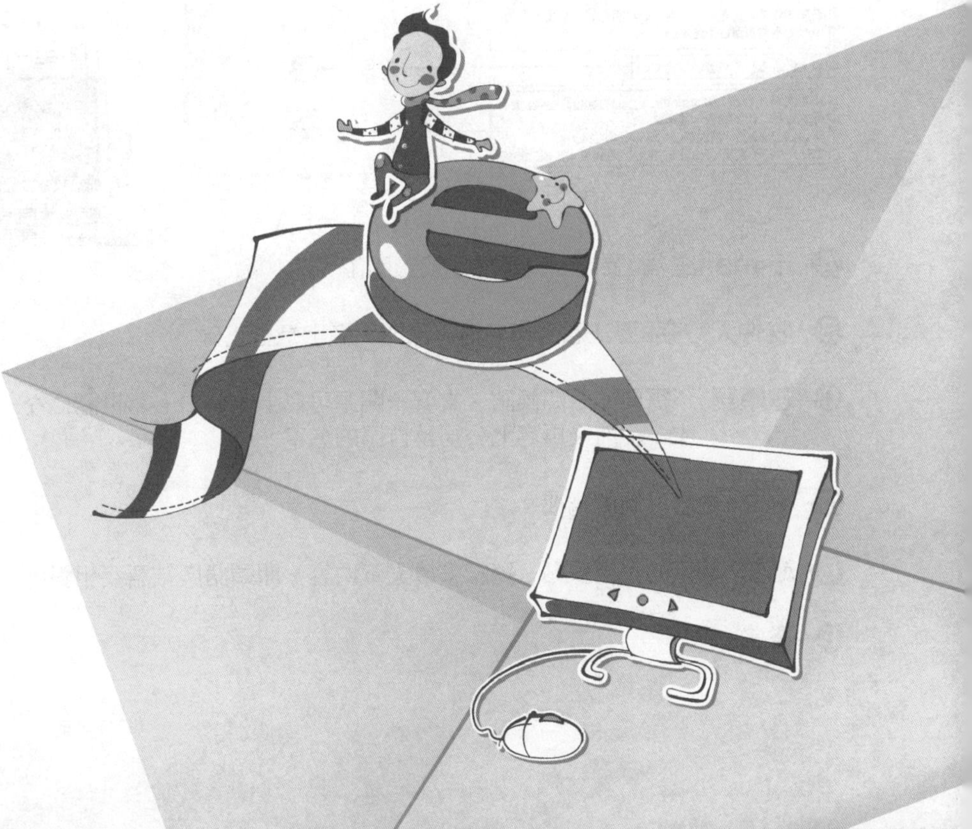

# 郵件E-mail的構成

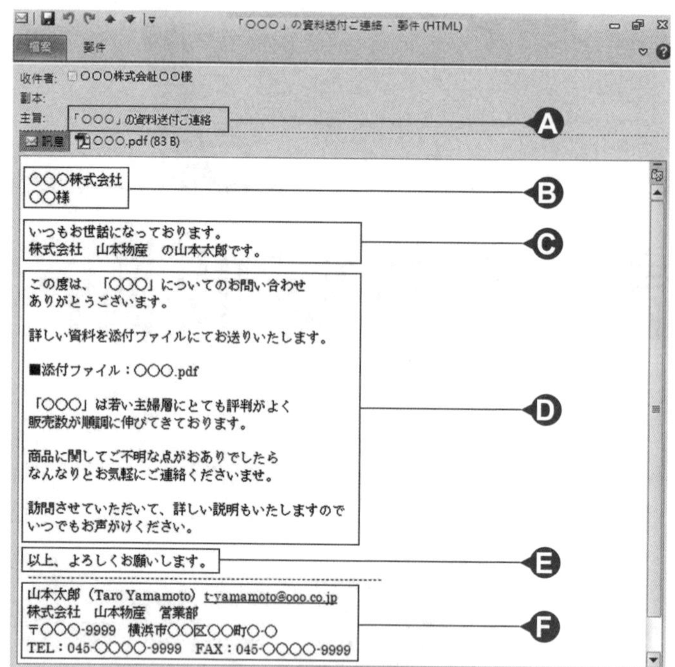
「〇〇〇」の資料送付ご連絡 - 郵件 (HTML)

檔案　郵件

收件者: 〇〇〇株式会社〇〇様
副本:
主旨: 「〇〇〇」の資料送付ご連絡 —— A
訊息　〇〇〇.pdf (83 B)

〇〇〇株式会社
〇〇様 —— B

いつもお世話になっております。
株式会社　山本物産　の山本太郎です。 —— C

この度は、「〇〇〇」についてのお問い合わせ
ありがとうございます。

詳しい資料を添付ファイルにてお送りいたします。

■添付ファイル：〇〇〇.pdf

「〇〇〇」は若い主婦層にとても評判がよく
販売数が順調に伸びてきております。

商品に関してご不明な点がおありでしたら
なんなりとお気軽にご連絡くださいませ。

訪問させていただいて、詳しい説明もいたしますので
いつでもお声がけください。 —— D

以上、よろしくお願いします。 —— E

山本太郎（Taro Yamamoto）t-yamamoto@ooo.co.jp
株式会社　山本物産　営業部
〒〇〇〇-9999　横浜市〇〇区〇〇町〇-〇
TEL：045-〇〇〇〇-9999　FAX：045-〇〇〇〇-9999 —— F

**A E-mail主旨** 要能一目了然、簡潔明確。

**B 收件人姓名** 要注意公司名稱、部門、名字是否正確。

**C 寒暄語** 不需要節令問候語。文章一開頭可寫上「いつもお世話になっております。」然後再寫上公司及自己的名字。

**D 本文** 內容以簡潔為要。

**E 結語** 簡潔的重複重點、總結整篇文章內容、開頭語與結語要相對應。

**F 署名**

## E-mail主旨要一目了然

如果E-mail主旨只是寫上「通知」或「請求」，這樣收信者不容易得知E-mail的主要內容。因此我們必須簡單地寫出這封信的主旨，以便收信人只要一看到主旨，就能立即理解內容。同時也方便E-mail郵件的搜尋。

| 不好的主旨 | 好的主旨 |
| --- | --- |
| お知らせ | 営業会議のお知らせ |
| お願い | ○○の見積もり依頼 |
| お問い合わせあった「○○○」の資料を送ります。 | 「○○○」の資料送付ご連絡 |

## 正確得體地稱呼對方

「公司名稱 + 職位名稱 + 姓名 +～様」是標準的樣式。

如果對方是經常往來、打交道的人，是可以省略職位名稱的。

「姓名+名字」是正式的寫法，但若彼此關係發展得較親密之後可以只有寫出姓。以下列出一些範例，如下表所示：

| 例1 | ○○○会社<br>○○○部<br>課長　○○　○○様 | 對外郵件<br>對象是有職位的人 |
| --- | --- | --- |
| 例2 | ○○○会社<br>○○○部<br>○○　○○様 | 對外郵件 |

| 例3 | ○○○会社<br>○○ ○○様 | 對外郵件<br>對象是已經有多次往來的人 |
|---|---|---|
| 例4 | ○○○会社<br>○○○部御中 | 對外郵件<br>對象不是個人，而是個部門或團體 |
| 例5 | ○○○会社<br>経理ご担当者様 | 對外郵件<br>尚不知對方姓名 |
| 例6 | ○○○部<br>課長 ○○ ○○様 | 內部郵件<br>對象是有職位的人 |
| 例7 | ○○○部<br>○○ ○○様 | 內部郵件 |
| 例8 | ○○○課各位 | 多數人的尊敬稱呼<br>和「○○○皆様」「○○○皆様方」一樣。 |
| 例9 | ○○ ○○様 | 對象是很熟的人 |
| 例10 | ○○ ○○さん | 對象是特別親密的人 |

##  開頭的時候要寒暄、問候

雖然不需要用到像實體書信那樣正式的問候，但還是要有友好的應酬語。適當合宜的招呼問候語，可以留給對方好的第一印象。

| いつもお世話になっております。 | 最一般的。 |
|---|---|
| お疲れ様です。 | 對象是內部親密的人。 |
| はじめまして。 | 第一次發送郵件的時候使用。 |
| お久しぶりです。 | 如果好久沒有聯絡的話，可以用這句。 |
| 貴社ますますご清栄のこととお慶び申し上げます。 | 很正式、客套的。在電子郵件裡除了初次使用外，很少會用。 |

##  正文以簡潔正確表達重點為要

由於商務人士是很繁忙的。為了使對方一收到信就可以一目了然，以條列式來表達是最合適的。首先如果一開始就把結論寫出來的話，對方立即就能明白mail裡的內容。然後再寫出理由及詳細情況，以說服對方。

並請一一check 正文是不是都有寫到如下內容。

| | |
|---|---|
| WHEN | 發信日期、實施日期、期限、期間、舉行日期、星期、結算日期 |
| WHERE | 地方、會場地址、會議地點、收件人、交貨地點、地圖、交通、停車場 |
| WHO | 發信人姓名、收件人姓名、對方人姓名、主辦公司名、邀請人 |
| WHAT | 主題 |
| WHY | 目的、根據、規劃、政策、意向、原因 |
| HOW | 狀況說明、政策、經過 |
| HOW MUCH<br>HOW MANY | 預算、估計、經費、費用、訂貨量 |

##  別忘記結語

必須寫出和「開頭語」和「正文」相對應的結語。

沒有結語的話，該郵件就等於只寫了一半。

| | |
|---|---|
| 以上、よろしくお願いいたします。 | 最一般的。 |
| まずは○○まで | 極其簡單的結語。 |
| まずは取り急ぎご○○まで | 極其簡單的結語。 |
| 今後とも、ご指導ご鞭撻のほど、よろしくお願い申し上げます。 | 很正式。和「貴社ますますご清栄のこととお慶び申し上げます。」等開頭語對應。 |

##  別忘記寫署名

可以自行先準備好對內、對外和英文的署名。

| | |
|---|---|
| 営業部　山本　太郎<br>t-yamamoto@ooo.co.jp<br>内線 ○○○ | ●公司內部往來的範例 |
| 山本太郎Taro Yamamoto<br>t-yamamoto@ooo.co.jp<br>株式会社　山本物産　営業部<br>〒○○○-9999横浜市○○区○○町○-○<br>TEL：045-○○○○-9999<br>FAX：045-○○○○-9999 | ●對外的範例 |
| Taro Yamamoto<br>t-yamamoto@ooo.co.jp<br>YAMAMOTO & CO.，LTD.<br>Sales Department<br>○，○○，<br>○○-ku，Yokohama　○○○-9999<br>TEL：045-○○○○-9999<br>FAX：045-○○○○-9999 | ●英文的範例 |

##  關於敬語

因為是商務上使用的書面語言，必須用禮貌的措辭，注意不要失禮，而貽笑大方。因此，敬語方面的素養是必須的。

這本書裡有「貴社(きしゃ)ますますご清栄(せいえい)のこととお慶(よろこ)び申(もう)し上(あ)げます。」這一類太禮貌、太客套的例文這是為了給讀者參考，雖然電子郵件中是很少使用這種太客套的措辭。但可以做為讀者們在書寫正式須郵寄的商用信函時參考與應用。

如果敬語沒那麼擅長，至少用「お久(ひさ)しぶりです」啦、「お願(ねが)いします」啦「です」「ます」語體禮貌的措辭，就夠了。

## 專欄-01 常用敬語一覽表

| 辭書形 | 中文 | 尊敬語 | 謙譲語・丁寧語 |
|---|---|---|---|
| 会う | 見面 | お会いになる/会われる | お目にかかる/お会いする/拝謁/お目通り |
| 与える | 給 | ご恵贈/ご恵投/ご恵与/くださる | 謹呈する/呈する/差し上げる |
| 集まる | 集合 | ご参集/お集まりになる/お揃いになる | — |
| 言う | 講 | おっしゃる/言われる | 申し上げる/申す |
| 行く/来る | 去/來 | ご足労/お出かけになる/おいでになる/お越しになる/いらっしゃる/お見えになる | 参上する/お伺いする/伺う/参る |
| いる | 在 | おいでになる/いらっしゃる | おる |
| 売る | 賣 | お譲りになる/お売りになる | お譲りする/お売りする/ご利用いただく |
| 教える | 教 | ご指導/ご教示/お教えくださる/お教えになる | ご案内する/お教えする |
| 思う | 想 | お考えになる/お思いになる | 存じ上げる/存ずる |
| 買う | 買 | お求めになる/お買い求めになる/お買い上げになる/お買いになる/ご利用になる | — |
| 帰る | 回 | お帰りになる | 失礼する/おいとまする/帰らせていただく |
| 借りる | 借 | お借りになる | 拝借する/お借りする |
| がんばる | 加油 | ご尽力/お励みになる | 努力させていただく/努めさせていただく |

| 聞く | 聽 | ご清聴/お耳に入る/お聞きになる | 拝聴する/拝聞する/承る/お伺いする/伺う/お聞きする |
|---|---|---|---|
| 決める | 決定 | ご英断/ご明断/ご勇断/ご決定/お決めになる | — |
| 着る | 穿 | お召しになる/召す/ご着用 | 着させていただく |
| 叱る | 叱責 | ご叱正/お叱りになる/お怒りになる | いさめる |
| 知っている | 知道 | ご存知 | 存じ上げる/存じる |
| 死ぬ | 死 | ご逝去/ご他界/ご永眠/お亡くなりになる/亡くなられる | — |
| する | 做 | なさる/される | させていただく/いたす |
| 助ける | 幫助 | ご支援/ご援助/お力添え | お手伝いさせていただく |
| 尋ねる | 問 | お尋ねになる/お問い合わせなる/お聞きになる | お伺いする/伺う/お尋ねする/お聞きする |
| 食べる/飲む | 吃/喝 | 召し上がる/お上がりになる | 頂戴する/いただく |
| 連れて行く | 帶 | お連れになる | お供する/ご一緒させていただく |
| 寝る/眠る | 睡覺 | お休みになる/ご就寝 | 休ませていただく |
| 見せる | 給～看 | お示しになる/お見せになる | ご覧に入れる/お目にかける/お見せする |
| 見る | 看 | ご高覧/ご清覧/ご覧になる | 拝見する/笑覧/見せていただく |
| もらう | 領 | ご笑納/ご査収/お納めになる/お受け取りになる | 頂戴する/いただく |
| 許す | 允許 | ご容赦/お許しになる | — |
| わかる | 明白 | ご理解/ご承知/ご了承/ご了解/おわかりになる | かしこまる/承る/承知する/お察しする |

## 專欄-02 日本公司的職稱

| 日本公司職稱 | 中文職稱 |
|---|---|
| 会長（かいちょう） | 集團主席 |
| 社長（しゃちょう） | 總經理 |
| 代表取締役（だいひょうとりしまりやく） | 對外代表公司的董事，通常就是社長 |
| 専務取締役（せんむとりしまりやく） | 管理公司全體事務的董事，執行董事 |
| 常務取締役（じょうむとりしまりやく） | 管理公司日常事務的董事，常務董事 |
| 監査役（かんさやく） | 負責監察公司營運的職位，監事 |
| 顧問（こもん） | 顧問（日本顧問不一定在職或專屬於該公司，多半為公司重金聘來掛名的） |
| 事業部長（じぎょうぶちょう） | 事業群總經理 |
| 部長（ぶちょう） | 部門總經理、協理、總監 |
| 担当部長（たんとうぶちょう） | 專案經理（職位雖為部長，只專任某項案子或區域） |
| 所長（しょちょう） | 廠長或某工務所，事務所負責人 |
| 課長（かちょう） | 部門經理 |
| 係長（かかりちょう） | 部門主管、股長 |
| 主任（しゅにん） | 主任 |
| 正社員（せいしゃいん） | 正式僱用的社員 |
| 非正社員（ひせいしゃいん） | 臨時性質的社員，如派遣社員、契約社員等 |

## 專欄-03 自稱/他稱 一覽表

| 對象 | | 我方 | 對方 |
|---|---|---|---|
| 個人 | 個人 | わたくし・私・小生 | あなた・貴殿・貴兄・先生 |
| 複数人 | 複數人 | 一同・両名・私ども | ご一同様・各位・お二方 |
| 上役（上司） | 上司（上司） | 上司 | ご上司（様） |
| 上役（係長） | 上司（部門主管） | 係長 | 貴係長（様） |
| 上役（課長） | 上司（部門經理） | 課長 | 貴課長（様） |
| 上役（部長） | 上司（部門總經理） | 部長 | 貴部長（様） |
| 上役（社長） | 上司（總經理） | 社長 | 貴社長（様） |
| 上役（会長） | 上司（集團主席） | 会長 | 貴会長（様） |
| 上役（支配人） | 上司（經理） | 支配人 | 貴支配人（様） |
| 先輩 | 前輩 | 先輩 | ご先輩 |
| 友人 | 朋友 | 友人 | ご友人 |
| 親友 | 親密的朋友 | 親友 | ご親友 |
| 学友 | 同學 | 学友、同窓 | ご学友、ご同窓 |
| 部下 | 屬下 | （姓名而已） | （姓名）様、（姓名）氏、（姓名）嬢 |
| 後輩 | 初級 | （姓名而已）、（姓名）君、（姓名）嬢 | （姓名）様、（姓名）氏、（姓名）嬢 |
| 社員 | 職員 | 弊社員、弊店員、弊行員 | 貴社員、貴店員、貴行員 |
| 使者 | 使者 | 使い、使いの者 | お使い、ご使者、お使いの方 |
| 工場 | 工廠 | 弊工場、当工場 | 貴工場、御工場 |
| 会社 | 公司 | 弊社、小社 | 貴社、御社 |

| 商店 | 鋪 | 弊店 | 御店、貴店 |
| --- | --- | --- | --- |
| 官庁 | 當局 | 当省、当庁、当所 | 貴省、貴庁、貴所 |
| 場所 | 位置 | 当地、当市、当地方、こちら | 貴地、御地、貴市、貴地方、そちら(様) |
| 氏名 | 名稱 | （氏名、名） | ご芳名、ご貴名 |
| 意見 | 意見 | 私見、私考、愚見、愚案、卑見 | ご高見、ご高案、ご高説、ご卓説、貴案、貴意 |
| 承諾 | 同意 | 承諾、承る | ご承諾、ご高承 |
| 努力 | 功夫 | 微力 | ご尽力 |
| 気持ち | 感覺 | 微志、薄志 | ご高配、ご芳情、ご芳志、ご厚志 |
| 品物 | 貨 | 粗品、粗菓、粗酒 | ご佳品、美菓、ご清酒 |
| 宴会 | 宴會 | 小宴 | ご盛宴 |
| 手紙 | 信 | 愚筆、愚状 | ご書面、ご書状、ご尊書、ご芳書、貴書、御書、貴信、貴簡、ご懇書 |
| 父親 | 父親 | 父、老父、実父、養父 | お父上、ご尊父様 |
| 母親 | 母親 | 母、老母、実母、養母 | お母様、ご母堂様 |
| 夫 | 丈夫 | 夫、主人、宅、（姓名而已） | ご主人、ご夫君、（姓名）様 |
| 妻 | 妻子 | 妻、家内、愚妻 | 奥様、奥方様、御令室 |
| 親族 | 親屬 | 親族一同、一族、近親 | ご親族方、ご一門様、ご近親様 |
| 息子 | 兒子 | 息子 | お子様、御子息、御令嗣、御令息 |
| 娘 | 女兒 | 娘 | お子、お嬢様、御令嬢 |

## 專欄-04 禁忌的用語

| 情況 | | 例句 |
|---|---|---|
| 年賀状 | 賀年卡 | 去る、失う、衰える、滅びる、暗い、病む、絶望的、悲観、困難、死ぬ |
| 誕生日のお祝い | 生日 | 悲しい、破れる、流れる、落ちる、倒れる、病気、死ぬ |
| 結婚のお祝い | 婚禮慶典 | 去る、切る、割る、別れる、流れる、離れる、破れる、冷める、戻る、帰る、出る、飽きる、終わる、薄い、浅い、折り返し、思い切って、再び、重ね重ね、追々、たびたび、しばしば |
| 出産のお祝い | 慶祝誕生 | 死、四、流れる、破れる、滅びる、落ちる、消える、弱まる、枯れる |
| 入学・就職のお祝い | 慶祝入學和就業 | 流れる、くじける、終わる、落胆、暗い |
| 長寿のお祝い | 慶祝長壽 | 死ぬ、四、逝く、病む、倒れる、衰える、枯れる、朽ちる、まいる、ぼける、落ちる |
| 新築のお祝い | 慶祝新建築 | 火、煙、燃える、焼ける、倒れる、つぶれる、崩れる、傾く、壊れる |
| 開店のお祝い | 開幕慶典 | つぶれる、閉じる、倒れる、失う、崩れる、枯れる、破れる、去る |
| お見舞い | 探病慰問 | 死、四、憂鬱、たたり |
| お悔やみ | 哀悼 | また、再び、重ねて、追って、再三、さらに、いま一度、繰り返し、かつ、しばしば、たびたび、重ね重ね、かえすがえす、つくづく、ますます |

# Part 2

# 對外郵件

# Unit 01 通知

為了處理事務等必要性而對合作公司傳達其要件為目的而製成的郵件。

因通知為其目的，所以以簡潔並精確地敘述要件為書寫要訣。

## 結構

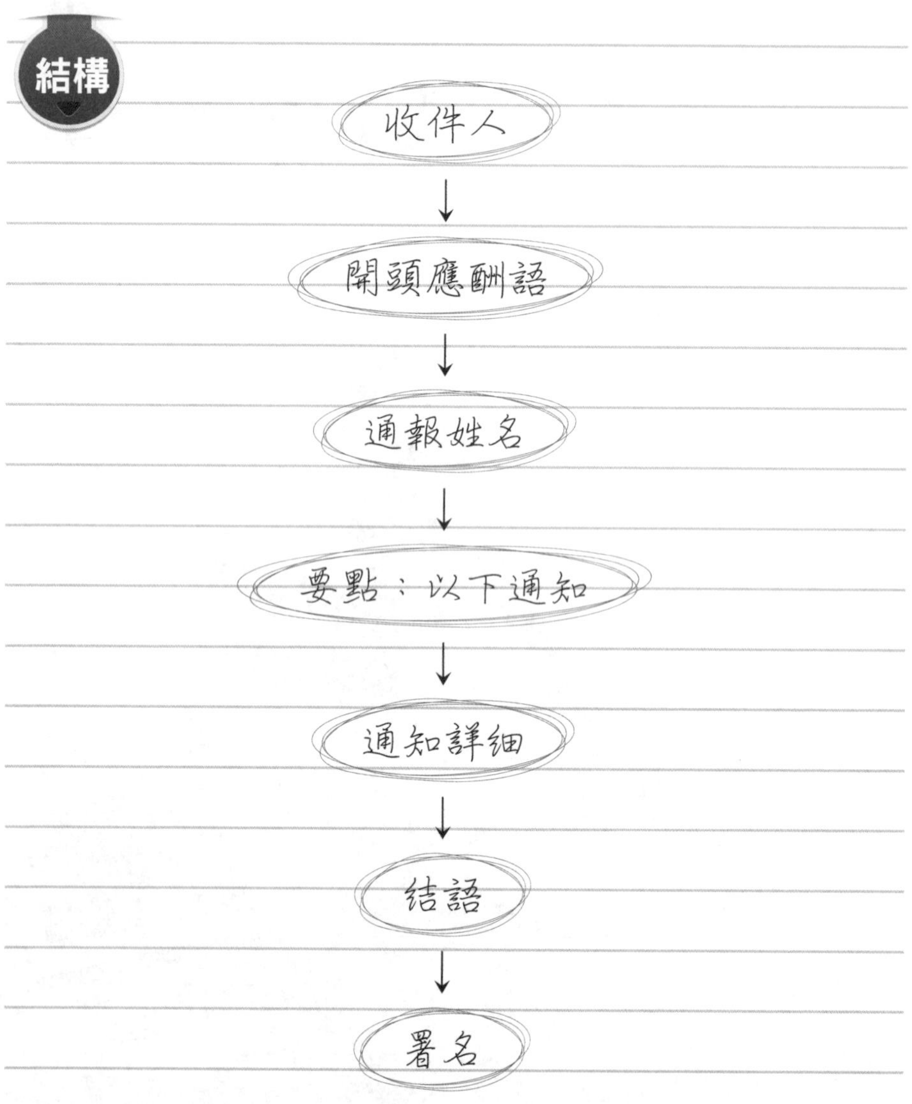

## 1-1 資料寄送通知

正文

### 件名：「炊飯器○○○N」の資料送付の通知

○○○株式会社　販売部
○○様

先日、メールにてご依頼いただいた「炊飯器○○○N」の資料ですが、
ご希望どおりに手配できましたので、
ヤマト便にて郵送いたしました。
明日の午前中には、お手元に届く予定です。
（ヤマト便　0000-1234-○○○○）

ご覧いただきまして、ご不明の点がありましたら、
遠慮なくご連絡ください。

以上、よろしくお願いします。

---

山本太郎（Taro Yamamoto）
株式会社　山本物産　営業部　t-yamamoto@ooo.co.jp
〒○○○-9999　横浜市○○区○○町○-○
TEL：045-○○○○-9999　FAX：045-○○○○-9999

---

**POINT**

在信件的主旨中具體說明是哪種文件，將能使閱讀者更容易理解。

譯文

## 標題：「飯鍋〇〇〇N」的資料寄出通知

〇〇〇股份有限公司　銷售部
〇〇敬啟

關於前陣子您透過郵件委託的「飯鍋〇〇〇N」的資料，
已依照您的期望準備好了，
並已透過亞馬多宅急便寄出。
資料預計將在明天上午前寄達。
（亞馬多宅急便　0000-1234-〇〇〇〇 ）

關於本郵件內容，如有任何疑義之處，
歡迎來信聯繫詢問。

以上，請多多指教。

---

山本太郎（Taro Yamamoto）
股份有限公司　山本物產　營業部　t-yamamoto@ooo.co.jp
〒〇〇〇-9999　橫濱市〇〇區〇〇町〇-〇
TEL：045-〇〇〇〇-9999　FAX：045-〇〇〇〇-9999

---

**手配（てはい）する** 中 準備

例 急（いそ）いで車（くるま）を手配（てはい）する。➔ 趕快準備車輛。

**手元（てもと）** 中 手頭、手邊

例 お手元（てもと）の書類（しょるい）をごらんください。➔ 看看您手邊的資料。

**ご覧（らん）** 中 看　例 ご覧（らん）ください。➔ 請看。

**不明（ふめい）** 中 不清楚　例 本態（ほんたい）はいまだに不明（ふめい）だ。➔ 本來的面目至今還不清楚。

**遠慮（えんりょ）** 中 客氣

例 どうぞご遠慮（えんりょ）なく召（め）しあがってください。➔ 請不要客氣吃一點兒吧。

## 1-2 出貨通知

正文

### 件名：出荷の通知

○○○株式会社
○○ ○○様

いつもお世話になっております。

ご注文いただきました「○○-○○○」40個、
○月○日、ヤマト運輸にて発送いたしましたので、ご連絡いたします。
よろしくご査収くださいますよう、お願い申し上げます。

伝票番号　1234-5678-9012

納品書と物品受領書をお送りいたしました。
ご確認のうえ、物品受領書をご返送いただきたくお願いいたします。

以上、よろしくお願いします。

山本太郎（Taro Yamamoto）
株式会社　山本物産　営業部　t-yamamoto@ooo.co.jp
〒○○○-9999　横浜市○○区○○町○-○
TEL：045-○○○○-9999　FAX：045-○○○○-9999

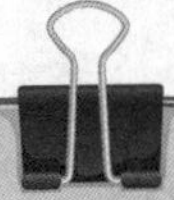

**POINT**

*1.* 避免記載內容（商品明細、數量、出貨日、訂單編號等）之缺漏。

譯文

## 標題：出貨通知

〇〇〇股份有限公司
〇〇 〇〇敬啟

感謝您平日的愛戴。

您下訂的「〇〇-〇〇〇」40個，
已於〇月〇日以亞馬多宅急便寄出，謹此向您通知並聯繫。
還煩請您在貨品寄達時確認是否無誤，謝謝。

訂單編號　1234-5678-9012

商品訂單與商品送達確認單已與商品一同寄出。
並請在確認無誤後，將商品送達確認單寄回給本公司，謝謝。

以上，還請您予以配合。

山本太郎（Taro Yamamoto）
股份有限公司　山本物產　營業部　t-yamamoto@ooo.co.jp
〒〇〇〇-9999　橫濱市〇〇區〇〇町〇-〇
TEL：045-〇〇〇〇-9999　FAX：045-〇〇〇〇-9999

**出荷**（しゅっか） 中 出貨

例 出荷案内（しゅっかあんない）。➔ 出貨通知。

**査収**（さしゅう） 中 查收

例 納品（のうひん）を査収（さしゅう）する。➔ 查收交的貨。

**返送**（へんそう） 中 返還

例 包（つつみ）を送（おく）り主（ぬし）に返送（へんそう）する。➔ 把包裹返還給寄件人。

# 1-3 出貨延宕之通知

正文

## 件名：出荷遅延の通知

○○○株式会社
○○ ○○様

いつもお世話になっております。

ご注文いただきました「○○-○○○」を○月○日付けで発送いたしましたので、
ご連絡いたします。

このたび、納品予定日より3日遅くなりましたこと、
何とぞご容赦くださいますようにお願い申し上げます。
今後、このようなことがないように努める所存でございます。
これからも変わらぬお引き立てを賜りたく伏してお願いいたします。

なお、受領書にご捺印いただき、ご返送くださいますようにお願い申し上げます。

取り急ぎ、発送ご連絡と遅延のお詫びまで。

---

山本太郎（Taro Yamamoto）
t-yamamoto@ooo.co.jp
株式会社　山本物産　営業部
〒○○○-9999　横浜市○○区○○町○-○
TEL：045-○○○○-9999
FAX：045-○○○○-9999

---

譯文

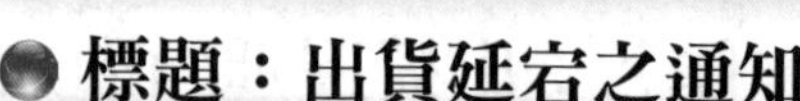

## 標題：出貨延宕之通知

〇〇〇股份有限公司
〇〇 〇〇敬啟

感謝您平日的愛戴。

您下訂的「〇〇-〇〇〇」已於〇月〇日寄出，
於此向您致信通知。

關於此次商品的寄出比預定日延宕了三天之事，
還請您能多多包涵不計前嫌。
我方也會為了避免今後再有類似事件發生更加努力。
在此懇請您今後也能繼續支持敝公司。

此外，也煩請您在收據上蓋章後寄回，謝謝。

總之先致以出貨通知與延誤之事致上歉意。

---

山本太郎（Taro Yamamoto）
t-yamamoto@ooo.co.jp
股份有限公司　山本物產　營業部
〒〇〇〇-9999
橫濱市〇〇區〇〇町〇-〇
TEL：045-〇〇〇〇-9999
FAX：045-〇〇〇〇-9999

---

## 單字

**出荷（しゅっか）** 中 出貨

例 出荷案内（しゅっかあんない）。➔ 出貨通知。

**遅延（ちえん）** 中 誤點、延遲

例 大雪（おおゆき）のため列車（れっしゃ）は軒並（のきな）み遅延（ちえん）した。➔ 因為下大雪，每班次的列車都誤點了。

**発送（はっそう）** 中 發貨

例 商品（しょうひん）を発送（はっそう）する。➔ 發貨。

**何（なに）とぞ** 中 敬請

例 何（なに）とぞご臨席（りんせき）のほどお願（ねが）いします。➔ 敬請光臨。

**所存（しょぞん）** 中 打算

例 来月（らいげつ）帰国（きこく）する所存（しょぞん）です。➔ 打算下個月回國。

**引（ひ）き立（た）て** 中 關照

例 毎度（まいど）お引（ひ）き立（た）てをたまわりありがとう存（ぞん）じます。➔ 平日承蒙您的關照。

**伏（ふ）して** 中 謹

例 この段（だん），伏（ふ）してお願（ねが）い申（もう）し上（あ）げます。➔ 謹此拜託。

**捺印（なついん）** 中 蓋章

例 証文（しょうもん）に捺印（なついん）する。➔ 在契據上蓋章。

**返送（へんそう）** 中 返還

例 包（つつみ）を送（おく）り主（ぬし）に返送（へんそう）する。➔ 把包裹返還給寄件人。

**POINT**

對於不利於對方的事項，必須及早通知對方。

# 1-4 價格訂定通知

正文

## 件名：価格決定のご連絡

○○○株式会社　営業部
○○ ○○様

いつもお世話になっております。
株式会社山本物産、営業部の山本太郎でございます。

さて、来年度販売開始予定の新商品の価格が決定いたしましたので、
ご連絡致します。

商品名：　○○○　型番：　○○-○○○　価格：　¥50,000

○○-○○○は軽量性と高速性を併せ持つ革新的な商品で、
新素材採用での大幅なコストアップとなりましたが、
厳しい販売環境の中、価格は従来品並みに据え置きました。

性能、価格とも他社に負けないものと自負いたしております。

以上、よろしくお願いします。

山本太郎（Taro Yamamoto）
株式会社　山本物産　営業部　t-yamamoto@ooo.co.jp
〒○○○-9999　横浜市○○区○○町○-○
TEL：045-○○○○-9999　FAX：045-○○○○-9999

**POINT**

*1.* 關於價格等重要事項要盡可能地提前通知。

譯文

## 標題：價格訂定的通知

〇〇〇股份有限公司　營業部
〇〇 〇〇敬啟

感謝您平時的愛戴。
我是山本物產股份有限公司營業部的山本太郎。

首先就是為預計明年度正式販賣的新商品價格確立之事致以通知。

商品名：〇〇〇　　型號：〇〇-〇〇〇　　價格：￥50,000

〇〇-〇〇〇為合併輕巧且高速之功能的革命性商品，雖因使用新材料而使成本大增，但在嚴苛的銷售環境之中，決定價格與以往的商品大致不變。

對於此新商品，不論在性能、價格上我們都有自信更勝於其他公司。

以上，還請您多多指教。

---

山本太郎（Taro Yamamoto）
股份有限公司　山本物產　營業部　t-yamamoto@ooo.co.jp
〒〇〇〇-9999　橫濱市〇〇區〇〇町〇-〇
TEL：045-〇〇〇〇-9999　FAX：045-〇〇〇〇-9999

---

**併せ持つ（あわせもつ）** 中 兼有

**大幅な（おおはば）** 中 大幅度　例 大幅（おおはば）な進歩（しんぽ）。→ 大幅度的進步。

**コストアップ** 中 成本增高

**並み（なみ）** 中 和～一樣　例 平年並み（へいねんなみ）の作（さく）。→ 和常年一樣的收成。

**据え置く（すえおく）** 中 穩定
例 小売価格（こうりかかく）を今（いま）までの水準（すいじゅん）に据え置く（すえおく）。→ 把零售價格穩定在目前的水平。

**自負（じふ）** 中 自負　例 彼（かれ）は一流（いちりゅう）の小説家（しょうせつか）だと自負（じふ）している。→ 他自負於第一流的小說家。

## 1-5 價格調降通知

正文

### 件名：価格決定のご連絡

○○○株式会社　営業部
○○ ○○様

いつもお世話になっております。
株式会社山本物産、営業部の山本太郎でございます。

さて、弊社にて販売させていただいております炊飯器○○-シリーズは、
発売以来大変ご好評をいただいております。
これもひとえに貴社ならびにお得意様方のご愛顧ご支援の賜物と、
改めて感謝申し上げます。

つきましては、皆様方へのお礼の意味も込めまして、
社内でのコストダウンを進めた結果もあり、
わずかではありますが現行価格の引き下げを実施させていただける運びとなりました。

新価格は追って担当者がご説明に参ります。

以上、よろしくお願いします。

---

山本太郎（Taro Yamamoto）
株式会社　山本物産　営業部　t-yamamoto@ooo.co.jp
〒○○○-9999　横浜市○○区○○町○-○
TEL：045-○○○○-9999
FAX：045-○○○○-9999

---

譯文

## 標題：價格確定的通知

〇〇〇股份有限公司　營業部
〇〇 〇〇敬啟

感謝您平日的愛戴。
我是山本物產股份有限公司營業部的山本太郎。

首先關於本公司代理販售的飯鍋〇〇-系列：

開賣以來即大獲消費者的好評。
而這些都是全靠貴公司及各位重要客戶的愛戴及支持才有的成果，
並謹此再次表達感謝之意。

而關於此事，為了向各位表達謝意，
並且也是公司內部進行價格調降後的結果，
雖然調整幅度不大，但本公司決定執行現行價格之調降。

新價格日後將由負責人前往說明。
以上，請多多指教。

---

山本太郎（Taro Yamamoto）
t-yamamoto@ooo.co.jp
股份有限公司　山本物產　營業部
〒〇〇〇-9999
橫濱市〇〇區〇〇町〇-〇
TEL：045-〇〇〇〇-9999
FAX：045-〇〇〇〇-9999

---

**シリーズ** 中 成套

例 名盤（めいばん）シリーズ。➔ 成套的有名的唱片。

**好評（こうひょう）** 中 好評

例 初出演（はつしゅつえん）は好評（こうひょう）を得（え）た。➔ 首次演出博得好評。

**ひとえに** 中 完全

例 それはひとえに私（わたし）の過（あやま）ちです。➔ 這完全是我自己的錯。

**賜物（たまもの）** 中 恩賜

例 私（わたし）の今日（きょう）あるは彼（かれ）の賜物（たまもの）だ。➔ 我之所以有今天，完全是他的恩賜。

**コストダウン** 中 降低成本

**運（はこ）び** 中 階段

例 本線（ほんせん）はまだ開通（かいつう）の運（はこ）びに至（いた）らない。➔ 本路線還沒達到通車階段。

**込（こ）める** 中 集中

例 仕事（しごと）に精力（せいりょく）を込（こ）める。➔ 把精力集中在工作上。

**POINT**

關於價格、出貨等重要事項要盡可能地提前通知。

## 1-6 公司搬遷之公告

正文

### 件名：社屋移転のお知らせ

○○○株式会社　営業部
○○ ○○様

いつもお世話になっております。
株式会社山本物産、営業部の山本太郎でございます。

弊社○○営業所は従業員数の増加に伴い、
下記の場所に移転の運びとなりました。
大変お手数ですが、お手元の住所録・連絡先などを変更していただけると幸いです。

【移転先】
住所：　〒250-0001 神奈川県○○○市1-2-3
電話：　045-○○-9999　ファクス：　045-○○-9999
（※メールアドレスの変更はありません）
営業開始日：　201○年○月○日（月）より

これまで駅から遠く、ご不便をおかけしておりましたが、
移転後はJR東日本線○○駅から徒歩5分になります。
近日中に、改めて移転のお知らせを郵送させていただきます。
なお、旧営業所での営業は3月31日（月）までとなります。

以上、よろしくお願いします。

山本太郎（Taro Yamamoto）

t-yamamoto@ooo.co.jp

株式会社　山本物産　営業部

〒○○○-9999

横浜市○○区○○町○-○

TEL：045-○○○○-9999

FAX：045-○○○○-9999

**伴う** 中 伴隨

例 冬山登山には危険が伴う。➜ 冬季登山伴隨著很大的危險。

**運び** 中 階段

例 本線はまだ開通の運びに至らない。➜ 本路線還未達到通車階段。

**手数** 中 麻煩

例 ご多用中お手数をかけてすみません。➜ 在您百忙中來麻煩您，真對不起。

**手元** 中 手頭

例 お手元の書類をごらんください。➜ 看看手邊的資料。

**メールアドレス** 中 電子郵址

**不便** 中 不方便

例 右手が使えなくて不便だ。➜ 右手不能動，很不方便。

**徒歩** 中 步行

例 駅まで徒歩で15分ほどかかる。➜ 步行到車站約需十五分鐘。

**改めて** 中 以後再

例 その事については改めて話し合おう。➜ 關於那件事，以後再談吧。

譯文

## 標題：公司搬遷之公告

〇〇〇股份有限公司　營業部
〇〇 〇〇敬啟

感謝您平日的愛戴。
我是山本物產股份有限公司營業部的山本太郎。

隨著本公司〇〇營業所裡員工的增加，
本公司確定搬遷到下述地點。
造成不便非常抱歉，希望您能更改手邊通訊錄裡的內容，謝謝。

【新住址】
住址：　〒250-0001 神奈川縣〇〇〇市1-2-3
電話：　045-〇〇-9999　傳真：　045-〇〇-9999
（※E-mail地址不變）
開始營業日：　自201〇年〇月〇日（週一）起

到目前為止本公司位於距離車站尚遠之處，造成了各位諸多不便，
但在搬遷後本公司則位於距離JR東日本線〇〇站約步行五分鐘之處。
近期之內將以郵寄方式再次通知搬遷之消息。
此外，舊營業處則營運到3月31日（週一）為止。

以上，還請多多指教。

---

山本太郎（Taro Yamamoto）
股份有限公司　山本物產　營業部　t-yamamoto@ooo.co.jp
〒〇〇〇-9999　橫濱市〇〇區〇〇町〇-〇
TEL：045-〇〇〇〇-9999　FAX：045-〇〇〇〇-9999

---

### POINT

站在對方的立場來看的話，帳單、貨物憑單等商業單據上的住址、商品寄達處等所有項目都必須更改。因此必須先向對方表達造成困擾之歉意。注意最慢也要在一個月前就先通知對方。

## 1-7 負責人異動通知

正文

### 件名：担当者変更のお知らせ

○○○株式会社
○○様

いつもお世話になっております。
株式会社　山本物産の山本です。

さて、このたび人事異動に伴い、
○月○日より私に代わり弊社○○が新たに担当させていただくこととなりました。

近々、後任の○○と共にご挨拶にお伺いしますが、
とりいそぎメールにてお知らせ申し上げます。

私は企画部に異動となります。
今まで○○様には大変お世話になり、
本当に感謝しております。

これからもなにとぞご指導ご鞭撻を賜りたく、お願い申しあげます。

---

山本太郎（Taro Yamamoto）
t-yamamoto@ooo.co.jp
株式会社　山本物産　営業部
〒○○○-9999　横浜市○○区○○町○-○
TEL：045-○○○○-9999
FAX：045-○○○○-9999

---

## 標題：負責人異動的通知

〇〇〇股份有限公司
〇〇敬啟

感謝您平日的愛戴。
我是山本物產股份有限公司的山本。

首先就是此次伴隨人事異動的同時，
從〇月〇日開始將由本公司的〇〇代替我成為新任的負責人。

近期之內將連同新繼任的〇〇一同前往貴公司拜訪，
因此在前往之前先行以電子郵件緊急致上通知。

至於我的部分則是調動到了企劃部。
長久以來一直受到〇〇您的多方照料，
真的非常感謝。

謹此祈請您往後也不吝指教繼續予以鞭策。

---

山本太郎（Taro Yamamoto）
t-yamamoto@ooo.co.jp
股份有限公司　山本物產　營業部
〒〇〇〇-9999
橫濱市〇〇區〇〇町〇-〇
TEL：045-〇〇〇〇-9999
FAX：045-〇〇〇〇-9999

---

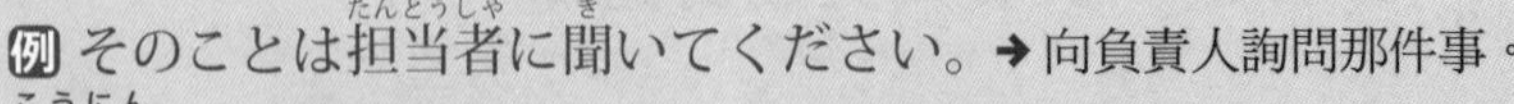

**担当者（たんとうしゃ）** 中 負責人、負責窗口

例 そのことは担当者（たんとうしゃ）に聞（き）いてください。→ 向負責人詢問那件事。

**後任（こうにん）** 中 繼任、接任的人

例 後任（こうにん）をさがさないと。→ 要找繼任的人。

**とりいそぎ** 中 匆忙

例 取（と）り急（いそ）ぎお願（ねが）いまで。→ 匆忙懇求如上。

**世話（せわ）になる** 中 承蒙關照

例 ひとかたならぬ世話（せわ）になる。→ 承蒙格外關照。

**鞭撻（べんたつ）** 中 鞭策

例 大（おお）いに自（みずか）ら鞭撻（べんたつ）して将来（しょうらい）の大成（たいせい）を期（き）する。
→ 極力鞭策自己，以期許將來有大的成就。

**賜（たまわ）る** 中 賜

例 勲章（くんしょう）を賜（たまわ）る。→ 賜予勛章。

**POINT**

注意不要忘記在信中表達一直承蒙對方照顧的感謝心意，以及期許往後雙方來往交際能持續不變。

## 1-8 通知電子郵件位址變更

正文

### 件名：メールアドレスの変更のお知らせ

○○○株式会社
○○様

いつもお世話になっております。

株式会社山本物産、営業部の山本太郎でございます。
さてこの度、弊社の通信システム変更に伴いまして、
メールアドレスが以下のように変わりますのでご連絡致します。
旧メールアドレス：yamamoto@yamamoto○○.co.jp
新メールアドレス：yamamoto@yamamoto○○.com.jp
新メールアドレスは○月○日（金）9：00より使用可能となります。
旧アドレスでの受信は、○月○日（木）23：30までとなります。
また、○月○日00：00より8：00までの8時間は、システム変更作業の為、メールが一時不通となりますのでご了承ください。
弊社都合によりご不便をおかけ致しますことをお詫び申し上げます。

以上、よろしくお願いします。

---

山本太郎（Taro Yamamoto）
yamamoto@yamamoto○○.co.jp
株式会社　山本物産　営業部
〒○○○-9999　横浜市○○区○○町○-○
TEL：045-○○○○-9999
FAX：045-○○○○-9999

---

譯文

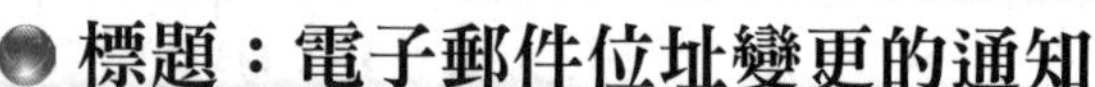

## 標題：電子郵件位址變更的通知

感謝您平日的愛戴。
我是山本物產股份有限公司營業部的山本太郎。

首先通知您隨著本次敝公司通訊系統的變更，
敝公司的電子郵件位址更改為如下所示。

舊郵件地址：yamamoto@yamamoto○○.co.jp
新郵件地址：yamamoto@yamamoto○○.com.jp

新郵件地址將於○月○日（週五）9：00開始正式啟用。

舊郵件地址則使用至○月○日（週四）23：30為止。

此外，○月○日00：00開始到8：00之間的8個小時將因進行系統變更作業的關係，敝公司之電子郵址將暫時無法使用，敬請見諒。

因本公司的關係造成諸多不便，於此向您致上萬分歉意。

以上，還請多多指教。

---

山本太郎（Taro Yamamoto）
t-yamamoto@ooo.co.jp
股份有限公司　山本物產　營業部
〒○○○-9999
橫濱市○○區○○町○-○
TEL：045-○○○○-9999
FAX：045-○○○○-9999

---

單字

## メールアドレス 中電子郵箱

## システム 中系統

例 会社の指揮のシステムはうまくまとまっている。→ 公司指揮系統很健全。

## 伴う 中伴隨

例 冬山登山には危険が伴う。→ 冬季登山伴隨著很大的危險。

## 不通 中不通

例 事故のため東海道線沼津以西は不通。
→ 因發生事故，東海道線沼津以西無法通車。

## 不便 中不方便

例 右手が使えなくて不便だ。→ 右手不能動，很不方便。

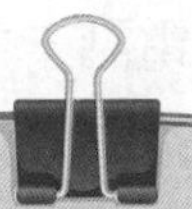

**POINT**

*1.* 注意盡可能地提前通知。

*2.* 因為是造成對方的困擾，因此別忘記要致上歉意。

## 1-9 過年期間休息的通知

正文

### 件名：年末年始休業日のお知らせ

○○○株式会社
○○様

株式会社山本物産、営業部の山本太郎でございます。

年の瀬も近くなり、なにかとあわただしい毎日が続いております。

さっそくですが、当社の年末年始休業日は以下のとおりです。
ご迷惑をおかけいたしますが、どうぞよろしくお願い申し上げます。

■　年末年始休業日：12月○日（土）～1月○日（日）

上記期間中も商品のご注文は受け付けておりますが、
発送は1月○日（月）以降となりますこと、ご了承ください。

また、急ぎのご用がございましたら、
私の携帯電話までご連絡いただければ、対応させていただきます。
携帯電話は090-○○○○-○○○○です。

来年度も引き続きご愛顧のほど、よろしくお願い申し上げます。

---

山本太郎（Taro Yamamoto）
株式会社　山本物産　営業部　t-yamamoto@ooo.co.jp
〒○○○-9999　横浜市○○区○○町○-○
TEL：045-○○○○-9999　FAX：045-○○○○-9999

---

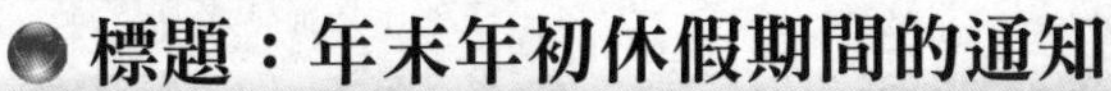

## 標題：年末年初休假期間的通知

〇〇〇股份有限公司
〇〇敬啟

我是山本物產股份有限公司營業部的山本太郎。

年關將近，這陣子每天都過得十分繁忙。

首先通知您敝公司過年期間的休假日如下。
造成諸多不便在此向您致歉，敬請配合。

■　過年休假期間：12月〇日（週六）～1月〇日（週日）

雖然過年休假期間敝公司仍可以進行商品下訂之業務，但商品寄送將在1月〇日（週一）過後進行，請諒解。

此外，如有任何緊急情況，
可以聯繫我的手機，我將為您服務。
手機號碼：090-〇〇〇〇-〇〇〇〇。

謹此祈請您在新的一年也能繼續予以支持愛戴。

---

山本太郎（Taro Yamamoto）
t-yamamoto@ooo.co.jp
股份有限公司　山本物產　營業部
〒〇〇〇-9999
橫濱市〇〇區〇〇町〇-〇
TEL：045-〇〇〇〇-9999
FAX：045-〇〇〇〇-9999

---

**年の瀬（としのせ）** 中 年底

**なにかと** 中 各種、多方、諸多

例 なにかとご教示（きょうじ）を賜（たまわ）りありがとうございます。➔ 承蒙您多方指正，謝謝。

**あわただしい** 中 忙忙碌碌

例 年の瀬（としのせ）はなんとなくあわただしい。➔ 到了年關總覺得忙忙碌碌。

**受け付ける（うけつける）** 中 受理

例 申し込み（もうしこみ）は明日（あした）から受け付（うけつ）ける。➔ 申請從明天開始受理。

**発送（はっそう）** 中 發貨

例 商品（しょうひん）を発送（はっそう）する。➔ 發貨。

**対応（たいおう）** 中 對應

例 迅速（じんそく）な対応（たいおう）。➔ 迅速的對應。

**引き続き（ひきつづき）** 中 接連

例 博覧会（はくらんかい）は7月10日（がつとおか）まで引き続（ひきつづ）き開会（かいかい）するそうだ。
➔ 聽說博覽會持續展出到七月十日。

**ほど** 中（委婉）

例 ご寛容（かんよう）のほど願（ねが）います。➔ 請予寬恕。

**POINT**

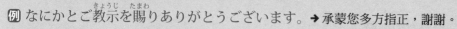

因為也有人會安排年底提早放假的，因此要注意在工作進入收尾的一個禮拜前寄出通知。

# 關於「通知」信函的好用句

## ★開頭語★

**01 はじめまして** 中 初次見面，您好

例 はじめまして、チェリー株式会社輸出部の山本です。

→ 初次見面，您好。我是櫻桃股份有限公司出口部的山本。

**02 ご連絡ありがとうございます**

中 謝謝您的聯繫

例 さっそくご返信、ありがとうございます。

→ 謝謝您的即刻回信。

**03 お世話になっております**

中 承蒙關照

例 日頃は大変お世話になっております。チェリー株式会社の山本です。

→ 平日承蒙您的諸多關照了。我是櫻桃股份有限公司的山本。

**04 お久しぶりです** 中 好久不見

例 昨年のセミナーでお会いして以来でしょうか。お久しぶりです。

→ 最後一次相見是在去年的研討會了吧。好久不見。

**05 ご無沙汰しております**

中 好久不見／久疏問候

例 日々雑事におわれ、ご無沙汰しております。

→ 因每日雜務繁忙，以致久疏問候。

**06 ご無沙汰しておりますが、いかがお過ごしですか**

中 久疏問候，過得如何？

例 ご無沙汰しておりますが、お変わりなくお過ごしのことと存じます。

→ 久疏問候，想必一切與往常無異。

**07 何度も申し訳ございません**

中 不好意思百般打擾

例 何度も申し訳ございません。先ほどお伝えし忘れましたが、納期は1ヶ月かかります。

→ 不好意思百般打擾了。剛才忘了告知您，交貨期限需要一個月。

**08 さっそくお返事をいただき、うれしく思います**

中 收到您快速的回覆，我感到高興

例 ご多忙のところ早速メールをいただき、とてもうれしく存じました。

➔ 在您百忙之中仍即刻地收到您的郵件，感到非常地開心。

### 09 いつもお世話になっております

中 感謝您一直以來的照顧

### 10 はじめてご連絡いたします

中 初次與您聯繫

例 はじめてご連絡いたします。チェリー株式会社で輸出を担当しております山本と申します。

➔ 初次與您聯繫。我是在櫻桃股份有限公司裡負責出口的山本。

### 11 いつも大変お世話になっております

中 感謝您一直以來的照顧

### 12 突然のメールで失礼いたします

中 唐突致信打擾了

例 突然のメールで失礼いたします。貴社のウエブサイトを拝見してご連絡させていただきました。

➔ 唐突致信打擾了。因為瀏覽了貴公司的網站，所以冒昧地聯繫貴公司。

### 13 いつもお世話になりありがとうございます

中 感謝您一直以來的照顧

## 正式場合

### 01 いつもお心遣いいただき、まことにありがとうございます

中 總是受到您的細心掛念，衷心地感謝

例 いつも温かいお心遣いをいただき、まことにありがとうございます。

➔ 總是受到您溫馨的細心掛念，衷心地感謝。

### 02 いつも格別のご協力をいただきありがとうございます

中 謝謝您一直以來的合作

### 03 いつもお心にかけていただき、深く感謝申し上げます

中 總是受到您的關懷，謹此致以深深的謝意

例 平素よりなにかとお心にかけていただき、まことにありがたく存じます。

➔ 平日便受到您的諸多關懷，衷心地覺得感謝。

### 04 いつもお引き立ていただき誠にありがとうございます

中 感謝您一直以來的惠顧

**05 失礼ながら重ねて申し上げます**

中 雖感冒昧，但仍重覆陳述提醒

例 失礼ながら重ねて申し上げます。お見積りの提出を早急にお願いいたします。

→ 雖感冒昧，但仍重覆陳述提醒。祈請盡速提交估價單。

**01 貴社ますますご清栄のこととお慶び申し上げます**

中 祝貴司日益興隆

## ★正 文★

**01 採用を内定することに決定いたしました** 中 決定錄用您為內定人選

例 先日の試験の結果、採用を内定することに決定いたしました。

→ 依照前陣子審查結果，決定錄用您為內定人選。

**02 ご連絡いたします** 中 將進行聯絡

例 製品仕様の変更について、ご連絡いたします。

→ 關於商品規格，將進行聯絡。

**03 お知らせいたします** 中 針對接下來的行程安排等，將另行通知

例 なお、これからの日程等につきましては、あらためてご通知いたします。

→ 此外，針對接下來的行程安排等，將再行通知。

**04 下記へ移転いたしました**

中 遷移至以下地址

例 このたび当社は、4月1日付けで下記へ移転致しましたことを謹んでご案内申し上げます。

→ 此為本公司於4月1日起遷移至以下地址之事致以通知。

**05 本年度は予想を上回る応募数で**

中 因為今年的報名數超出了我方之預測～

例 本年度は予想を上回る応募数で、選考には大変苦慮いたしました。

→ 因為今年的報名人數超出了我方的預期，讓我們在選拔上煩惱苦思了許久。

**06 今回は採用を見合わせていただくことになりました**

中 此次應徵結果決定採取保留態度作為不錄取之結論

例 誠に遺憾ながら採用を見合わせていただくことになりました。

→ 誠心地感到遺憾，此次應徵結果決定採取保留態度作為不錄取之結論。

**07 ご希望にお応えすることができませんでした**

中 無法因應您的期望

例 応募多数のため、ご希望にお応えすることができませんでした。

→ 因各位踴躍地報名參加，致以此次無法因應您的期望。

**08 誠に残念ながら**

中 雖誠心地感到可惜～

例 誠に残念ながら、貴意に添いかねる結果となりました。

→ 對於無法回應您，雖誠心地感到可惜，仍致以通知。

**09 以下の要領で○○を行いますので、ご来社くださいますようお知らせいたします**

中 為依照以下要點將進行○○，致以通知您前來本公司

例 以下の要領で内定者研修を行いますので、ご来社くださいますようお知らせいたします。

→ 為依照以下要點將進行錄取者職前訓練，致以通知您前來本公司。

**10 慎重に検討しました結果**

中 在慎重地考慮與討論過後～

例 社内で慎重に検討しましたが、誠に残念ながら貴意に添えない結果となりました。

→ 本公司在慎重地考慮與討論過後，誠心地為結果無法令您滿意而感到遺憾。

**11 試験の結果、慎重に選考を行いましたところ**

中 徵選考試的結果，在我方慎重地權衡選拔之後～

例 試験の結果、慎重に選考を行いましたところ、誠に残念ながら貴意に添いかねる結果となりました。

→ 徵選考試的結果，在我方慎重地權衡選拔之後，誠心地為結果無法令您滿意而感到遺憾。

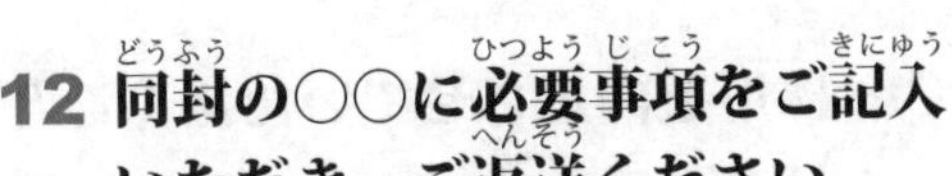

**12 同封の○○に必要事項をご記入いただき、ご返送ください**

**中 請在附於信封裡的○○上填入必填項目後，予以寄回**

例 つきましては、同封の入社承諾書に必要事項をご記入いただき、ご返送ください。

→ 接著，請在附於信封裡的○○上填入必填項目後，予以寄回。

**13 お忙しいところ恐れ入りますが**

**中 在您很忙的時候打擾了**

例 お忙しいところ恐れ入りますが、ご確認のほどよろしくお願いいたします。

→ 在您很忙的時候打擾了，但請您確認一下。

**14 せっかくご応募いただきましたのに、** **中 有負您特此報名參加～**

例 せっかくご応募いただきましたのに申し訳ありませんが、貴意に添いかねる結果となりました。

→ 有負您特此報名參加，最後無法達成符合您寶貴的意見，為此深表歉意。

## 正 式 場 合

**01 ご通知申しあげます**

**中 謹此致以通知**

例 手続きが完了いたしましたので、ご通知申しあげます。

→ 手續已辦理完成，謹此致以通知。

**02 今後のご健勝を心からお祈り申しあげます**

**中 發自內心祝福您今後日益茁壯**

**03 下記のとおり移転・営業の運びとなりました**

**中 依照以下記述，遷移並開始正常營運**

例 このたび当社は、下記のとおり移転・営業の運びとなりました。

→ 此次本公司依照以下記述，遷移並開始正常營運。

**04 今後ますますのご健勝をお祈り申し上げます**

**中 為您今後的益發茁壯予以祝福**

**05 ご期待に応えられず**

**中 無法因應您的期待～**

例 ご期待に応えられず深くお詫び申しあげます。

→ 無法因應您的期待，為此向您致以深深的歉意。

**06 今回は御縁がなかったものとして** **中 本次應徵結果以無緣為由～（委婉地表示不錄用）**

例 今回は御縁がなかったものとして、ご了承くださいますようお願いいたします。

➔ 本次應徵結果以無緣為由決定不予錄取，祈請您能予以諒解。

**07 誠に不本意ではございますが**

中 誠心表示此非我方所樂見～

例 誠に不本意ではございますが、貴意に添いかねる結果となりました。

➔ 誠心表示此非我方所樂見，誠心地為結果無法令您滿意而感到遺憾。

**08 誠に遺憾ながら**

中 雖誠心地感到遺憾～

例 誠に遺憾ながら、貴意に添いかねる結果となりました。

➔ 對於無法回應您，雖誠心地感到遺憾，仍致以通知。

**09 採用を内定させていただくことになりました**

中 決定錄取您為內定員工

例 適性検査および面接の結果、採用を内定させていただくことになりました。

➔ 透過適性調查以及面試的結果，決定錄取您為內定員工。

**10 採用する由内定いたしましたので、ご通知申しあげます** 中 由於決定錄用您之緣故，謹此致以通知

例 先日の試験の結果、採用する由内定いたしましたので、ご通知申しあげます。

➔ 由於先前的審查結果，決定錄用您之緣故，謹此致以通知。

**11 今後一層のご活躍を心からお祈り申しあげます**

中 發自內心祝福您今後愈加活躍

## ★結 語★

**01 まずは○○申し上げます**

中 總之先致以○○～

例 まずは謹んでご連絡申し上げます。

➔ 總之先致以通知。

**02 よろしくお願いいたします**

中 多多指教

例 どうぞよろしくお願いいたします。

➔ 請多多指教。

**03 以上、よろしくお願いします**
中 就這些，請多多指教

**04 ご検討ください** 中 請研究討論

例 お手数ですが、ご検討ください。
→ 還請勞煩您研究討論。

**05 ご回答をいただければ助かります**
中 若能得到您的解答將幫了我的大忙

例 恐縮ですが、ご回答をいただければ助かります。
→ 雖感冒昧，但若能得到您的解答將幫了我大忙。

**06 引き続きよろしくお願いいたします** 中 今後仍望惠顧關照

**07 なにとぞよろしくお願い申し上げます** 中 祈請多多指教

例 ご協力のほど、なにとぞよろしくお願い申し上げます。
→ 祈請撥冗協助，多多指教。

**08 今後ともよろしくお願いいたします** 中 今後也請多多指教

**01 ご教示願えれば幸いです**
中 若能蒙您指點將是我的榮幸

例 恐れいりますが、ご教示いただければ幸いです。
→ 雖感惶恐，但若能蒙您指點將是我的榮幸。

**02 今後ともよろしくご指導くださいますようお願い申し上げます**
中 還請多多指教

**03 皆様のますますのご発展を心よりお祈り申し上げます**
中 一路順風

**04 皆様の一層のご活動をご期待申し上げます** 中 一路順風

**05 皆様のますますのご活躍を心よりお祈り申し上げます**
中 一路順風

**06 皆様の一層のご健康を心よりお祈り申し上げます**
中 敬祝大家身體健康

**07 今後とも変わらぬご指導のほど、よろしくお願い申し上げます** 中 今後還請繼續予以指教

**01 まずは○○まで**

**中 總之先○○～**

例 まずはお知らせまで。

➜ 總之先致以通知。

**02 取り急ぎ○○の○○まで**

**中 總之先致以○○～**

例 取り急ぎ説明会のご連絡まで。

➜ 總之先致以說明會的通知。

**03 まずは取り急ぎご○○まで**

**中 總之先致以○○～**

例 まずは取り急ぎご連絡まで。

➜ 總之先致以通知。

**04 まずは○○かたがた○○まで**

**中 在此向您致○○並○○**

例 まずはお礼かたがた連絡まで。

➜ 在此向您致以道謝並通知。

## 客套說法

**01 今後とも、ご指導ご鞭撻のほど、よろしくお願い申し上げます** **中 還請多多指教與勉勵**

# Unit 02 邀請

這一類型的書信是以寫出讓對方萌生「強烈參加的意願」等具吸引力的內容為書寫重點。

此外，日期、星期幾、地點、內容以易懂的方式來表現，注意要積極喚起收信人出席、參與的意願。

## 結構

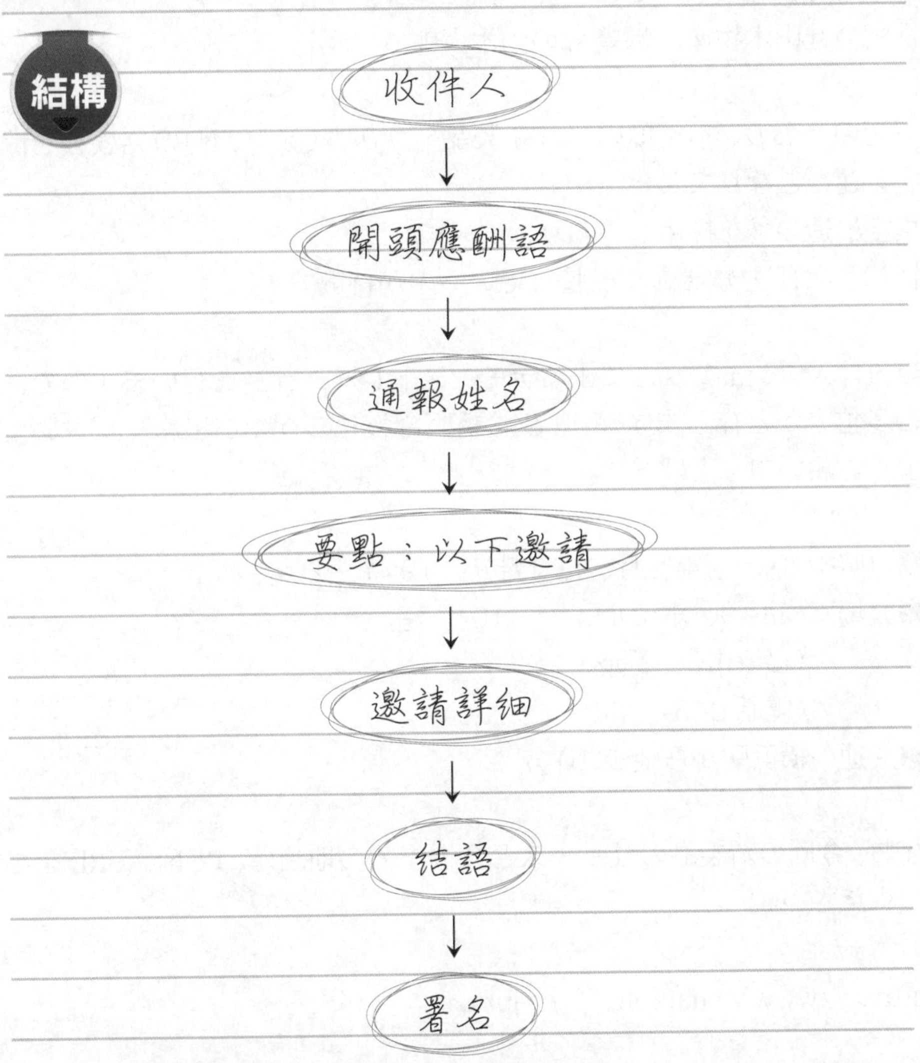

## 2-1 新產品上市發表會之邀請

正文

### 件名：「炊飯器○○○ N」発表会のご案内

○○○株式会社
○○様

いつもお世話になっております。
株式会社山本物産、営業部の山本太郎です。

下記のとおり、本年度の当社新製品「炊飯器○○○ N」の発表会を開催する運びとなりました。
真空構造の釜を採用しており、
軽量性と圧力炊きを併せ持っているのが特徴です。

当日は人気シェフ△△によるデモンストレーションを行いますので、
ご多忙中かと存じますが、ぜひお誘い合わせのうえご出席くださいますようお願い申し上げます。

■日時：20○○年○月○日（月）　19時～20時
■会場：横浜○○ホテル4階　101号室
　　　（横浜市○○○区○○○）
　　　（電話045-1234-○○○○）
■交通：横浜駅から徒歩10分

なお、今回の新製品のリリースと会場までの地図は、以下のURLをご参照ください。

http：//www.yamamoto○.co.jp/

山本太郎（Taro Yamamoto）

t-yamamoto@ooo.co.jp

株式会社　山本物産　営業部

〒○○○ -9999　横浜市○○区○○町○ - ○

TEL：045- ○○○○ -9999

FAX：045- ○○○○ -9999

**運び** 中 階段

例 本線はまだ開通の運びに至らない。➔ 本路線還沒達到通車階段。

**採用** 中 錄取

**シェフ** 中 廚師

**デモンストレーション** 中 實地示範

**誘い合わせる** 中 邀請一起做

例 彼は何人かの友達と誘い合わせてショーを見に行った。
➔ 他邀請了幾個朋友一起去看表演。

**リリース** 中 發布

例 リリース文。➔ 發布句子。

**POINT**

除了新商品的特色為其基本要件外，還要努力讓文章內容具有魅力足以吸引對方想來參加。

譯文

## 標題：「飯鍋○○○ N」發表會通知

○○○股份有限公司
○○敬啟

感謝您平日的愛戴。
我是山本物產股份有限公司營業部的山本太郎。

如下列所示，本公司即將舉辦今年度的新商品「飯鍋○○○ N」發表會。
採用真空構造的煮飯內鍋，
結合了輕巧及壓力蒸飯等功能為其特色。

當天將由知名廚師△△公開使用為各位做示範，
因此還請各位百忙之中能約親朋好友一同撥冗出席，謝謝。

■日期：20 ○○年○月○日（週一）　19 點～ 20 點
■會場：橫濱○○飯店 4 樓　101 號室
　　　（橫濱市○○○區○○○）
　　　（電話 045-1234- ○○○○）
■交通：橫濱車站步行十分鐘

此外，本次新商品的廣告海報以及前往會場的地圖請參照下方的網址連結。

http：//www.yamamoto ○ .co.jp/

---

山本太郎（Taro Yamamoto）
t-yamamoto@ooo.co.jp
股份有限公司　山本物產　營業部
〒○○○ -9999
橫濱市○○區○○町○ - ○
TEL：045- ○○○○ -9999
FAX：045- ○○○○ -9999

---

## 2-2 售後服務新增通知

正文

### 件名：クッキング・レシピのサービス

お客様各位

いつもお世話になっております。

このたび弊社炊飯器をお買い上げいただいた方に
クッキング・レシピのサービスを始めることにいたしました。
弊社の炊飯器は通常の炊飯機能だけでなく圧力釜機能など多機能をもっているのが特徴です。

その特徴を活かしたクッキングのレシピを日本料理、中華料理、イタリア料理の著名シェフ達がお教えいたします。

詳しくは、下記ホームページからログインしてご覧ください。
ログインにはお買い上げ製品のシリアル番号を入力ください。

■ホームページ URL
http：//www.yamamoto ○ .co.jp/recipe

以上、よろしくお願いします。

---

山本太郎（Taro Yamamoto）
株式会社　山本物産　営業部
〒○○○ -9999　横浜市○○区○○町○ - ○
TEL：045- ○○○○ -9999　FAX：045- ○○○○ -9999

---

**POINT**

書寫方向以給予附加服務等這一類能讓對方有所期待的內容為佳。

譯文

## 標題：料理 ・ 菜單之服務

所有客人敬啟：

感謝您平日的愛戴。

本次敝公司將提供料理 ・ 菜單之新服務給購買敝公司飯鍋的諸位客戶。
敝公司的飯鍋不僅擁有一般的煮飯功能，還擁有壓力內鍋等多項功能之特色。

我們將請來知名主廚教您活用敝公司飯鍋煮出日本料理、中華料理、義大利料理等。

詳情請透過下方網址登錄官方網站後詳閱。
登錄時請輸入購買商品上的識別號碼，謝謝。

■官方網站網址連結
http：//www.yamamoto ○ .co.jp/recipe

以上，還請多多指教。

山本太郎（Taro Yamamoto）
股份有限公司　山本物產　營業部　t-yamamoto@ooo.co.jp
〒○○○ -9999　橫濱市○○區○○町○ - ○
TEL：045- ○○○○ -9999　FAX：045- ○○○○ -9999

**クッキング** 中 烹調

**レシピ** 中 食譜

**サービス** 中 服務

**ことにする** 中 決定

例 しばらく猶予期間（ゆうよきかん）をおくことにする。➔ 決定暫予寬限。

**ログイン** 中 登錄

**シリアル番号（ばんごう）** 中 識別號碼

## 2-3 尾牙聚會通知



### 件名：忘年会のご案内

○○○株式会社
○○様

いつもお世話になっております。

日頃のお引き立てに感謝いたしまして、
当社主催の忘年会を下記のとおり行うことになりました。

毎年、好評をいただいておりますカラオケ大会も行います。
年末でお忙しい折かと存じますが、ふるってご参会くださいますようお願い申し上げます。

なお、会場の関係上、出欠のお返事を○月○日（木）までにご返信いただけると幸いです。

■日時：12月○日（水） 19時～21時
■会場：横浜○○ホテル 15F（○駅徒歩3分）
http //www. ○○○ .co.jp/
■会費：無料

==================================
忘年会に　[　]　参加します　[　]　欠席します
（どちらか一方に○印を入れて返信ください）
お名前：
御社名・部署名：

お電話番号：

====================================

以上、よろしくお願いします。

山本太郎（Taro Yamamoto）
株式会社　山本物産　営業部　t-yamamoto@ooo.co.jp
〒○○○ -9999　横浜市○○区○○町○ - ○
TEL：045- ○○○○ -9999　FAX：045- ○○○○ -9999

單字

**忘年会** 中 尾牙

**引き立て** 中 關照

例 毎度お引き立てをたまわりありがとう存じます。→ 平日承蒙您的關照。

**好評** 中 好評　例 初出演は好評を得た。→ 首次演出博得好評。

**ふるって** 中 積極　例 ふるって申しこんでください。→ 請積極報名。

**出欠** 中 出缺席　例 出欠を取る。→ 取得出缺席。

**POINT**

1. 透過對方的回信可以得到出缺席與否的回覆。
2. 在郵件中加上聯結網址，能補充用mail裡無法完整說明的資訊，幫助收信者快速理解。

## 標題：尾牙聚會通知

○○○股份有限公司
○○敬啟

感謝您平日的愛戴。

為感謝各位平日的大力支持，
本公司主辦的尾牙聚會將依下列所示舉行。

今年同樣會舉辦每年大受歡迎的卡拉 OK 大會。
時值年末雖然各位都很忙碌，但仍希望各位能撥冗前來一同歡聚。

此外，為了方便預訂會場，請在○月○日（週四）之前回覆是否出席，謝謝。

■日期：12 月○日（週三） 19 點～ 21 點
■會場：橫濱○○飯店 15 樓 （○車站步行約 3 分）
http //www. ○○○ .co.jp/
■費用：免費

========================================
尾牙聚會 [ ] 參加 [ ] 不參加
（請擇一選項標示○後予以回覆）
姓名：
公司名 ・ 隸屬部門：
電話號碼：
========================================
以上，還請多多指教。

---

山本太郎（Taro Yamamoto）
t-yamamoto@ooo.co.jp
股份有限公司 山本物產 營業部
〒○○○ -9999 橫濱市○○區○○町○ - ○
TEL：045- ○○○○ -9999
FAX：045- ○○○○ -9999

---

## 2-4 公司說明會之邀請

正文

### 件名：会社説明会の案内

○○様

学業にお忙しいことと思います。
先日は、合同企業説明会にご参加くださいまして、
ありがとうございました。

この度、説明会でご面談させていただいた皆様に弊社を深くご理解いただくため、会社説明会を開催いたします。

是非、ご参加くださいますようご案内メールをお送りします。

記

1. 日時：2012年5月6日（月）　13時～15時
2. 場所：横浜市○○区○○町 1-23 当社 3F 大会議室
3. 持参するもの：筆記用具、印鑑
4. 交通費：一律○○○円を支給

以上、よろしくお願いします。

---

山本太郎（Taro Yamamoto）
株式会社　山本物産　営業部　t-yamamoto@ooo.co.jp
〒○○○ -9999　横浜市○○区○○町 1-23
TEL：045- ○○○○ -9999　FAX：045- ○○○○ -9999

---

**POINT**

使用簡潔明瞭的條列式書寫法。

譯文

## 標題：公司說明會之通知

○○敬啟

相信各位都各自忙於學業中。
感謝各位前些日子出席參與企業共同說明會。

此次，為了讓在說明會參與面談的各位能更進一步地了解本公司，
我方將舉行公司說明會。

為期待各位皆能出席參加，於此致上通知郵件。

備註

1. 日期：2012 年 5 月 6 日（週一）　13 點～ 15 點
2. 地點：橫濱市○○區○○町 1-23 本公司 3F 大會議室
3. 攜帶物品：紙筆用具、印章
4. 交通費：一律補助○○○圓日幣

以上，還請多多指教。

---

山本太郎（Taro Yamamoto）
股份有限公司　山本物產　營業部　t-yamamoto@ooo.co.jp
〒○○○ -9999　橫濱市○○區○○町○ - ○
TEL：045- ○○○○ -9999　FAX：045- ○○○○ -9999

---

**是非**（ぜひ）中 一定　例 是非（ぜひ）うかがいます。➔一定去。

**面談**（めんだん）中 面談

**一律**（いちりつ）中 一律　例 一律料金（いちりつりょうきん）。➔一律的費用。

# 關於「邀請」信函的好用句

## ★開頭語★

### 一般場合

**01 いつもお世話になっております**

中 感謝您一直以來的照顧

**02 はじめまして** 中 初次見面，您好

例 はじめまして、チェリー株式会社輸出部の山本です。

→ 初次見面，您好。我是櫻桃股份有限公司出口部的山本。

**03 いつもお世話になりありがとうございます**

中 感謝您一直以來的照顧

**04 いつも大変お世話になっております** 中 感謝您一直以來的照顧

**05 ご連絡ありがとうございます**

中 謝謝您的聯繫

例 さっそくご返信、ありがとうございます。

→ 謝謝您的即刻回信。

**06 はじめてご連絡いたします**

中 初次與您聯繫

例 はじめてご連絡いたします。チェリー株式会社で輸出を担当しております山本と申します。

→ 初次與您聯繫。我是在櫻桃股份有限公司裡負責出口的山本。

**07 ご無沙汰しておりますが、いかがお過ごしですか**

中 久疏問候，您過得如何？

例 ご無沙汰しておりますが、お変わりなくお過ごしのことと存じます。

→ 久疏問候，想必一切與往常無異。

**08 ご無沙汰しております**

中 好久不見／久疏問候

例 日々雑事におわれ、ご無沙汰しております。

→ 因每日雜務繁忙，以致久疏問候。

**09 お久しぶりです** 中 好久不見

例 昨年のセミナーでお会いして以来でしょうか。お久しぶりです。

→ 最後一次相見是在去年的研討會了吧。好久不見。

**10 お世話になっております**

中 承蒙關照

例 日頃は大変お世話になっております。チェリー株式会社の山本です。

→ 平日承蒙您的諸多關照了。我是櫻桃股份有限公司的山本。

**11 突然のメールで失礼いたします**

中 唐突致信打擾了

例 突然のメールで失礼いたします。貴社のウエブサイトを拝見してご連絡させていただきました。

→ 唐突致信打擾了。因為瀏覽了貴公司的網站，所以冒昧地聯繫貴公司。

## 正式場合

**01 いつもお引き立ていただき誠にありがとうございます**

中 感謝您一直以來的惠顧

**02 いつもお心遣いいただき、まことにありがとうございます**

中 總是受到您的細心掛念，衷心地感謝

例 いつも温かいお心遣いをいただき、まことにありがとうございます。

→ 總是受到您溫馨的細心掛念，衷心地感謝。

**03 いつもお心にかけていただき、深く感謝申し上げます**

中 總是受到您的關懷，謹此致以深深的謝意

例 平素よりなにかとお心にかけていただき、まことにありがたく存じます。

→ 平日便受到您的諸多關懷，衷心地覺得感謝。

**04 いつも格別のご協力をいただきありがとうございます**

中 謝謝您一直以來的合作

## 客套說法

**01 日頃のお引立てありがとうございます**

中 感謝您一直以來的惠顧

**02 貴社ますますご清栄のこととお慶び申し上げます**

中 祝貴司日益興隆

## ★正文★

### 01 行いますので　中 將舉行～

例 本年度の会社説明会を下記のとおり行いますので、ご案内します。➔ 將依照下列敘述舉行今年度的公司說明會，在此為您引導。

### 02 ご出席のご都合を

中 出缺席之情況～

例 ご出席のご都合を、返信メールにてお知らせくださいますようお願い申しあげます。

➔ 關於出缺席之情況，祈請以電子郵件予以通知回覆。

### 03 ぜひご参加くださるよう

中 祈請您務必能參加～

例 ご多忙のことと存じますが、ぜひご参加くださるようご案内申し上げます。

➔ 雖知您正於百忙之中，但為盼您務必能出席參加，於此致以通知。

### 04 よろしくご検討のうえ

中 麻煩您請討論之後～

例 よろしくご検討のうえ、ご参加いただければ幸いです。

➔ 請您討論之後，到場出席。

### 05 ご都合がよろしければ

中 若您的情況允許的話～

例 ご都合がよろしければ、ぜひご参加くださいませ。➔ 若您的情況允許的話，請務必出席參加。

### 06 お教え下さいますよう、お願い申しあげます

中 謹此祈請您能予以知會

例 出欠のご返事をお教え下さいますよう、お願い申しあげます。

➔ 謹此祈請您能予以知會關於出缺席之回覆。

### 07 みなさまおそろいで

中 各位齊同～

例 みなさまおそろいで、お越しいただけますよう、お待ちしております。

➔ 在此恭候各位能齊同大駕光臨。

### 08 出欠のご返事を

中 出席與否的回覆～

例 出欠のご返事を3月10日までに、同封のはがきにてお知らせください。

➔ 出席與否的回覆請在3月10日以前，以附在信件裡的明信片寄回。

**09 ご連絡くださいますよう、お願いいたします**

中 在此請託您能予以聯繫

例 出欠のご返事をご連絡くださいますよう、お願いいたします。

→ 關於出缺席之回覆，在此請託您能予以聯繫。

**10 みなさまお誘い合わせのうえ**

中 在各位熱情相邀～

例 何とぞ皆様お誘い合わせのうえ、ご来場くださいますようご案内申し上げます。

→ 於此為各位引導說明，以期各位能在我們的熱情相邀後予以出席。

**11 ○○の企画を立てましたので**

中 因為○○的計畫已訂定了～

例 ダンスパーティーの企画を立てましたので、ご案内します。

→ 因為舞會的計畫已訂定了，在此為您介紹說明。

**12 お気軽におこしください**

中 請帶著輕鬆愉快的心情前來

例 昼食会を開催いたしますので、どうぞお気軽におこしください。

→ 因為將舉辦午餐聚會，還請各位帶著輕鬆愉快的心情前來。

**13 ○○様もどうぞご一緒に**

中 也請○○ 先生／小姐一同～

例 山田様もどうぞご一緒にご参加いただけますよう、お待ちしております。

→ 也祈請山田先生／小姐能一同參與，在此恭候您的到來。

**14 ふるってご参加ください**

中 請積極地參與

例 お忙しいとは存じますが皆様ふるってご参加くださいませ。

→ 雖然知道各位都非常地忙碌，但仍請各位能積極地參與。

**15 ぜひご出席くださいますよう**

中 請您務必能出席～

例 ご多用中恐縮ではございますが、ぜひ ご出席くださいますよう お願い申し上げます。

→ 雖然在您忙碌之時叨擾感到萬分歉意，但祈請您務必能夠出席。

**16 ご参加をお待ちしております**

中 恭候參加

例 親睦を深めるためにも多くの皆様のご参加をお待ちしております。

→ 也為了能促進交流，加深彼此認識，恭候各位踴躍參與。

**17 ○○の開催日時が下記のとおり決まりました**

中 ○○的舉辦時間日期如下所列已確定

例 見学会の開催日時が下記のとおり決まりました。

➔ 參觀會的舉辦時間日期如下所列已確定。

**18 実施することになりましたので**

中 因為決定了要實行～

例 火災予防訓練を実施することになりましたので、お知らせいたします。

➔ 因為決定了要實行火災防範訓練，謹此致以通知。

**19 開催することになりましたので**

中 為確定舉辦～之由～

例 パソコン教室を定期的に下記のとおり開催することになりましたので、ご案内申し上げます。

➔ 依照下列所述，為確定舉辦定期的電腦教室教學之由，於此致以聯繫說明。

**20 お忙しいところ恐れ入りますが**

中 在您很忙的時候打擾了

例 お忙しいところ恐れ入りますが、ご確認のほどよろしくお願いいたします。

➔ 在您很忙的時候打擾了，但請您確認一下。

**21 お知らせくださいますよう、お願い申しあげます**

中 謹此祈請您能予以通知

例 出欠のご返事をお知らせくださいますよう、お願い申しあげます。 ➔ 謹此祈請您能予以通知關於出缺席之回覆。

**01 ご案内かたがたお願い申しあげます** 中 向您通知說明之際也藉機～

例 ぜひご出席くださいますよう、ご案内かたがたお願い申しあげます。

➔ 向您通知說明之際也借機祈請您務必能出席參與。

**02 ぜひご参加賜りますよう**

中 祈請您能賜允參加出席～

例 ご多用中恐縮ではございますが、ぜひご参加賜りますようご案内申しあげます。

➔ 在您百忙之中深感抱歉，但為祈請您能賜允參加出席，於此致以聯繫說明。

**03 開催いたすことになりました**

中 確定舉辦～

例 このたび店内改装のため在庫一掃セールを開催いたすことになりました。

→ 本次因店面重新裝潢之故，確定舉辦店內存貨出清大拍賣。

**04 開催する運びとなりました**

中 確定舉辦～之步驟

例 オープン直前には「内覧会」を開催する運びとなりました。

→ 在正式開幕之前確定先舉辦「試展會」之步驟。

**05 催したく存じますので**

中 因為打算要舉辦～

例 懇親会を催したく存じますので、ぜひともご出席ください。

→ 因為打算要舉辦聯誼會，還請務必予以出席。

**06 ご多用中はなはだ恐縮でございますが**

中 對不起在繁忙的期間叨擾～

例 ご多用中はなはだ恐縮でございますが、出席を賜りたくお願い申しあげます。

→ 對不起在繁忙的期間叨擾，但希望您能撥冗前來參加。

**07 ご参加の諾否を**

中 答應參加與否～

例 ご参加の諾否を、返信メールにてお知らせくださいますようお願い申しあげます。

→ 關於答應參加與否之回覆，請以電子郵件回覆通知。

**08 忌憚のないご意見、ご要望を賜りますよう**

中 盼能無所顧慮地賜予我們您的意見與需求～

例 忌憚のないご意見、ご要望を賜りますよう、お待ち申しあげます。

→ 盼能無所顧慮地賜予我們您的意見與需求，謹此致以恭候。

**09 ご忠告などを賜りたく**

中 望能賜予忠告～

例 ご忠告などを賜りたく、ご案内申しあげます。

→ 望您能賜予忠告，謹此為您解釋說明。

**10 お待ち申しあげます**

中 恭候～

例 従業員一同心よりお待ち申しあげます。

→ 全體員工誠心恭候您的蒞臨。

**11 ご案内申しあげます**

中 謹此致以通知～

例 万障お繰り合わせの上、奮ってご参加くださいますようご案内申し上げ ます。

➔ 謹此致以通知，祈請各位能排除萬難並積極參與。

## 12 ぜひお運びくださいますよう

中 祈請您務必能到場～

例 皆様お誘い合わせのうえ、ぜひお運びくださいますようお願い申し上げます。

➔ 祈請各位能互相邀請通知，並且務必能大駕光臨。

## 13 万障お繰り合わせのうえ

中 排除萬難並～

例 万障お繰り合わせのうえ、お仲間を誘い合って、会場までお越しくださいますよう、御案内申し上げます。

➔ 於此致以聯繫說明，祈請各位能排除萬難並邀約同伴一同蒞臨本會。

## 14 ご高評をいただきたく

中 望能得到您的批評與指教～

例 ぜひともご出席のうえ、ご高評をいただきたく、ご案内申しあげます。

➔ 謹此致以通知，祈請各位能務必出席，且望能得到您的批評與指教。

## 15 ぜひお運びくださるよう

中 祈請您務必能到場～

例 ご多用中とは存じますが、ぜひお運びくださるようお願い申しあげます。

➔ 雖知您為百忙之身，但仍祈請您能務必大駕光臨。

## 01 ご来臨くださいますよう

中 盼請您能蒞臨～

例 皆様ご多忙とは存じますが、何卒ご来臨くださいますようお願い申し上げます。

➔ 雖然明白各位都非常地忙碌，但仍盼請您能蒞臨。

## 02 ご臨席賜りますよう

中 請賞個臉到場～

例 ご多用中誠に恐縮でございますが何とぞご臨席賜り ますようご案内申し上げます。

➔ 在您忙碌之際雖感到十分惶恐，為請您務必賞個臉到場，於此致以通知。

## ★結語★

### 一般場合

**01 まずは○○申し上げます**

**中 總之先致以○○～**

例 まずは謹んでご案内申し上げます。

→ 總之先謹致以說明介紹。

**02 ご回答をいただければ助かります**

**中 若能得到您的解答將幫了我的大忙**

例 恐縮ですが、ご回答をいただければ助かります。

→ 雖感冒昧，但若能得到您的解答將幫了我大忙。

**03 なにとぞよろしくお願い申し上げます　中 祈請多多指教**

例 ご協力のほど、なにとぞよろしくお願い申し上げます。

→ 祈請撥冗協助，多多指教。

**04 以上、よろしくお願いします**

**中 就這些，請多多指教**

**05 今後ともよろしくお願いいたします　中 今後也請多多指教**

**06 ご検討ください　中 請研究討論**

例 お手数ですが、ご検討ください。

→ 勞煩您研究討論。

**07 引き続きよろしくお願いいたします　中 今後仍望惠顧關照**

**08 よろしくお願いいたします**

**中 多多指教**

例 どうぞよろしくお願いいたします。

→ 請多多指教。

### 正式場合

**01 皆様のますますのご発展を心よりお祈り申し上げます**

**中 一路順風**

**02 皆様の一層のご活動をご期待申し上げます**

**中 一路順風**

**03** **皆様のますますのご活躍を心よりお祈り申し上げます**

中 一路順風

**05** **皆様の一層のご健康を心よりお祈り申し上げます**

中 敬祝大家身體健康

**04** **今後ともよろしくご指導くださいますようお願い申し上げます**

中 還請多指教

**06** **今後とも変わらぬご指導のほど、よろしくお願い申し上げます**

中 今後還請繼續予以指教

## 簡略說法

**01** **まずは取り急ぎご○○まで**

中 總之先致以○○～

例 まずは取り急ぎご案内まで。

→ 總之先致以通知與說明。

**03** **取り急ぎ○○の○○まで**

中 總之先致以○○～

例 取り急ぎ説明会のご案内まで。

→ 總之先致以說明會的通知與介紹。

**02** **まずは○○まで** 中 總之先○○～

例 まずはご案内まで。

→ 總之先致以通知與說明。

**04** **まずは○○かたがた○○まで**

中 在此向您致○○並○○

例 まずは案内かたがたご連絡まで。→ 在此致以介紹並通知您。

## 客套說法

**01** **今後ともお引き立てくださいますようお願い申し上げます**

中 今後仍望惠顧關照

**02** **今後とも、ご指導ご鞭撻のほど、よろしくお願い申し上げます**

中 還請多多指教與勉勵

# Unit 03 照會

因為是對合作公司詢問合作上的疑問或不明之處等的詢問郵件，因此欲詢問何種內容或疑問時應明確並具體表達其要旨。

## 結構

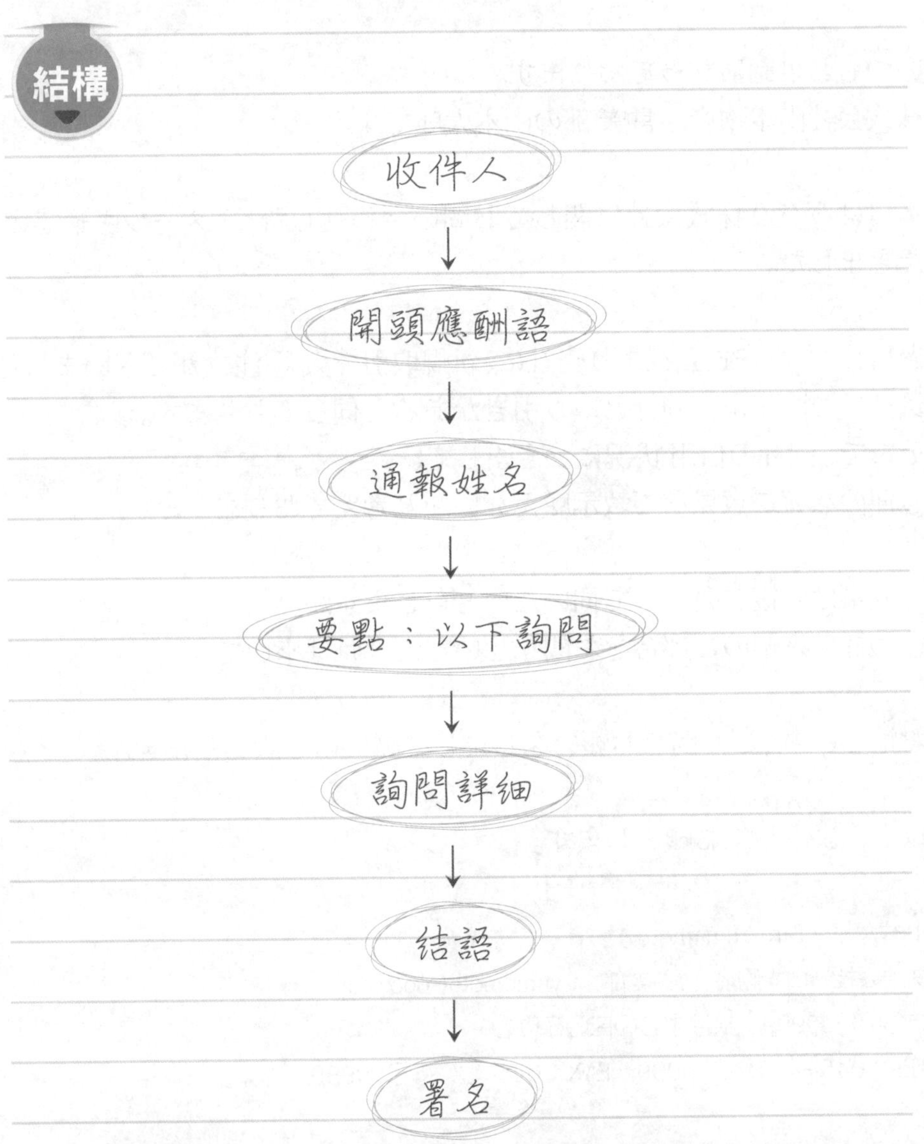

## 3-1 關於公司的介紹

正文

### 件名：△△△株式会社についてのご照会

〇〇〇株式会社　販売部
〇〇様

いつもお世話になっております。
株式会社山本物産、営業部の山本太郎です。

本日は△△△株式会社に関してお問い合わせしたく、メールさせていただきました。

過日、△△△株式会社より当社に、新規取引で大量注文がございました。
貴社は一昨年より同社と取り引きがあると伺っております。
そこで、同社の信用状況につきまして、
忌憚のないご意見をご教示願えないかと考えております。

ご返事は直接お会いして伺いたいと存じますが、
〇〇様の来週のご都合をお聞かせいただければ幸いです。

お忙しい中、ご面倒なお願いをしまして誠に申し訳ありません。

以上、よろしくお願いします。

---

山本太郎（Taro Yamamoto）
株式会社　山本物産　営業部　t-yamamoto@ooo.co.jp
〒〇〇〇 -9999　横浜市〇〇区〇〇町〇 - 〇
TEL：045- 〇〇〇〇 -9999　FAX：045- 〇〇〇〇 -9999

---

## 標題：關於△△△股份有限公司的確認

○○○股份有限公司　銷售部
○○敬啟

感謝您平日的愛戴。
我是山本物產股份有限公司營業部的山本太郎。

本日因針對△△△股份有限公司想詢問某些事項，因此致信叨擾。

前些日子，我方公司收到了來自新客戶△△△股份有限公司的大量訂單。
我方聽聞貴公司自前年開始便與此公司開始了合作關係。
也因此關於此公司的信譽情況，
想請您莫要有所顧慮盡情地給予您寶貴的意見及指導。

因我方希望能與您直接會面請教您的回覆，因此如果能給予○○（先生／小姐）
您下週方便會面的時間的話將是我們的榮幸。

在您百忙之中提出請求，增添了您的麻煩實感惶恐。

以上，還請多多指教。

---

山本太郎（Taro Yamamoto）
t-yamamoto@ooo.co.jp
股份有限公司　山本物產　營業部
〒○○○ -9999
橫濱市○○區○○町○ - ○
TEL：045- ○○○○ -9999
FAX：045- ○○○○ -9999

---

**注文**（ちゅうもん） 中 訂貨

**伺う**（うかがう） 中 請教

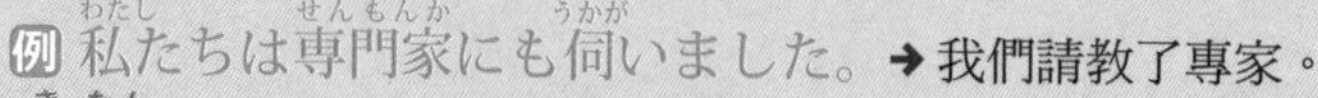
例 私たちは専門家にも伺いました。➔ 我們請教了專家。

**忌憚のない**（きたんのない） 中 毫無保留的

例 忌憚のない意見。➔ 毫無保留的意見。

**教示**（きょうじ） 中 教導

例 コンピューターの使い方を教示する。➔ 教導電腦的使用方法。

**都合**（つごう） 中 關係

例 仕事の都合で出張を見合わせた。➔ 由於工作關係，不出差了。

**面倒**（めんどう） 中 麻煩

例 面倒な仕事を敬遠する。➔ 有意迴避麻煩的工作。

## POINT

1. 關於信用的確認是個很微妙的問題。為了不要讓對方產生不信任的感覺，在信中說明原由時一定要小心好好書寫，留心用詞與必要的禮貌用語。
2. 請務必事先考慮到在寄出郵件後是否會對公司產生什麼樣的影響。

# 3-2 初次交易簽約條件之詳情

正文

## 件名：「高速オーブン」取引条件についてのご照会

○○○株式会社
○○様

はじめまして。
株式会社山本物産、営業部の山本太郎と申します。

当社は外食産業を対象とする食品・酒類・雑貨の卸売です。

さて、本日は貴社の新製品「高速オーブン」をぜひ当社でも取り扱わせていただきたく、ご連絡申し上げました。
当方では、毎月 200 台の大量一括購入を考えておりますが、
その場合の取引条件はどのようになりますでしょうか。
下記の 3 項目についてご回答のほど、よろしくお願い申し上げます。

---

1. 価格・・・現金の場合および売り掛けの場合
2. 支払い方法・・・各月の締め切り日と支払い期日
3. 保証金やその他の条件について

---

なお、当社の信用状況につきましては、神奈川銀行○○支店までお問い合わせください。
お忙しいところ大変恐縮ですが、折り返しご返事をいただきたく、お願い申し上げます。

---

山本太郎（Taro Yamamoto）
株式会社　山本物産　営業部
〒○○○ -9999　横浜市○○区○○町○ - ○
TEL：045- ○○○○ -9999　FAX：045- ○○○○ -9999

---

譯文

## 標題：關於「高速焗烤爐」代理合作條件之確認

〇〇〇股份有限公司
〇〇敬啟

初次致信，您好。
我是山本物產股份有限公司營業部的山本太郎。

本公司是以飲食產業的食品 · 酒類 · 雜糧類為主的中盤商。

那麼首先今日致信為的就是想請貴公司務必能讓我方代理貴公司的新製品「高速焗烤爐」，因此致信予以聯繫。
本公司考慮每個月大量進購 200 台，
想請問大量採購的情況下，貴公司的合作條件是怎麼樣的呢？
於此祈請您針對下列三個問題項目予以回覆。

---

1. 價格……現金支付的價格及事後付款的價格
2. 付款方式……每個月的結算日及付款日期
3. 關於保證金或其他條件

---

此外，關於本公司的信譽狀況，您可向神奈川銀行〇〇分行洽詢詢問。
百忙之中雖誠感惶恐，仍煩請您予以回覆聯繫。

---

山本太郎（Taro Yamamoto）
t-yamamoto@ooo.co.jp
股份有限公司　山本物產　營業部
〒〇〇〇 -9999
橫濱市〇〇區〇〇町〇 - 〇
TEL：045- 〇〇〇〇 -9999
FAX：045- 〇〇〇〇 -9999

---

**オーブン** 中 焗烤爐

**外食** 中 在外用餐

**卸売** 中 批發

例 卸売で買うと安い。➔ 跟批發商買就很便宜。

**取り扱う** 中 代理

例 あの店はこの種の商品を取り扱う。➔ 那家商店代理這類商品。

**一括** 中 一次性

**取引** 中 合作交易

**ほど** 中 委婉

例 ご寛容のほど願います。➔ 請予寬恕。

**折り返し** 中 立即　例 折り返し返事をする。➔ 立即回覆。

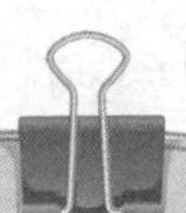

**POINT**

1. 在展開合作的一開始，關於具體的合作條件（價格、付款方式、各種條件）等都是需要詢問對方的內容。這裡要特別注意的是：關於想事先確認的事項要盡可能具體地寫清楚。
2. 在闡述和自己公司合作的優點時，須以自然不刻意的方式大量帶入郵件中，注意要花些心思讓對方對彼此的合作產生興趣。

## 3-3 關於價格詳情之詢問

正文

### 件名：料金の詳細についてのお尋ね

〇〇〇株式会社　厨房機器部
〇〇様

いつもお世話になっております。
株式会社山本物産経理部の山本太郎と申します。

いつも弊社購買部の△△がお世話になっており、
ありがとうございます。

さて、昨日、御社よりご請求書（No.M-〇〇〇）をご送付いただいて
おりますが、
この件につきまして一点お尋ねいたします。

請求品目につき「機材設置作業一式」とありますが、
この明細をお知らせいただけませんでしょうか？

商品価格および設置手数料、備品送料などの個別の経費が合計されて
いるかと存じます。

経理の都合上、詳しい内訳が必要ですので、
お手数ですがご連絡お願いいたします。

以上、よろしくお願いします。

---

山本太郎（Taro Yamamoto）
株式会社　山本物産　経理部　t-yamamoto@ooo.co.jp
〒〇〇〇-9999　横浜市〇〇区〇〇町〇-〇
TEL：045-〇〇〇〇-9999　FAX：045-〇〇〇〇-9999

---

## 標題：關於價格詳情之詢問

○○○股份有限公司　廚房機器部
○○敬啟

感謝您平日的愛戴。
我是山本物產股份有限公司會計部的山本太郎。

敝公司採購部的△△總是受您照顧，實為感激。

首先關於昨日來自貴公司的請款書（No.M- ○○○）已寄達，
但關於這件事我方有一項疑問想向您詢問。

關於請款書項目中，有一項為「機材設置作業」，
能否請您針對此項目的詳細內容予以告知呢？

我方以為商品價格以及設置手續費、備用品運費等項目之各別經費是合併在一起計算的。

而因會計部的作業之所需，需要詳細的內容項目解說，
還煩請您與我方聯繫。

以上，還請多多指教。

---

山本太郎（Taro Yamamoto）
t-yamamoto@ooo.co.jp
股份有限公司　山本物產　會計部
〒○○○ -9999
橫濱市○○區○○町○ - ○
TEL：045- ○○○○ -9999
FAX：045- ○○○○ -9999

---

單字

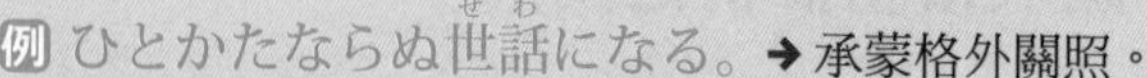

**世話（せわ）になる** 中 承蒙關照

例 ひとかたならぬ世話（せわ）になる。➜ 承蒙格外關照。

**請求書（せいきゅうしょ）** 中 請款書、請款單

例 送（おく）られてきた請求書（せいきゅうしょ）をみてとても驚（おどろ）いた。➜ 看到送來的請款書，大吃一驚。

**お尋（たず）ねする** 中 打聽

例 ちょっとお尋（たず）ねしたいことがあります。➜ 有一件事想向您打聽一下。

**手数料（てすうりょう）** 中 手續費

**都合（つごう）** 中 關係

例 仕事（しごと）の都合（つごう）で出張（しゅっちょう）を見合（みあ）わせた。➜ 由於工作關係，不出差了。

**内訳（うちわけ）** 中 細目

例 その内訳（うちわけ）は以下（いか）のとおりです。➜ 其細目如下。

**手数（てすう）** 中 麻煩

例 ご多用中（たようちゅう）お手数（てすう）をかけてすみません。➜ 在您百忙中還來麻煩您，真對不起。

**POINT**

1. 因為是請求回覆的郵件，因此要明確表達想確認（詢問）什麼樣的內容，並注意要具體描述。
2. 此時請在這裡禮貌地詢問「所有事項」的詳細內容。

# 3-4 關於商品存貨之洽詢

正文

## 件名：「高速オーブン（K-〇〇〇）」の在庫について

〇〇〇株式会社　販売部
〇〇様

いつもお世話になっております。
株式会社　山本物産、営業部の山本太郎です。

先日貴社より仕入れました「高速オーブン（K-〇〇〇）」の売れ行きが大変好調で、
お客様からの予約注文が続々と入っております。

つきましては、下記の数量、納期で追加注文を至急お願いしたいのですが、
在庫はございますでしょうか。
なお、在庫切れの場合は、
次の入荷予定日をお知らせください。

ご多忙中、大変恐れ入りますが、至急お調べのうえ、
ご返事をいただきたくお願い申し上げます。

以上、よろしくお願いします。

----------------- 記 -----------------
商品名：高速オーブン（K-〇〇〇）
納期：〇月〇日（火）

数量：150 台

---

山本太郎（Taro Yamamoto）

t-yamamoto@ooo.co.jp

株式会社　山本物産　営業部

〒○○○ -9999　横浜市○○区○○町○ - ○

TEL：045- ○○○○ -9999

FAX：045- ○○○○ -9999

---

## 單字

**オーブン** 中 焗烤爐

**続々と** 中 不斷

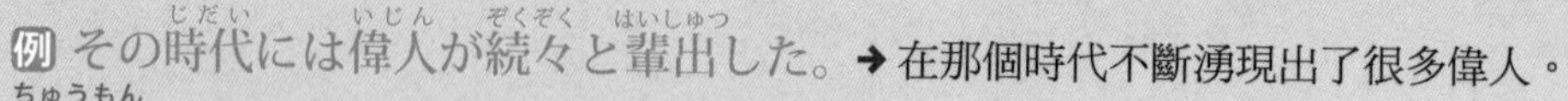

例 その時代には偉人が続々と輩出した。➜ 在那個時代不斷湧現出了很多偉人。

**注文** 中 訂貨

**在庫切れ** 中 庫存告罄

**恐れ入る** 中 麻煩你

例 恐れ入りますが，その窓を開けてくださいませんか。
➜ 麻煩你，請把那個窗戶打開好嗎？

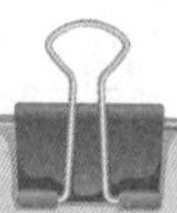

## POINT

敘述請託確認的理由，關於疑問、不明白之處等想確認的內容、期限，一定要明確、清楚地寫出。

譯文

## 標題：關於「高速焗烤爐（K-〇〇〇）」之存貨

〇〇〇股份有限公司　銷售部
〇〇敬啟

感謝您平日的愛戴。
我是山本物產股份有限公司營業部的山本太郎。

由於前些日子向貴公司購買的商品「高速焗烤爐（K-〇〇〇）」之銷售業績蒸蒸日上，因此來自客人們的訂購也不斷湧進。

因此，在這邊火速地想委託您如下列所記述之數量、繳納期限予以追加訂購。
請問是否還有無存貨嗎？
還請予以告知接下來的進貨預定日。

在您百忙之中誠屬惶恐，但仍請在火速調查確認過後，
能予以我方回覆。

以上，還請多多指教。

------------------ 備註 ------------------
商品名：高速焗烤爐（K-〇〇〇）
交貨期限：〇月〇日（週二）
數量：150 台

---

山本太郎（Taro Yamamoto）
t-yamamoto@ooo.co.jp
股份有限公司　山本物產　營業部
〒〇〇〇 -9999
橫濱市〇〇區〇〇町〇 - 〇
TEL：045- 〇〇〇〇 -9999
FAX：045- 〇〇〇〇 -9999

---

# 關於「照會」信函的好用句

## ★開頭語★

**01 突然のメールで失礼いたします**

**中 唐突致信打擾了**

例 突然のメールで失礼いたします。貴社のウエブサイトを拝見してご連絡させていただきました。

➔ 唐突致信打擾了。因為瀏覽了貴公司的網站，所以冒昧地聯繫貴公司。

**02 はじめまして　中 初次見面，您好**

例 はじめまして、チェリー株式会社輸出部の山本です。

➔ 初次見面，您好。我是櫻桃股份有限公司出口部的山本。

**03 いつもお世話になりありがとうございます**

**中 感謝您一直以來的照顧**

**04 いつも大変お世話になっております　中 感謝您一直以來的照顧**

**05 ご無沙汰しておりますが、いかがお過ごしですか**

**中 久疏問候，過得如何？**

例 ご無沙汰しておりますが、お変わりなくお過ごしのことと存じます。

➔ 久疏問候，想必一切與往常無異。

**06 いつもお世話になっております**

**中 感謝您一直以來的照顧**

**07 お世話になっております**

**中 承蒙關照**

例 日頃は大変お世話になっております。チェリー株式会社の山本です。

➔ 平日承蒙您的諸多關照了。我是櫻桃股份有限公司的山本。

**08 はじめてご連絡いたします**

**中 初次與您聯繫**

例 はじめてご連絡いたします。チェリー株式会社で輸出を担当しております山本と申します。

➔ 初次與您聯繫。我是在櫻桃股份有限公司裡負責出口的山本。

## 正式場合

**01 いつもお心にかけていただき、深く感謝申し上げます**
中 總是受到您的關懷，謹此致以深深的謝意

例 平素よりなにかとお心にかけていただき、まことにありがたく存じます。
→ 平日便受到您的諸多關懷，衷心地感謝。

**02 いつも格別のご協力をいただきありがとうございます**
中 謝謝您一直以來的合作

**03 いつもお引き立ていただき誠にありがとうございます**
中 感謝您一直以來的惠顧

**04 いつもお心遣いいただき、まことにありがとうございます**
中 總是受到您的細心掛念，衷心地感謝

例 いつも温かいお心遣いをいただき、まことにありがとうございます。→ 總是受到您溫馨的細心掛念，衷心地感謝。

## 客套說法

**01 貴社ますますご清栄のこととお慶び申し上げます**
中 祝貴司日益興隆

**02 平素はご愛顧を賜り厚くお礼申しあげます**
中 感謝您一直以來的愛顧

## ★正 文★

## 一般場合

**01 お問い合わせいたします**
中 讓我為您查詢

例 新商品の規格について、お問い合わせいたします。
→ 讓我為您查詢關於新商品的規格。

**02 お尋ねいたします**
中 為您詢問～

例 担当の方にお尋ねいたします。
→ 這邊將為您向負責人詢問。

### 03 お忙しいところ恐れ入りますが

中 在您很忙的時候打擾了

例 お忙しいところ恐れ入りますが、ご確認のほどよろしくお願いいたします。

→ 在您很忙的時候打擾了，但請您確認一下。

### 04 ～について今一度確認させていただきたく

中 針對～希望能現在讓我做一次確認～

例 支払い条件について今一度確認させていただきたく、ご照会いたします。

→ 針對付款條件，希望能現在讓我做一次確認，特此詢問。

### 05 おうかがいいたします

中 讓我為您詢問

例 進捗状況について、おうかがいいたします。

→ 關於進展的狀況就讓我來為您詢問。

### 06 どのようになっているのでしょうか 中 規定是怎麼樣呢？

例 御社の支払い条件はどのようになっているのでしょうか。

→ 貴公司的繳費條件之規定是怎麼樣的呢？

### 07 いかがでしょう 中 ～如何？

例 製品化の進行状況はいかがでしょう。

→ 商品化的進行狀況現在進行得如何？

### 08 折り返しご返事をいただきたくお願い申しあげます

中 謹此委請您在～盡速給予回覆

例 詳細が決まりましたら、折り返しご返事をいただきたくお願い申しあげます。

→ 謹此委請您在詳細情況決定後盡速給予回覆。

### 09 ～について改めて確認したい点がございますので

中 針對～有些部分想再重新確認～

例 支払い条件について改めて確認したい点がございますので、ご多用中誠に恐縮ですが、折り返しご回答を賜わりたくお願い申しあげます。

→ 針對付款條件，因為有些部分想再重新確認，在您百忙之中實感抱歉，還懇請您能盡速予以回覆。

### 10 ご照会ください 中 請至～詢問

例 担当部門にご照会ください。

→ 請至相關負責部門詢問。

## 正式場合

**01 お聞かせいただきたく存じます**
**中 希望能讓我冒昧詢問～**

例 製品使用のご感想などお聞かせいただきたく存じます。

→ 希望能讓我冒昧詢問您使用商品後的感想。

**02 ご一報くださいますようお願い申しあげます** **中 煩請您通知一聲～**

例 ご提供のお客様、または個人法人に属さない方からのお申込は事前にご一報くださいますようお願い申しあげます。

→ 若是由會員介紹的客人或為個人不附屬於法人團體的報名，煩請事先通知一聲。

**03 お教えいただきたく存じます**
**中 希望能予以指點**

例 ご存じでしたら、お教えいただきたく存じます。

→ 若您知道的話，希望能予以指點。

**04 なにぶんのご返事をお待ちしております** **中 於此等候您的一些回覆**

例 恐れ入りますが、なにぶんのご返事をお待ちしております。

→ 雖感惶恐，仍於此等候您的一些回覆。

**05 いかが相成っておりますでしょうか** **中 ～變得如何了呢？**

例 未だご返済いただいておりません。いかが相成っておりますでしょうか。

→ 目前尚未收到您的債務付清之確認，請問狀況變得如何了呢？

**06 ご回答いただければ誠にありがたい次第です** **中 若能收到您的回覆，將使我方感激不盡**

例 支払い条件について、ご回答いただければ誠にありがたい次第です。

→ 針對付款條件，若能收到您的回覆，我方將感激不盡。

## ★結 語★

**01 よろしくお願いいたします**

中 多多指教

例 どうぞよろしくお願いいたします。

→ 請多多指教。

**02 引き続きよろしくお願いいたします** 中 今後仍望惠顧關照

**03 ご回答をいただければ助かります**

中 若能得到您的解答將幫了我的大忙

例 恐縮ですが、ご回答をいただければ助かります。

→ 雖感冒昧，但若能得到您的解答將幫了我大忙。

**04 まずは○○申し上げます**

中 總之先致以○○～

例 まずは謹んでお問い合わせ申し上げます。

→ 總之先致以詢問。

**05 今後ともよろしくお願いいたします** 中 今後也請多多指教

**06 ご検討ください** 中 請研究討論

例 お手数ですが、ご検討ください。→ 勞煩您研究討論。

**07 なにとぞよろしくお願い申し上げます** 中 祈請多多指教

例 ご協力のほど、なにとぞよろしくお願い申し上げます。

→ 祈請撥冗協助，多多指教。

**08 以上、よろしくお願いします**

中 就這些，請多多指教

**01 今後とも変わらぬご指導のほど、よろしくお願い申し上げます** 中 今後還請繼續予以指教

**02 今後ともよろしくご指導くださいますようお願い申し上げます**

中 還請多多指教

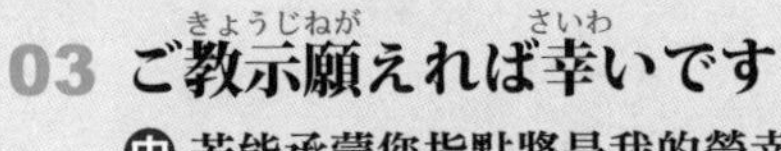

**03 ご教示願えれば幸いです**

**中 若能承蒙您指點將是我的榮幸**

例 恐れいりますが、ご教示いただければ幸いです。➔ 雖感惶恐，但若能承蒙您指點將是我的榮幸。

## 簡略說法

**01 まずは〇〇かたがた〇〇まで**

**中 在此向您致〇〇並〇〇**

例 まずはお問い合わせかたがたご挨拶まで。

➔ 在此向您致以詢問並問候。

**02 まずは〇〇まで**

**中 總之先〇〇~**

例 まずはお問い合わせまで。

➔ 總之先致以詢問。

**03 まずは取り急ぎご〇〇まで**

**中 總之先致以〇〇~**

例 まずは取り急ぎ照会まで。

➔ 總之先致以照會。

**04 取り急ぎ〇〇の〇〇まで**

**中 總之先致以〇〇~**

例 取り急ぎ注文条件のお問い合わせまで。

➔ 總之先致以訂單下訂條件的詢問。

## 客套說法

**01 今後とも、ご指導ご鞭撻のほど、よろしくお願い申し上げます**

**中 還請多多指教與勉勵**

**02 今後ともよろしくご愛顧のほどお願いいたします**

**中 今後仍望惠顧關照**

# Unit 04 交接

書寫這一類信函的時候請注意必須明確敘述何時、收件者、寄出內容為何……等內容。

## 結構

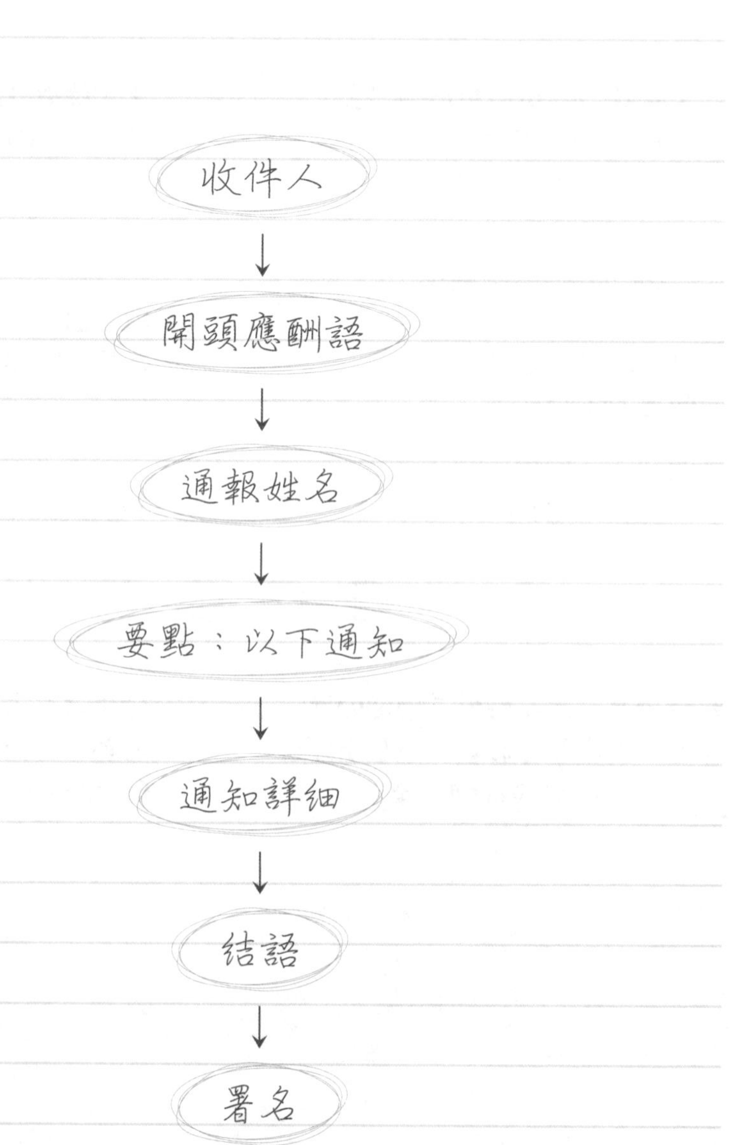

# 4-1 資料寄送之通知

正文

## 件名：「○○○」の資料送付ご連絡

○○○株式会社
○○様

いつもお世話になっております。
株式会社　山本物産　の山本太郎です。

この度は、「○○○」についてのお問い合わせありがとうございます。

詳しい資料を添付ファイルにてお送りいたします。

■添付ファイル：○○○ .pdf

「○○○」は若い主婦層にとても評判がよく販売数が順調に伸びてきております。

商品に関してご不明な点がおありでしたらなんなりとお気軽にご連絡くださいませ。

訪問させていただいて、詳しい説明もいたしますのでいつでも、お声がけください。

以上、よろしくお願いします。

---

山本太郎（Taro Yamamoto）

t-yamamoto@ooo.co.jp
株式会社　山本物産　営業部
〒○○○ -9999
横浜市○○区○○町○ - ○
TEL：045- ○○○○ -9999
FAX：045- ○○○○ -9999

**ファイル** 中 檔案

**なんなり** 中 不管什麼

例 なんなりとご用命ください。➔ 不管什麼，您儘管吩咐。

**気軽** 中 隨便

例 いつでも気軽にお立ち寄りください。➔ 隨時請隨便來坐一坐。

**声掛け** 中 招呼、搭話

例 彼にも声をかけよう。➔ 也招呼他吧！

**POINT**

信件的標題請將主旨要件以簡單易懂的字句來下標題。

譯文

## 標題：「○○○」資料文件寄送之聯繫

○○○股份有限公司
○○敬啟

感謝您平日的愛戴。
我是山本物產股份有限公司的山本太郎。

此次感謝您針對「○○○」之詢問。

詳細資料文件以附加文件之方式寄送。

■附加文件：○○○ .pdf

「○○○」在年輕主婦的客人們之中廣受好評，銷售量也順利地持續攀升中。

關於商品如有任何不明之處，不管是什麼問題都歡迎聯繫。

我方也將親自拜訪進行詳細說明，請隨時予以聯繫。

以上，還請多多指教。

---

山本太郎（Taro Yamamoto）
t-yamamoto@ooo.co.jp
股份有限公司　山本物產　營業部
〒○○○ -9999
橫濱市○○區○○町○ - ○
TEL：045- ○○○○ -9999
FAX：045- ○○○○ -9999

---

# 關於「交接」信函的好用句

**01 いつもお世話になっております**

中 感謝您一直以來的照顧

**02 はじめまして** 中 初次見面，您好

例 はじめまして、チェリー株式会社輸出部の山本です。

→ 初次見面，您好。我是櫻桃股份有限公司出口部的山本。

**03 お世話になっております**

中 承蒙關照

例 日頃は大変お世話になっております。チェリー株式会社の山本です。→ 平日承蒙您的諸多關照了。我是櫻桃股份有限公司的山本。

**04 はじめてご連絡いたします**

中 初次與您聯繫

例 はじめてご連絡いたします。チェリー株式会社で輸出を担当しております山本と申します。

→ 初次與您聯繫。我是在櫻桃股份有限公司裡負責出口的山本。

**05 いつも大変お世話になっております** 中 感謝您一直以來的照顧

**06 いつもお世話になりありがとうございます**

中 感謝您一直以來的照顧

**01 いつもお心遣いいただき、まことにありがとうございます**

中 總是受到您的細心掛念，衷心地感謝

例 いつも温かいお心遣いをいただき、まことにありがとうございます。

→ 總是受到您溫馨的細心掛念，衷心地感謝。

**02 いつもお引き立ていただき誠にありがとうございます**

中 感謝您一直以來的惠顧

**03 いつも格別のご協力をいただきありがとうございます**

中 謝謝您一直以來的合作

**04 いつもお心にかけていただき、深く感謝申し上げます**

中 總是受到您的關懷，謹此致以深深的謝意

例 平素よりなにかとお心にかけていただき、まことにありがたく存じます。

➔ 平日便受到您的諸多關懷，衷心地感謝。

**01 貴社ますますご清栄のこととお慶び申し上げます**

中 祝貴司日益興隆

**02 平素は格別のお引き立てを賜り厚く御礼申し上げます**

中 感謝您一直以來的惠顧

## ★正 文★

**01 受領しました** 中 已收取到

例 来年度分の会費、確かに受領しました。

➔ 明年度會費的部分，確實已收到了。

**02 頂戴しました** 中 ～收下了

例 このたびは結構なお品物を頂戴いたしまして、ありがとうございました。

➔ 此次收下了您如此貴重的禮物，不勝感激。

**03 着荷いたしました** 中 貨已寄達

例 先日ご出荷いただいた品は、12月15日相違なく着荷いたしました。

➔ 您在前些天寄出的商品，毫無問題地已於12月15日寄達。

**04 ～をお送りいたしましたので、ご確認ください**

中 已～寄出，煩請確認

例 先ほど、弊社山本より資料をお送りいたしましたので、ご確認ください。

➔ 文件資料已在不久前由本公司的山本寄出，煩請確認。

### 05 受け取りました　中 已收到

例 契約書は、本日確かに受け取りました。

→ 合約書確定在今天已收到。

### 06 到着いたしました

中 已抵達／送達

例 お送りいただいた資料、本日到着いたしました。

→ 勞煩您寄送的文件資料已於今日寄達。

### 07 ご覧くださいませ　中 請閱覽～

例 ご不明な点などございましたら、以下をご覧くださいませ。

→ 如有任何疑問之處，請看下列記述。

### 08 謹呈いたします　中 敬贈～

例 抽選で５０名の方にＵＳＢメモリーを謹呈いたします。

→ 將抽出50位得獎者敬贈予USB隨身碟為獎品。

### 09 お受け取りください　中 請領取～

例 指定した店舗にて商品をお受け取りください。

→ 請至指定店家領取商品。

### 10 ご覧ください　中 請看～

例 詳細は、添付資料をご覧下さい。→ 詳細內容請看附件資料。

### 11 目を通してください　中 請過目

例 明日の打合せの資料を添付しますので、目を通しておいてください。→ 這裡附上明天商量討論的資料，請過目。

### 12 頂戴いたしました　中 ～收下了

例 お祝い謹んで頂戴いたしました。→ 您的祝賀我恭敬地收下了。

### 13 お忙しいところ恐れ入りますが

中 在您很忙的時候打擾了

例 お忙しいところ恐れ入りますが、ご確認のほどよろしくお願いいたします。

→ 在您很忙的時候打擾了，但請您確認一下。

### 14 お納めください　中 請收下～

例 粗品ですが、どうぞお納めください。

→ 雖然只是個小禮物，還請您收下。

### 01 ご賢覧(けんらん)ください　中 煩請過目

例 資料(しりょう)を同封(どうふう)いたしましたので、ご賢覧(けんらん)ください。

→ 文件資料已隨信附上，煩請您過目。

### 02 ご高覧(こうらん)ください　中 請瀏覽

例 展示会(てんじかい)の模様(もよう)を以下(いか)のウエブサイトに発表(はっぴょう)しましたのでぜひご高覧(こうらん)くださいませ。

→ 展示會的狀況已上傳至下列網站，還請您務必瀏覽。

### 03 ご一読(いちどく)いただければ幸(さいわ)いです

中 若您能約略地讀過一次，將是我的榮幸

例 先程(さきほど)メールを送(おく)らせていただきました。ご一読(いちどく)いただければ幸(さいわ)いです。

→ 稍早前冒昧寄了電子郵件給您。若您能約略地讀過一次將是我的榮幸。

### 04 ご検収(けんしゅう)ください　中 請查收～

例 改(あらた)めて請求書同封(せいきゅうしょどうふう)いたしましたのでご検収(けんしゅう)ください。

→ 已將帳單一起重新放入了，還請查收。

### 05 ご査収(さしゅう)ください　中 請查收

例 議事録(ぎじろく)を添付(てんぷ)いたしましたので、よろしくご査収(さしゅう)ください。

→ 會議記錄已附上，煩請查收。

### 06 ご参照(さんしょう)いただければ幸(さいわ)いです

中 盼能有此榮幸得到您的參閱

例 先日(せんじつ)のお話(はなし)を企画書(きかくしょ)にまとめました。ご参照(さんしょう)いただければ幸(さいわ)いです。

→ 前些日子談到的內容已經統整成企劃書了。盼能有此榮幸獲得您的參閱。

### 07 お目通(めどお)しいただければ幸(さいわ)いです

中 懇請您能大致上地瀏覽～

例 先日(せんじつ)のお話(はなし)を企画書(きかくしょ)にまとめました。お目通(めどお)しいただければ幸(さいわ)いです。

→ 前些日子談到的內容已經統整成企劃書了。懇請您能大致上地瀏覽一下內容。

### 08 ご受納(じゅのう)ください　中 敬祈笑納～

例 感謝(かんしゃ)の気持(きも)ちを込(こ)めて心(こころ)ばかりの品(しな)をお贈(おく)りしましたのでご受納(じゅのう)ください。

→ 這份禮物裡面有包含了感謝的心情，因為是我的一點小心意，敬祈笑納。

### 09 拝受(はいじゅ)しました

中 我收下了（帶有謙卑尊敬的語氣）

例 ご案内状(あんないじょう)、拝受(はいじゅ)しました。

→ 您的邀請函我收下了。

### 10 ご笑納(しょうのう)ください　中 請笑納～

例 遅くなって恐縮ですが、お礼の品ですのでご笑納ください。

➔ 萬分抱歉延誤了時間，但因為這是謝禮，還請您笑納。

## ★結 語★

**01 まずは○○申し上げます**
**中 總之先致以○○～**

例 まずは謹んで連絡申し上げます。

➔ 總之先謹致以通知。

**02 よろしくお願いいたします**
**中 多多指教**

例 どうぞよろしくお願いいたします。

➔ 請多多指教。

**03 以上、よろしくお願いします**
**中 就這些，請多多指教**

**04 なにとぞよろしくお願い申し上げます**　**中 祈請多多指教**

例 ご協力のほど、なにとぞよろしくお願い申し上げます。

➔ 祈請撥冗協助，多多指教。

**05 引き続きよろしくお願いいたします**　**中 今後仍望惠顧關照**

例 引き続きよろしくお願いいたします。

➔ 今後仍望惠顧關照。

**06 今後ともよろしくお願いいたします**　**中 今後也請多指教**

**01 今後とも変わらぬご指導のほど、よろしくお願い申し上げます**　**中 今後還請繼續予以指教**

**01 まずは取り急ぎご○○まで**

中 總之先致以○○~

例 まずは取り急ぎご連絡まで。

➔ 總之先致以通知。

例 取り急ぎ発送のお知らせまで。

➔ 總之先致以出貨的通知。

**02 取り急ぎ○○の○○まで**

中 總之先致以○○~

**03 まずは○○まで**

中 總之先○○~

例 まずはご連絡まで。

➔ 總之先謹致以通知。

## 客 套 說 法

**01 今後ともお引き立てくださいますようお願い申し上げます**

中 今後仍望惠顧關照

**02 今後とも、ご指導ご鞭撻のほど、よろしくお願い申し上げます**

中 還請多多指教與勉勵

# Unit 05 報告

這一類的信函是被賦予某任務的人為傳達呈報其過程、結果等而寫的文件。撰寫重點在於對事實的客觀敘述，使用條列式寫法可以使文章明確易懂。

## 結構

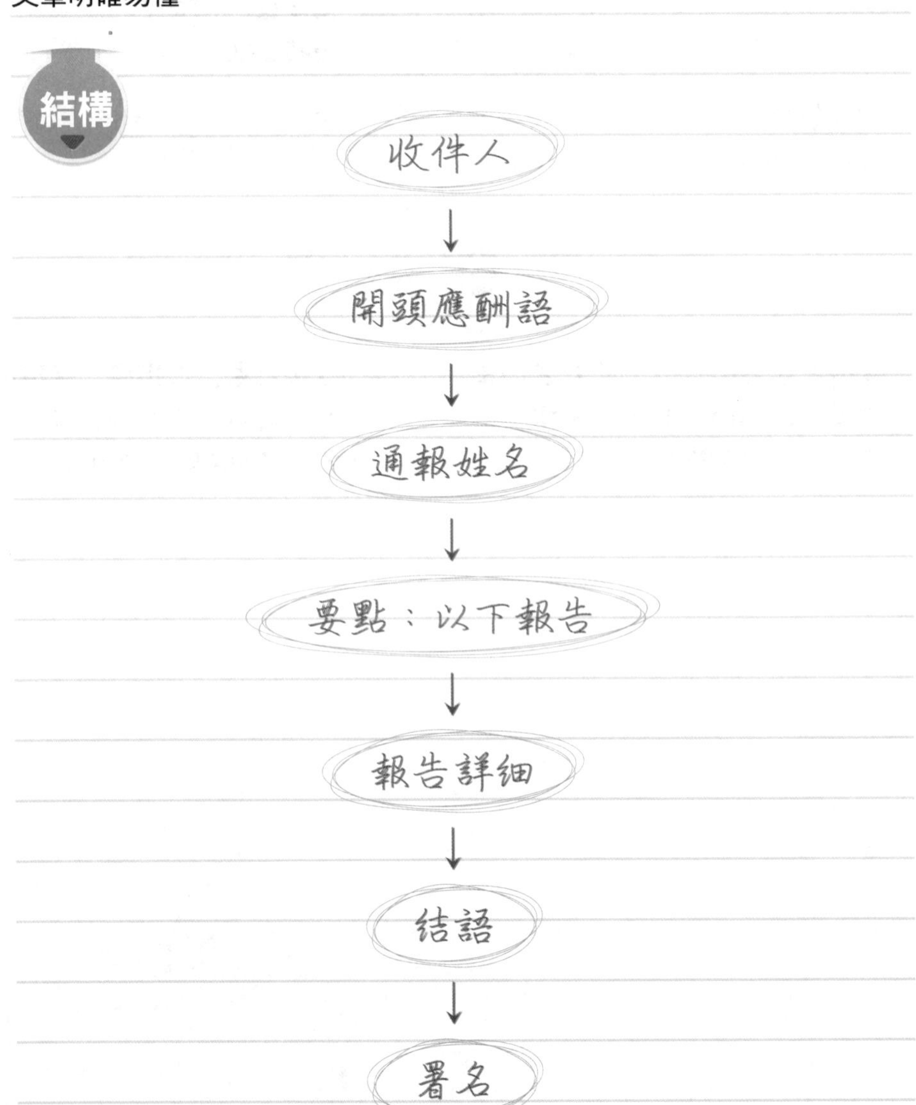

# 5-1 作業進度完成之報告



## 件名：オーブン設置完了のご報告

○○株式会社　東京支店
○○様

いつもお世話になっております。
株式会社　山本物産、設備部の山本　太郎です。

さて、○月○日にご依頼のありました、オーブン設置作業が終了いたしましたので、
下記の通り、ご報告いたします。

作業日時：○月○日（金）　14：00 ～ 16：30
場所：　　御社　六本木店
台数：　　2 台
作業内容：オーブン設置および作動確認
検証状況：ご担当の吉田様と共に、作動確認を実施し、
問題なく使用できることを確認済みです。

なお、作業実施にともない、吉田様ご了解のもと、
一部既存の機器の配置を移動させていただいております。

ご不明の点、あるいは不具合などありましたら、
弊社サポート部（045- ○○○○ -1234）までご連絡ください。

以上、よろしくお願いします。

---

山本太郎（Taro Yamamoto）
株式会社　山本物産　設備部　t-yamamoto@ooo.co.jp
〒○○○ -9999　横浜市○○区○○町○ - ○
TEL：045- ○○○○ -9999　FAX：045- ○○○○ -9999

---

譯文

## 標題：焗烤爐裝置完畢之報告

○○○股份有限公司　東京分部
○○敬啟

感謝您平日的愛戴。
我是山本物產股份有限公司設備部的山本太郎。

首先，針對於○月○日收到委託、以及焗烤爐裝置作業完成之事，
如下所示，進行報告。

作業進行日期：○月○日（週五）　14：00 ～ 16：30
地點：貴公司　六本木之分店
台數：2 台
作業內容：焗烤爐裝置以及其使用操作之確認
檢查確認之狀況：協同負責人的吉田先生進行操作確認，並已確認商品在使用上沒有問題。

此外，與作業實施進行的同時，在吉田負責人的允許之下，
將一部分既有的機器的配置位置做了些許移動。

如有任何不明白之處，或使用上之問題時，
請向敝公司支援部（045- ○○○○ -1234）聯繫詢問。

以上，還請多多指教。

---

山本太郎（Taro Yamamoto）
t-yamamoto@ooo.co.jp
股份有限公司　山本物產　設備部
〒○○○ -9999　橫濱市○○區○○町○ - ○
TEL：045- ○○○○ -9999
FAX：045- ○○○○ -9999

---

**オーブン** 中 焗烤爐

**さて** 中 話説

例 さて，先日ご依頼の件ですが…。➔ 話說前日您囑咐的事……。

**作動** 中 操作、工作

例 作動点検。➔ 操作檢查。

**済み** 中 已經

例 売約済みの札を張る。➔ 貼上已售出的標籤。

**なお** 中 此外

例 なお参考までに申し上げますが…。➔ 此外再補充一句作為參考……。

**ともなう** 中 伴隨

例 冬山登山には危険が伴う。➔ 冬季登山伴隨著很大的危險。

**不具合** 中 狀況不良

例 製品不具合。➔ 製品狀況不良。

**サポート** 中 支援

**POINT**

因為本書信的目的為客觀地「報告事實」，建議以條列式的方式書寫，並請留意要簡潔明瞭地統整內容。

# 關於「報告」信函的好用句

## ★開頭語★

**01 いつもお世話になりありがとうございます** 中 感謝您一直以來的照顧

**02 いつも大変お世話になっております** 中 感謝您一直以來的照顧

**03 いつもお世話になっております**
中 感謝您一直以來的照顧

**04 お世話になっております**
中 承蒙關照

例 日頃は大変お世話になっております。チェリー株式会社の山本です。
➔ 平日承蒙您的諸多關照了。我是櫻桃股份有限公司的山本。

**01 いつもお心遣いいただき、まことにありがとうございます**
中 總是受到您的細心掛念，衷心地感謝

例 いつも温かいお心遣いをいただき、まことにありがとうございます。➔ 總是受到您溫馨的細心掛念，衷心地感謝。

**02 いつも格別のご協力をいただきありがとうございます**
中 謝謝您一直以來的合作

**03 いつもお引き立ていただき誠にありがとうございます**
中 感謝您一直以來的惠顧

**01 平素は格別のお引き立てを賜り厚く御礼申し上げます**
中 感謝您一直以來的惠顧

**02 貴社ますますご清栄のこととお慶び申し上げます**
中 祝貴司日益興隆

## ★正 文★

**01 お忙しいところ恐れ入りますが**

中 在您很忙的時候打擾了

例 お忙しいところ恐れ入りますが、ご確認のほどよろしくお願いいたします。➔ 在您很忙的時候打擾了，但請您確認一下。

**02 以上、ご報告いたします**

中 如上所述報告

**03 下記の通り、ご報告いたします**

中 報告如下

## ★結 語★

**01 以上、よろしくお願いします**

中 就這些，請多多指教

**02 今後ともよろしくお願いいたします** 中 今後也請多指教

**03 よろしくお願いいたします**

中 多多指教

例 どうぞよろしくお願いいたします。➔ 請多多指教。

**04 まずは○○申し上げます**

中 總之先致以○○～

例 まずは謹んでご報告申し上げます。

➔ 總之先謹致以報告。

**05 引き続きよろしくお願いいたします** 中 今後仍望惠顧關照

**01** 今後とも変わらぬご指導のほど、よろしくお願い申し上げます

中 今後還請繼續予以指教

**02** 今後ともよろしくご指導くださいますようお願い申し上げます

中 還請多多指教

**01** まずは取り急ぎご○○まで

中 總之先致以○○～

例 まずは取り急ぎご報告まで。

→ 總之先致以通知。

**02** まずは○○かたがた○○まで

中 在此向您致○○並○○

例 まずはお礼かたがたご報告まで。→ 在此向您致謝並回覆您。

**03** まずは○○まで

中 總之先○○～

例 まずはご報告まで。

→ 總之先致以報告。

**04** 取り急ぎ○○の○○まで

中 總之先致以○○～

例 取り急ぎ結果のご報告まで。

→ 總之先致以結果的報告。

**01** 今後とも、ご指導ご鞭撻のほど、よろしくお願い申し上げます

中 還請多指教與勉勵

**02** 今後とも変わらぬご厚誼とご指導のほど、よろしくお願い申し上げます

中 今後還請繼續給予厚誼和指教

# Unit 06 訂購

這一類的mail是為了使商品正確無誤地如期寄達而寫的文件。對於「買進・想下訂的內容」要以易懂的條列式寫法來表現，才能正確地傳達。

## 結構

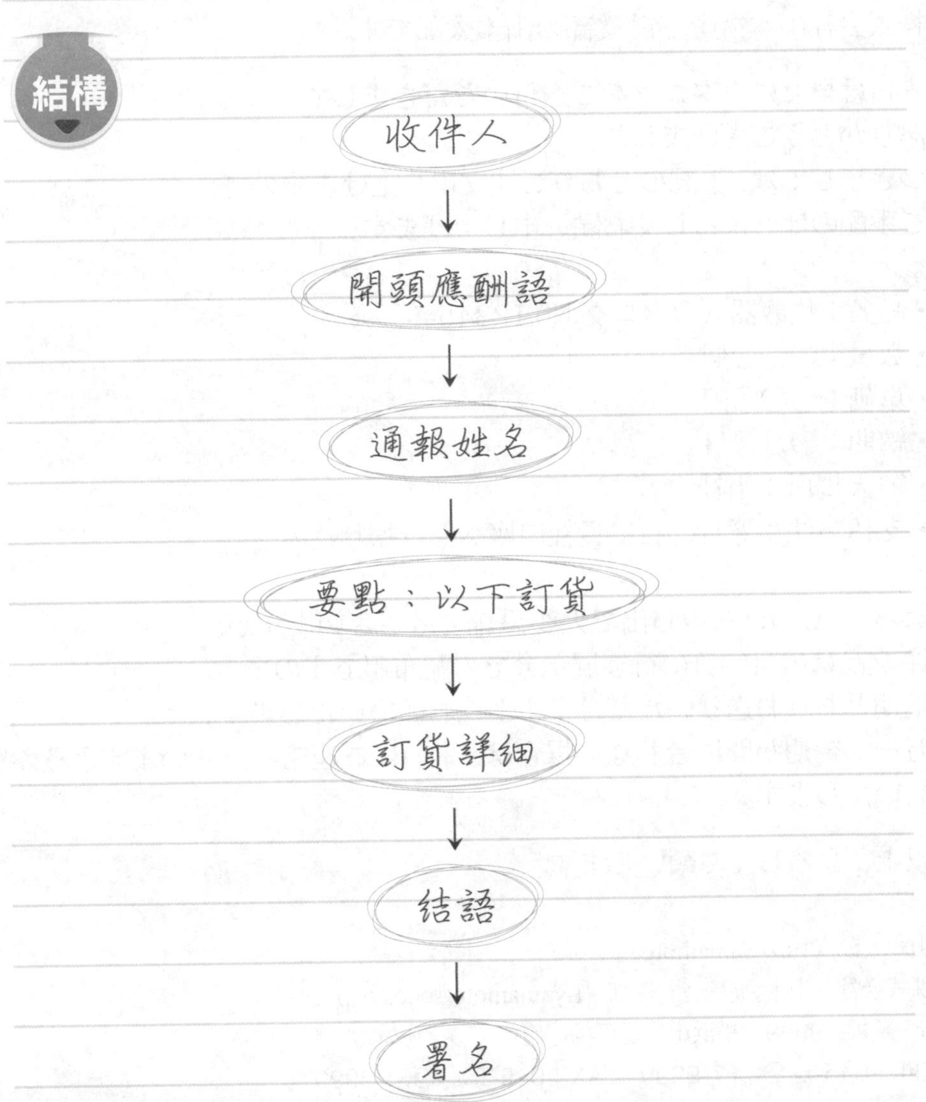

## 6-1 透過型錄下訂



### 件名：「炊飯器」注文の件

○○○　株式会社　販売部
○○様

株式会社山本物産、営業部の山本太郎です。

先日は早々にカタログをご送付いただきまして、
ありがとうございました。
つきましては、下記のとおりご注文申し上げますので、
ご手配のほどよろしくお願い申し上げます。

---

・品名：炊飯器（カタログ No.12345-○○○）
・数量：○○○個
・単価：○○○円
・納期：○月○日
・納入場所：当社
・支払方法：翌月○日に貴社口座へ銀行振り込み

---

なお、ぶしつけな申し出で大変恐縮ではございますが、
注文品は○月○日に行う展示会での配布用ですので、
納期どおりお送りいただきますようお願いいたします。
万一、納期が間に合わない場合は、事前にご連絡くださいますようお願いいたします。

以上、よろしくお願いします。

---

山本太郎（Taro Yamamoto）
株式会社　山本物産　営業部　t-yamamoto@ooo.co.jp
〒○○○-9999　横浜市○○区○○町○-○
TEL：045-○○○○-9999　FAX：045-○○○○-9999

---

譯文

## 標題：關於「飯鍋」下訂一事

○○○股份有限公司　銷售部
○○敬啟

我是山本物產股份有限公司營業部的山本太郎。

感謝您前些日子迅速地將型錄寄予我方。
接下來我方將如下所示，進行訂單下訂，
於此祈請您予以適切地調度安排。

---

- 商品名：飯鍋（型號 No.12345- ○○○）
- 數量：○○○個
- 單價：○○○圓
- 交貨日期：○月○日
- 交貨地點：本公司
- 付款方式：隔月○日匯款至貴公司銀行戶頭

---

此外，雖知此為失禮的請求而深感惶恐，
但因訂單商品將預計於○月○日之展示會時使用，
因此於此懇請務必於交貨期限前寄達。
萬一，如有趕不及交貨期限的情況發生時，請提早事先聯繫通知。

以上，還請多多指教。

---

山本太郎（Taro Yamamoto）
t-yamamoto@ooo.co.jp
股份有限公司　山本物產　營業部
〒○○○ -9999
橫濱市○○區○○町○ - ○
TEL：045- ○○○○ -9999
FAX：045- ○○○○ -9999

---

**注文（ちゅうもん）** 中 訂貨

**カタログ** 中 目錄

**ついては** 中 因此

例 ついては先日（せんじつ）ご依頼（いらい）の件（けん）ですが…。➔ 因此前些天您囑咐的事。

**手配（てはい）** 中 安排

例 ホテルの手配（てはい）はいたしました。➔ 旅館已經安排了。

**振（ふ）り込（こ）み** 中 存入

例 彼（かれ）の名義（めいぎ）の銀行口座（ぎんこうこうざ）に100万円（まんえん）振（ふ）り込（こ）みする。
➔ 把一百萬日圓存入他名下的銀行帳戶。

**ぶしつけ** 中 不禮貌

例 彼（かれ）はあまりにぶしつけだ。➔ 他太沒有禮貌了。

**POINT**

1. 整理出必須項目，避免使用模糊不清的語句，以簡潔易懂的文字來呈現為佳。
2. 適時運用條列式書寫或分段等方式，花些心思讓文章容易閱讀。
3. 附加檔案時，以 PDF 檔等較能防止被竄改的格式為佳。
4. 寄出郵件前，務必再三確認內容。不僅僅是確認文法、詞彙的修飾有無錯誤，也必須確認內容是否含有會令人不快的文句表現或招致誤解的字句。

## 6-2 追加訂貨之委託

正文

### 件名：「炊飯器」注文の件

○○○　株式会社　販売部
○○様

いつもお世話になっております。

株式会社　山本物産、営業部の山本太郎です。

先般メールで注文いたしました「炊飯器」は、予想以上の売れ行きで、
完売も間近です。

つきましては、前回と同じ商品炊飯器（SH-○○○）を 300 台追加注文
いたしますので、

折り返し、納期をお知らせくださいますようお願いいたします。

全額、支払い方法などについては、
前回同様の条件でよろしいでしょうか。
条件が変更になる場合は、事前にご一報ください。

以上、よろしくお願いします。

---

山本太郎（Taro Yamamoto）
株式会社　山本物産　営業部　t-yamamoto@ooo.co.jp
〒○○○ -9999　横浜市○○区○○町○ - ○
TEL：045- ○○○○ -9999　FAX：045- ○○○○ -9999

---

譯文

## 標題：關於「飯鍋」下訂一事

〇〇〇股份有限公司　銷售部
〇〇敬啟

感謝您平日的愛戴。
我是山本物產股份有限公司營業部的山本太郎。

先前透過郵件訂購的商品「飯鍋」，因銷售情形超乎預期地熱賣，目前已接近售完的狀態。

因應上述之情事，欲追加訂購與先前相同之商品飯鍋（SH-〇〇〇）300 台，祈請您於回覆郵件中，告知我方交貨日期。

而關於訂單總額、付款方式等事項，
是否與上次採同樣的方式進行呢？
如有條件變更之情況，請事先予以告知。

以上，還請多多指教。

---

山本太郎（Taro Yamamoto）
t-yamamoto@ooo.co.jp
股份有限公司　山本物產　營業部
〒〇〇〇 -9999
橫濱市〇〇區〇〇町〇 - 〇
TEL：045- 〇〇〇〇 -9999
FAX：045- 〇〇〇〇 -9999

---

**売れ行き（うれゆき）** 中 銷路

**注文（ちゅうもん）** 中 訂貨

**ついては** 中 因此

例 ついては先日（せんじつ）ご依頼（いらい）の件（けん）ですが…。➔ 因此前些天您囑咐的事。

**折り返し（おりかえし）** 中 立即

例 折り返し（おりかえし）返事（へんじ）をする。➔ 立即回覆。

**納期（のうき）** 中 交貨期

**支払い（しはらい）** 中 付款

**一報（いっぽう）** 中 通知

例 到着（とうちゃく）しだいご一報（いっぽう）ください。➔ 到達後請通知一下。

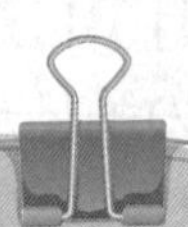

## POINT

1. 整理出必須項目，避免使用模糊不清的語句，以簡潔易懂的文字來呈現為佳。
2. 適時運用條列式書寫或分段等方式，花些心思讓文章容易閱讀。
3. 附加檔案時，以 PDF 檔等較能防止被竄改的格式為佳。
4. 寄出郵件前，務必再三確認內容。不僅僅是確認文法、詞彙的修飾有無錯誤，也必須確認內容是否含有令人不快的文句表現或招致誤解的字句。

## 6-3 取消訂貨

正文

### 件名：「注文書 No.1234」の取り消しの件

○○○　株式会社　販売部
○○様

いつもお世話になっております。
株式会社　山本物産、購買部の山本太郎です。

さて、誠に恐縮ではございますが、
当社注文書 No. ○○○の取り消しをさせていただきたく、
ご連絡申し上げました。

昨日、販売課の○○様より、納品までに 1 カ月はかかるとのご連絡をいただきました。
発注時にもご説明申し上げましたとおり、
同品は今月○日からの展示会での配布用に注文したものです。
展示会前の納品が大前提の注文ですので、
今回の取り消しについては、ご承諾いただきますようお願いいたします。

今後は同様の事態が起こらないよう、
納期厳守にてお願い申し上げます。

以上、よろしくお願いします。

---

山本太郎（Taro Yamamoto）
株式会社　山本物産　購買部　t-yamamoto@ooo.co.jp
〒○○○ -9999　横浜市○○区○○町○ - ○
TEL：045- ○○○○ -9999　FAX：045- ○○○○ -9999

---

## 標題：關於「訂單 No.1234」之取消

〇〇〇股份有限公司　銷售部
〇〇敬啟

感謝您平日的愛戴。
我是山本物產股份有限公司採買部的山本太郎。

首先，誠心地感到非常惶恐，
但因為本公司針對訂單 No. 〇〇〇欲提出取消，
為此予以聯繫。

昨日，收到了來自於販售課的〇〇（先生／小姐）聯繫，告知交貨需花費一個月的時間。
如同敝公司下訂訂單時之說明，
此商品為預計使用於本月〇日開始之展示會而下訂之商品。
因為是以在展示會開始前必須交貨完成為重要前提的訂單，
也因此關於取消此次的訂單，祈請予以同意。

也為今後不會再有相同情況之發生，
請務必嚴格謹守交貨期限。

以上，還請多多指教。

---

山本太郎（Taro Yamamoto）
t-yamamoto@ooo.co.jp
股份有限公司　山本物產　採購部
〒〇〇〇 -9999
橫濱市〇〇區〇〇町〇 - 〇
TEL：045- 〇〇〇〇 -9999
FAX：045- 〇〇〇〇 -9999

---

## 單字

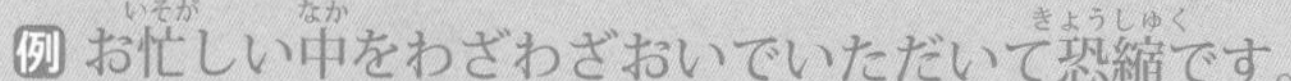

**恐縮** 中 不敢當

例 お忙しい中をわざわざおいでいただいて恐縮です。
→ 您在百忙之中特地光臨，真不敢當。

**取り消し** 中 取消

例 昨日の約束は取り消しだ。→ 昨天的約定取消了。

**納品** 中 交貨

例 約束どおり期日に納品する。→ 如期交貨。

**発注** 中 訂貨

例 ビルの内装工事を発注する。→ 大樓內部裝修施工的訂購發包。

**配布** 中 發送（傳單紙本類）

例 道を行く人に散らしを配布する。→ 向路上行人發廣告傳單。

**注文** 中 訂貨

**納期** 中 交貨期

例 納期どおり品物を納める。→ 按期交貨。

**POINT**

因為取消訂單是會造成對方不便與困擾的事，因此務必要使用禮貌的用字與表現來仔細說明以取得對方的諒解。

# 關於「訂購」信函的好用句

## ★開頭語★

**01 いつも大変(たいへん)お世話(せわ)になっております** 中 感謝您一直以來的照顧

**02 いつもお世話(せわ)になっております**
中 感謝您一直以來的照顧

**03 お世話(せわ)になっております**
中 承蒙關照

例 日頃(ひごろ)は大変(たいへん)お世話(せわ)になっております。チェリー株式会社(かぶしきがいしゃ)の山本(やまもと)です。➔ 平日承蒙您的諸多關照了。我是櫻桃股份有限公司的山本。

**04 はじめてご連絡(れんらく)いたします**
中 初次與您聯繫

例 はじめてご連絡(れんらく)いたします。チェリー株式会社(かぶしきがいしゃ)で輸出(ゆしゅつ)を担当(たんとう)しております山本(やまもと)と申(もう)します。
➔ 初次與您聯繫。我是在櫻桃股份有限公司裡負責出口的山本。

**05 はじめまして** 中 初次見面，您好

例 はじめまして、チェリー株式会社輸出部(かぶしきがいしゃゆしゅつぶ)の山本(やまもと)です。
➔ 初次見面，您好。我是櫻桃股份有限公司出口部的山本。

**06 ご連絡(れんらく)ありがとうございます**
中 謝謝您的聯繫

例 さっそくご返信(へんしん)、ありがとうございます。
➔ 謝謝您的即刻回信。

**07 いつもお世話(せわ)になりありがとうございます**
中 感謝您一直以來的照顧

 場 合

**01 いつもお引(ひ)き立(た)ていただき誠(まこと)にありがとうございます**
中 感謝您一直以來的惠顧

**02 いつも格別(かくべつ)のご協力(きょうりょく)をいただきありがとうございます**
中 謝謝您一直以來的合作

**03** **いつもお心遣いいただき、まことにありがとうございます**

中 **總是受到您的細心掛念，衷心地感謝**

例 いつも温かいお心遣いをいただき、まことにありがとうございます。

→ 總是受到您溫馨的細心掛念，衷心地感謝。

**01** **平素はご愛顧を賜り、誠にありがとうございます**

中 **感謝您一直以來的愛護**

**02** **貴社ますますご清栄のこととお慶び申し上げます**

中 **祝貴司日益興隆**

## ★正 文★

**01** **下記のとおり注文いたしますので、ご手配のほどよろしくお願い申し上げます**

中 **想要下訂如下所示內容，請你安排**

**02** **お忙しいところ恐れ入りますが**

中 **在您很忙的時候打擾了**

例 お忙しいところ恐れ入りますが、ご確認のほどよろしくお願いいたします。→ 在您很忙的時候打擾了，但請您確認一下。

**01** **下記のとおり、注文したいと存じます** 中 **想要下訂如下所示內容**

**02** **下記のとおり、注文申し上げます** 中 **想要訂購如下所示內容**

**03** **別添注文書の通り、発注したいと存じます**

中 **如所附加的訂單，我們想要下訂**

## ★結語★

**01 引き続きよろしくお願いいたします** 中 今後仍望惠顧關照

**02 今後ともよろしくお願いいたします** 中 今後也請多指教

**03 以上、よろしくお願いします**
中 就這些，請多多指教

**04 よろしくお願いいたします**
中 多多指教

例 どうぞよろしくお願いいたします。➔請多多指教。

**05 まずは○○申し上げます**
中 總之先致以○○～

例 まずは謹んで連絡申し上げます。➔總之先致以通知。

**01 今後とも変わらぬご指導のほど、よろしくお願い申し上げます** 中 今後還請繼續予以指教

### 簡略說法

**01 まずは取り急ぎご○○まで**
中 總之先致以○○～

例 まずは取り急ぎご連絡まで。
➔總之先致以通知。

**02 取り急ぎ○○の○○まで**
中 總之先致以○○～

例 取り急ぎ注文の連絡まで。
➔總之先致以訂單下訂的聯絡。

**03 まずは○○かたがた○○まで**

中 在此向您致○○並○○

例 まずは注文(ちゅうもん)かたがたご挨拶(あいさつ)まで。➔ 在此向您致以下訂並問候。

**04 まずは○○まで**

中 總之先○○~

例 まずは連絡(れんらく)まで。

➔ 總之先致以通知。

**01 今後(こんご)とも、ご指導(しどう)ご鞭撻(べんたつ)のほど、よろしくお願(ねが)い申(もう)し上(あ)げます**

中 還請多多指教與勉勵

**02 今後(こんご)ともかわらずお引(ひ)き立(た)てのほど、よろしくお願(ねが)い致(いた)します**

中 今後仍望惠顧關照

# Unit 07 請託

我們必須明白對方並沒有必須回應我方請託的義務。所以，在寫請託信函時須誠心地表示謝意，並為了盡可能讓對方爽快答應，要注意具體敘述委託的內容及期望。

## 結構

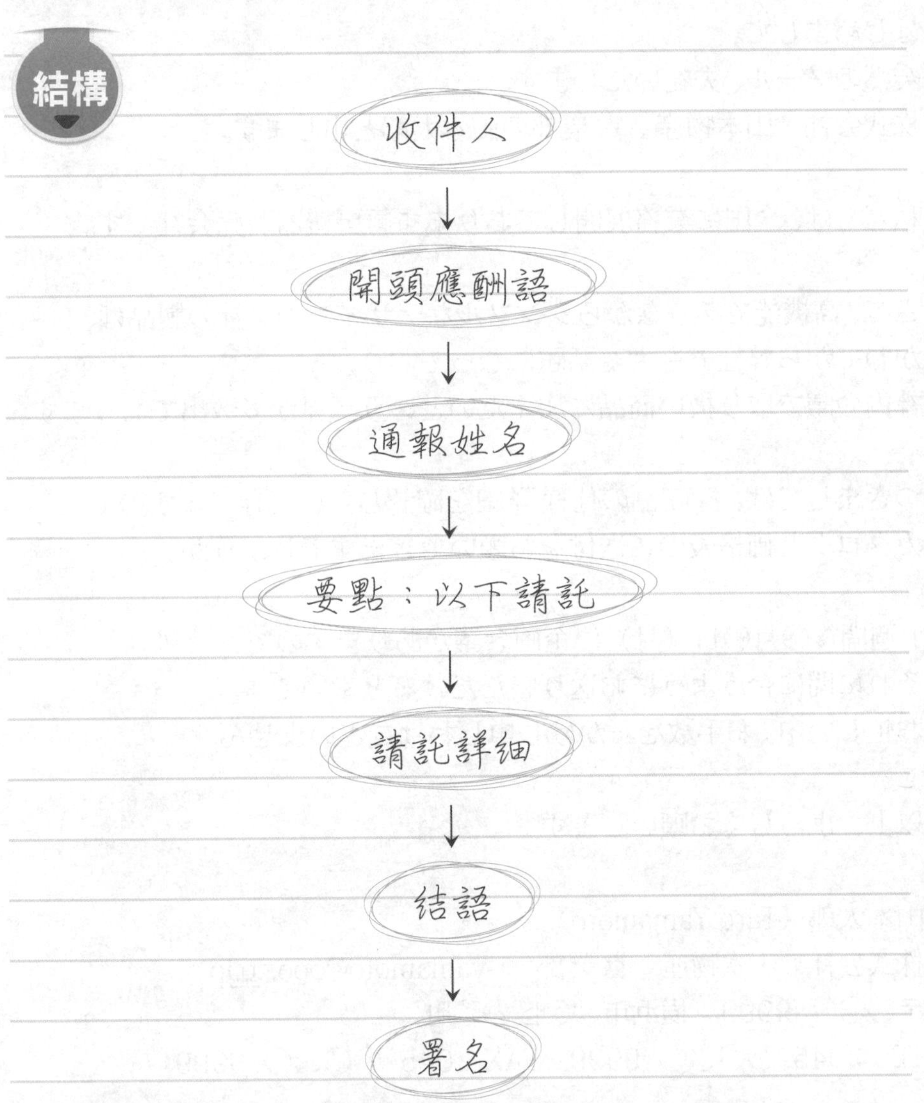

正文

## 件名：カタログご送付のお願い

○○○株式会社　宣伝部
○○様

はじめまして。
突然のメール、失礼いたします。
株式会社　山本物産、営業部の山本太郎と申します。

私どもは、全国に業務展開しております厨房機器販売会社です。

さて、高機能でありながらシンプルなデザインの貴社の製品は、
かねてから弊社でも大変話題になっており、
社内会議で取り扱い商品に加えたいという意見が多数出ております。

つきましては、各商品の仕様詳細を確認したいと存じますので、
カタログと価格表のご送付をお願いできますでしょうか。

1週間後○月○日（月）に企画会議がありますので、
それに間に合うようにお送りいただけると幸いです。
お忙しい中、お手数をおかけし申しわけございません。

以上、よろしくお願いします。

---

山本太郎（Taro Yamamoto）
株式会社　山本物産　営業部　t-yamamoto@ooo.co.jp
〒○○○-9999　横浜市○○区○○町○-○
TEL：045-○○○○-9999　FAX：045-○○○○-9999

---

## 標題：寄送型錄之請求

〇〇〇股份有限公司　宣傳部
〇〇敬啟

初次致信，您好。
唐突地以郵件打擾您，失禮了。
我是山本物產股份有限公司營業部的山本太郎。

我們是在全國皆有拓展業務的廚房器具機器販賣公司。

首先，貴公司性能高且設計樸實的製品，
從很久以前便在敝公司內造成話題，
且在敝公司的內部會議中，希望能將貴公司製品列入本公司之代理商品的意見也源源不絕。

接著，為了希望能向您確認貴公司各項商品的款式構造之詳細內容，
因此想請問能否請您寄送貴公司的型錄以及價格表呢？

由於一星期後的〇月〇日（週一）我們將舉行企劃會議，
若文件資料之寄送能趕在那之前寄達，會是我們的榮幸。
在您百忙之中勞煩甚多實感抱歉。

以上，還請多多指教。

---

山本太郎（Taro Yamamoto）
t-yamamoto@ooo.co.jp
股份有限公司　山本物產　營業部
〒〇〇〇 -9999
橫濱市〇〇區〇〇町〇 - 〇
TEL：045- 〇〇〇〇 -9999
FAX：045- 〇〇〇〇 -9999

---

**シンプル** 中 簡單

**デザイン** 中 設計

**かねて** 中 長久以來

例 ご高名(こうめい)はかねてから伺(うかが)っております。→ 長久以來久仰大名。

**取(と)り扱(あつか)う** 中 代理

例 あの店(みせ)はこの種(しゅ)の商品(しょうひん)を取(と)り扱(あつか)う。→ 那個商店代理這類商品。

**ついては** 中 因此

例 ついては先日(せんじつ)ご依頼(いらい)の件(けん)ですが…。→ 因此前些天您囑咐的事。

**仕様(しよう)** 中 規格

**カタログ** 中 目錄手冊

**手数(てすう)** 中 麻煩

例 ご多用中(たようちゅう)お手数(てすう)をかけてすみません。→ 在您百忙中還麻煩您，真對不起。

**申(もう)し訳(わけ)ない** 中 對不起

例 申(もう)しわけございませんが，全(すべ)て売(う)れてしまいました。→ 對不起，已全部賣光了。

**POINT**

當對方公司並沒有公開開放索取資料時，就必須明確說明「為什麼想要這份資料？」的理由。

## 7-2 開拓與新公司間交易之請託

正文

### 件名：新規取引のお願い

○○○株式会社
○○○部　御中

はじめてメールを差し上げます。
私、山本物産、営業部の山本太郎と申します。

突然のことですが、貴社の新聞広告を拝見し、貴社との新規取引を希望しています。

弊社は、全国に業務展開しております東証一部上場の厨房機器販売会社です。

現在は関東地区を中心に運営展開していますが、
関西地区での進出を企画中です。

つきましては、ぜひともお取引を願いたいと存じます。
弊社の事業内容についての資料を別送いたしますので、
ご検討いただければ幸甚に存じます。

別途資料

1．会社概要
2．営業案内書
3．取り扱い製品パンフレット

以上、よろしくお願いします。

山本太郎（Taro Yamamoto）
株式会社　山本物産　営業部　t-yamamoto@ooo.co.jp
〒○○○ -9999　横浜市○○区○○町○ - ○
TEL：045- ○○○○ -9999　FAX：045- ○○○○ -9999

單字

**拝見** 中 看

**東証** 中 東京證券交易所

**上場** 中 上市公司

**ついては** 中 因此

例 ついては先日ご依頼の件ですが…。➜ 因此前些天您囑咐的事。

**ぜひ** 中 一定　例 是非うかがいます。➜ 一定去。

**取引** 中 交易

**検討** 中 研究　例 細目にわたって検討する。➜ 詳細入微地審查研究。

**幸甚** 中 榮幸　例 ご光臨下されば幸甚に存じます。➜ 如蒙光臨實為榮幸。

**パンフレット** 中 手冊

**POINT**

1. 須明白告知對方為何選擇他做為新合作對象的理由及過程。
2. 提出合作的一方的公司業務資訊、特色、經營情況等必須如實記載。

譯文

## 標題：初次合作之請託

〇〇〇股份有限公司
〇〇〇部相關人士　敬啟

初次致信拜訪打擾。
我是山本物產營業部的山本太郎。

事出突然，雖感冒昧，因為看了貴公司的報紙廣告，希望能與貴公司展開初次合作。

敝公司為在全國各地均有業務營運，並為東京證券交易所部分有掛牌的廚房器具機器販賣公司。
敝公司目前正以關東地區為主要營運拓展之地區，但同時也正計畫要將版圖拓展至關西地區。

因而懇切地希望能與貴公司展開合作。
有關敝公司的業務內容之相關文件將另行寄送，
如能取得貴公司的評估討論我方將甚感榮幸。

另附文件

1・公司介紹
2・營業業務介紹書
3・代理商品手冊

以上，還請多多指教。

---

山本太郎（Taro Yamamoto）
股份有限公司　山本物產　營業部　t-yamamoto@ooo.co.jp
〒〇〇〇 -9999　橫濱市〇〇區〇〇町〇 - 〇
TEL：045- 〇〇〇〇 -9999　FAX：045- 〇〇〇〇 -9999

---

## 7-3 報價單之委託

正文

### 件名：お見積書送付のお願い

○○○株式会社
○○様

いつもお世話になっております。

さて、下記の貴社取扱品について、
至急お見積書をご送付くださいますようお願いいたします。
なお、お手数ですが○月○日までにお願い申しあげます。

1. 品目 KS- ○○○
2. 数量 48 個
3. 納期○月○日まで
4. 支払方法　手形（60 日）
5. 運賃諸掛　弊社負担
6. 受渡場所　弊社　○○倉庫

以上、よろしくお願いします。

---

山本太郎（Taro Yamamoto）
株式会社　山本物産　営業部　t-yamamoto@ooo.co.jp
〒○○○ -9999　横浜市○○区○○町○ - ○
TEL：045- ○○○○ -9999　FAX：045- ○○○○ -9999

---

**POINT**

將商品的編號、數量等明細記載於書面上，並如實記錄雙方商談的內容。

## 標題：報價單寄送之請託

譯文

〇〇〇股份有限公司
〇〇敬啟

感謝您平日的愛戴。

首先，關於下列記述之貴公司之代理商品，
煩請立即將報價單寄送予我方。
此外，雖造成貴公司之不便，但請在〇月〇日為止前寄達。

1. 貨號 KS- 〇〇〇
2. 數量 48 個
3. 交貨期限〇月〇日截止前
4. 付款方式　匯票（60 天）
5. 運費等負擔　由本公司承擔
6. 交易地點　本公司　〇〇倉庫

以上，還請多多指教。

---

山本太郎（Taro Yamamoto）
股份有限公司　山本物產　營業部　t-yamamoto@ooo.co.jp
〒〇〇〇 -9999　橫濱市〇〇區〇〇町〇 - 〇
TEL：045- 〇〇〇〇 -9999　FAX：045- 〇〇〇〇 -9999

---

**見積**（みつもり） 中 估計，估算

**手数**（てすう） 中 麻煩

例 ご多用中（たようちゅう）お手数（てすう）をかけてすみません。→ 在您百忙中還麻煩您，真對不起。

**納期**（のうき） 中 交貨期

**諸掛**（しょがかり） 中 各項費用

**受渡**（うけわたし） 中 交付、交貨

## 7-4 提早出貨之請託

正文

### 件名：納期繰り上げのお願い

○○○株式会社
○○様

いつもお世話になっております。

御社の炊飯器（SH-○○○）が予想以上に売れております。
このままだと今月末には在庫が払底してしまいす。

こちらの勝手で申し訳ないのですが、
注文番号 M-○○○　50 台の納品を一日でも早めていただくことは可能でしょうか。
納期につきまして、なにぶんのご配慮を賜りますよう、お願い申し上げます。

以上、よろしくお願いします。

---

山本太郎（Taro Yamamoto）
株式会社　山本物産　営業部　t-yamamoto@ooo.co.jp
〒○○○ -9999　横浜市○○区○○町○ - ○
TEL：045- ○○○○ -9999　FAX：045- ○○○○ -9999

---

**POINT**

1. 要明確說明請求對方提前出貨日的原因。
2. 注意文章語氣不可過於強制，最終須以請求之形式禮貌地請託對方。

譯文

## 標題：提早出貨之請託

○○○股份有限公司
○○敬啟

感謝您平日的愛戴。

貴公司的飯鍋（SH- ○○○）超乎預料地熱賣。
目前的情況持續不變的話，存貨將於本月底演變為缺貨的狀態。

對於我方之任意的請託實感抱歉，
但關於訂單編號 M- ○○○　50 台的出貨是否有可能盡早提前出貨呢？
關於交貨期限，祈請您能多少給予關照和協助。

以上，還請多多指教。

---

山本太郎（Taro Yamamoto）
t-yamamoto@ooo.co.jp
股份有限公司　山本物產　營業部
〒○○○ -9999　橫濱市○○區○○町○ - ○
TEL：045- ○○○○ -9999　FAX：045- ○○○○ -9999

---

**繰上げ**（くりあげ） 中 提前

例 開演を1時間繰り上げる。→ 提前一小時開演。

**払底**（ふってい） 中 告罄

**納品**（のうひん） 中 交貨

**勝手**（かって） 中 隨便、任意

例 あの人は勝手に国有地を占領している。→ 那人隨便地占據了國有地。

**なにぶん** 中 多少

例 なにぶんの寄付をする。→ 多少捐一些。

# 7-5 延後交貨期限之請託

正文

## 件名：納期延期のお願い

○○○株式会社
○○様

いつもお世話になっております。

２０日に納期予定の炊飯器の件ですが、納品期日を遅らせていただきたくお願いのメールを差し上げております。

検品の結果、いくつかの梱包に破損が見つかりました。
納品の約束を守れず、誠に申し訳ございません。
至急、正常品を取り揃えますので、
3 日間のご猶予をいただきたく、お願い申し上げます。

こちらの不手際で、ご迷惑をおかけしますが、
何とぞ、ご容赦くださいますようにお願い申し上げます。

以上、よろしくお願いします。

---

山本太郎（Taro Yamamoto）
株式会社　山本物産　営業部　t-yamamoto@ooo.co.jp
〒○○○ -9999　横浜市○○区○○町○ - ○
TEL：045- ○○○○ -9999　FAX：045- ○○○○ -9999

---

**POINT**

出貨延遲的理由，以及變更過後的出貨日都必須明確記載清楚，並於信函添上表達歉意的詞語。

譯文

## 標題：延後交貨期限之請託

○○○股份有限公司
○○敬啟

感謝您平日的愛戴。

關於預計訂於 20 日交貨的飯鍋一事，為祈請同意延後交貨期限，
因此致以請託之郵件。

商品檢查的結果，發現了有些包裝出現破損。
無法依約如期交貨，誠心地感到萬分抱歉。
我方將火速調貨更換完整商品，
因此懇請予以我方約莫 3 天的延長期限，於此致上請託。

因我方在程序上的失誤導致造成貴公司之不便，
祈請予以諒解於此致上請託。

以上，還請多多指教。

山本太郎（Taro Yamamoto）
股份有限公司　山本物產　營業部　t-yamamoto@ooo.co.jp
〒○○○ -9999　橫濱市○○區○○町○ - ○
TEL：045- ○○○○ -9999　FAX：045- ○○○○ -9999

**取り揃える（とりそろえる）** 中 備齊

例 店（てん）に新柄（しんがら）をいろいろ取（と）りそろえてある。→商店裡備齊各種新花樣。

**猶予（ゆうよ）** 中 寬限　例 しばらく猶予期間（ゆうよきかん）をおくことにする。→決定暫時給予寬限。

**不手際（ふてぎわ）** 中 不恰當　例 わたしの不手際（ふてぎわ）をお許（ゆる）しください。→不恰當的措施。

**迷惑（めいわく）** 中 麻煩

例 ご迷惑（めいわく）をおかけして誠（まこと）にすみません。→給您添麻煩實在對不起。

## 7-6 日期變動之請託

正文

### 件名：日程変更のお願い

○○○株式会社
○○部　○○部長

いつもお世話になっております。
山本物産　営業部の山本太郎です。

さて、○月○（月）午後２時より予定しておりましたミーティングですが、
申し訳ありませんが、可能であれば△日の週に変更させていただけませんでしょうか？

実は、急な用件が発生しまして、明日よりシンガポールへの出張を命じられました。

一度、スケジュールを決めておきながら、
このような申し出をいたしますことをお詫び申し上げます。

ご迷惑をおかけして大変恐縮ですが、
△日の週であればいつでも結構ですので、
よろしくご検討のうえご回答くださいますようお願いいたします。

以上、よろしくお願いします。

---

山本太郎（Taro Yamamoto）
株式会社　山本物産　営業部　t-yamamoto@ooo.co.jp
〒○○○-9999　横浜市○○区○○町○-○
TEL：045-○○○○-9999　FAX：045-○○○○-9999

---

## 標題：日期變動之請託

〇〇〇股份有限公司
〇〇部　〇〇部長敬啟

感謝您平日的愛戴。
我是山本物產營業部的山本太郎。

首先，關於預計於〇月〇（週一）下午 2 點開始的會議一事，
實感抱歉，但情況允許的話是否能變更至△日的那一週呢？

其實是因為發生緊急事件，我從明天起必須前往新加坡出差。

先前已事前確認並決定了行程，
卻提出了此項請託，於此致上歉意。

造成您的困擾誠感惶恐，
但若是△日的那一週的話，任何時間都沒有問題，
還煩請您在評估討論後能予以回覆。

以上，還請多多指教。

---

山本太郎（Taro Yamamoto）
t-yamamoto@ooo.co.jp
股份有限公司　山本物產　營業部
〒〇〇〇 -9999
橫濱市〇〇區〇〇町〇 - 〇
TEL：045- 〇〇〇〇 -9999
FAX：045- 〇〇〇〇 -9999

---

**ミーティング** 中 會議

**申し訳ない**（もうわけ） 中 對不起

例 申しわけございませんが，全て売れてしまいました。
→ 對不起，已全部賣光了。

**用件**（ようけん） 中 要事

例 ふいと用件を思い出す。→ 忽然想起要辦的事。

**出張**（しゅっちょう） 中 出差

**スケジュール** 中 日程

**申し出**（もうで） 中 請求

例 彼はわたしの申し出を快諾した。→ 他欣然答應了我的請求。

**迷惑**（めいわく） 中 麻煩

例 ご迷惑をおかけして誠にすみません。→ 給您添麻煩實在對不起。

**検討**（けんとう） 中 研究

例 細目にわたって検討する。→ 仔細入微地審查研究。

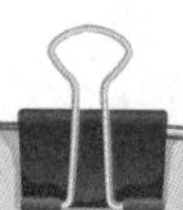

**POINT**

1. 明確寫明請求變更的理由以取得對方的諒解。
2. 因為是重新更改會面日期的約定，所以不能按照自己的期望任意決定改哪個日期，而是要配合對方的行程，要讓對方優先選擇日期。

# 7-7 價格調降之請託

正文

## 件名：価格再検討のお願い

○○○株式会社
販売部　○○様

いつもお世話になっております。
山本物産　購買部の山本太郎です。

商品KS-○○○関する○月○日付のお見積もり、確かに受け取りました。
さっそくご対応いただきまして、ありがとうございます。

さてご提示の金額ですが、御社もご配慮下さったこととは存じますが、
弊社が希望している価格とはやや隔たりがあります。
ご提示の数字より、1割ほど価格を下げていただくと購入可能となりますが、
再検討をお願いできませんでしょうか？

ご承知の通り、原油価格高騰により弊社も大きな影響を受けており、
厳しい状況にございます。事情ご賢察の上、ご理解をいただければ幸いです。

なお、価格条件によりましては、購入数を増やすことも考えておりますので、
その点も考慮していただき、ご相談をさせていただければ幸いです。

以上、よろしくお願いします。

山本太郎（Taro Yamamoto）
t-yamamoto@ooo.co.jp
株式会社　山本物産　購買部
〒○○○ -9999　横浜市○○区○○町○ - ○
TEL：045- ○○○○ -9999
FAX：045- ○○○○ -9999

**検討** 中 研究

例 細目にわたって検討する。➔詳細入微地審査研究。

**見積もり** 中 估計、估算

**賢察** 中 體察

例 現在の窮境をご賢察ください。➔請體察我現在的困難處境。

**相談** 中 商量

例 それできょうは少し相談があって参ったのです。
➔因此，今天特來跟您商量一件事。

**POINT**

光只是請求對方降價給予折扣是無法獲得對方接受並同意的。這時要明確說明希望對方降價、釋出折扣的必要性，以及即將產生的利益、優點為主要書寫重點。

## 標題：價格重新評估之請託

〇〇〇股份有限公司
銷售部　〇〇敬啟

感謝您平日的愛戴。
我是山本物產採購部的山本太郎。

有關商品 KS- 〇〇〇之〇月〇日寄出的報價單，已確實收到。
感謝您迅速地予以回應。

首先關於您提出的金額一事，雖然我方也明白公司已予以多方關照及顧慮了，
但與敝公司所期待的價格仍尚有些許差異。
參照您提出的數字，若能予以約莫九折之優惠才有可能考慮訂購，
是否能懇請您再行評估討論呢？

如您所知，由於原油價格的高漲，敝公司也受到了極大的影響而處於嚴苛的狀況之中。
對於我方內部之苦衷貴社如能予以理解並體諒，會是我方之榮幸。

此外，依據價格之條件也正考慮增加訂購量之事，
如能連同這一點一同予以考量，並給予我方商量機會的話，將是我們的榮幸。

以上，還請多多指教。

---

山本太郎（Taro Yamamoto）
t-yamamoto@ooo.co.jp
股份有限公司　山本物產　採購部
〒〇〇〇 -9999
橫濱市〇〇區〇〇町〇 - 〇
TEL：045- 〇〇〇〇 -9999
FAX：045- 〇〇〇〇 -9999

---

# 關於「請託」信函的好用句

## ★開頭語★

**01 さっそくお返事をいただき、うれしく思います**

中 **收到您快速的回覆，我感到高興**

例 ご多忙のところ早速メールをいただき、とてもうれしく存じました。➜ 在您百忙之中仍即刻地收到您的郵件，感到非常地開心。

**02 ご連絡ありがとうございます**

中 **謝謝您的聯繫**

例 さっそくご返信、ありがとうございます。

➜ 謝謝您的即刻回信。

**03 はじめまして**　中 **初次見面，您好**

例 はじめまして、チェリー株式会社輸出部の山本です。

➜ 初次見面，您好。我是櫻桃股份有限公司出口部的山本。

**04 はじめてご連絡いたします**

中 **初次與您聯繫**

例 はじめてご連絡いたします。チェリー株式会社で輸出を担当しております山本と申します。

➜ 初次與您聯繫。我是在櫻桃股份有限公司裡負責出口的山本。

**05 突然のメールで失礼いたします**

中 **唐突致信打擾了**

例 突然のメールで失礼いたします。貴社のウエブサイトを拝見してご連絡させていただきました。

➜ 唐突致信打擾了。因為瀏覽了貴公司的網站，所以冒昧地聯繫貴公司。

**06 いつもお世話になっております**

中 **感謝您一直以來的照顧**

**07 何度も申し訳ございません**

中 **不好意思百般打擾**

例 何度も申し訳ございません。先ほどお伝えし忘れましたが、納期は 1 ヶ月かかります。

➜ 不好意思百般打擾了。剛才忘了告知您，交貨期限需要一個月。

**08 ご無沙汰しておりますが、いかがお過ごしですか**

中 **久疏問候，過得如何？**

例 ご無沙汰しておりますが、お変わりなくお過ごしのことと存じます。

→ 久疏問候，想必一切與往常無異。

**09 ご無沙汰しております**

中 好久不見／久疏問候

例 日々雑事におわれ、ご無沙汰しております。

→ 因每日雜務繁忙，以致久疏問候。

**10 お久しぶりです** 中 好久不見

例 昨年のセミナーでお会いして以来でしょうか。お久しぶりです。

→ 最後一次相見是在去年的研討會了吧。好久不見。

**11 お世話になっております**

中 承蒙關照

例 日頃は大変お世話になっております。チェリー株式会社の山本です。

→ 平日承蒙您的諸多關照了。我是櫻桃股份有限公司的山本。

**12 いつも大変お世話になっております** 中 感謝您一直以來的照顧

**13 いつもお世話になりありがとうございます**

中 感謝您一直以來的照顧

**01 いつも格別のご協力をいただきありがとうございます**

中 謝謝您一直以來的合作

**02 いつもお心遣いいただき、まことにありがとうございます**

中 總是受到您的細心掛念，衷心地感謝

例 いつも温かいお心遣いをいただき、まことにありがとうございます。

→ 總是受到您溫馨的細心掛念，衷心地感謝。

**03 いつもお引き立ていただき誠にありがとうございます**

中 感謝您一直以來的惠顧

**04 いつもお心にかけていただき、深く感謝申し上げます** 中 總是受到您的關懷，謹此致以深深的謝意

例 平素よりなにかとお心にかけていただき、まことにありがたく存じます。

→ 平日便受到您的諸多關懷，衷心地覺得感謝。

## 客套說法

**01 貴社ますますご清栄のこととお慶び申し上げます**

中 祝貴公司日益興隆

**02 平素はご愛顧を賜り厚くお礼申しあげます**

中 感謝您一直以來的愛顧

## ★正文★

## 一般場合

**01 お忙しいところ恐れ入りますが**

中 在您很忙的時候打擾了

例 お忙しいところ恐れ入りますが、ご確認のほどよろしくお願いいたします。

→ 在您很忙的時候打擾了，但請您確認一下。

**02 ご多忙のところ申し訳ないのですが** 中 對不起在您繁忙的日子裡～

例 ご多忙のところ申し訳ないのですが、打ち合わせの時間をとっていただきたくお願い申しあげます。

→ 對不起在您繁忙的日子裡打擾，但請您騰出碰面時間。

**03 お忙しいところ恐縮ですが**

中 在您百忙之中雖然感到十分抱歉～

例 お忙しいところ恐縮ですが、前向きにご検討いただけましたら幸いです。

→ 在您百忙之中雖然感到十分抱歉，但若能積極地賜予您的高見將是我們的幸運。

**04 ご連絡をお待ちしております**

中 等候您的聯繫

例 お忙しいところ恐縮ですが、ご連絡を心からお待ちしております。

→ 在您百忙之中叨擾雖然感到萬分歉意，但誠心地等候您的聯繫。

**05 お願い申し上げます**

中 煩請您～

例 ご了承のほどよろしくお願い申し上げます。

→ 煩請您多多諒解。

## 06 ご迷惑をおかけするのは心苦しいのですが 中 對於造成您的困擾雖然感到過意不去～

例 貴社にご迷惑をおかけするのは甚だ心苦しいのですが、やむを得ない事情ですのでご理解いただければ幸いと存じます。

→ 對於造成貴公司的困擾雖然感到非常地過意不去，但懇切地希望您對於我方內部苦衷能予以體諒。

## 07 お願いできないでしょうか

中 能否請求～

例 恐縮ではございますが、納期短縮のご検討をお願いできないでしょうか。

→ 雖感到十分惶恐，但是否能請求討論關於縮短交貨期限之事呢？

## 08 ぶしつけなお願いで恐縮ですが

中 雖然很抱歉明知失禮卻還提出請求～

例 ぶしつけなお願いで恐縮ですが、10分だけでもお話を伺えないでしょうか。

→ 雖然很抱歉明知失禮卻還提出請求，但十分鐘也好，能否讓我與您談個話呢？

## 09 願えませんでしょうか

中 能否祈請您～

例 ご教授願えませんでしょうか。

→ 能否祈請您授予教導呢？

## 10 ご一報いただけないでしょうか

中 能否請您轉告一聲呢？

例 業務の進行状況について、ご一報だけでもいただけないでしょうか。

→ 能否請您轉告一聲有關於業務進行的情況呢？

## 11 ～していただきたいのですが、お願いできますか

中 想請您～，不知是否能麻煩您呢？

例 2週間で完成させていただきたいのですが、お願いできますか。

→ 想請您在2週內完成這份差事，不知是否能麻煩您呢？

## 12 ぶしつけなお願いで

中 不禮貌的請託～

例 ぶしつけなお願いで申し訳ないのですが、ご検討下さいますようお願いいたします。

→ 非常抱歉提出這樣不禮貌的請託，但盼能勞煩您予以高見指導。

## 13 していただけませんでしょうか

中 是否能～

例 納期を急ぎますので明日にでも発送していただけませんでしょうか。

→ 因為交貨日期處於迫在眉睫之際，是否能請您同意在明天就予以寄出呢？

## 14 まことに申しかねますが

中 雖然非常地難以啟齒～

例 まことに申しかねますが、貴社との取引条件を多少緩和していただきたくお願い申し上げる次第でございます。

➔ 雖然非常地難以啟齒，但為盼能予以放寬與貴公司之間的交易條件，謹此致以請求。

## 15 誠に勝手なお願いで

中 甚為任性的請求～

例 誠に勝手なお願いで恐縮ですが７月１５日までにお返事をくださいますようお願いいたします。

➔ 雖然是甚為任性的請求而十分惶恐，但懇請您能在7月15日之前予以回覆。

## 16 突然のお願いで

中 如此突兀的請求～

例 突然のお願いで恐縮ですが、何卒よろしくお願い申し上げます。➔ 如此突兀的請求，非常的抱歉。但祈請您能多多予以協助。

## 17 お願いいたします 中 麻煩您了

例 商品写真の送付をお願いいたします。➔ 商品照片的寄送就麻煩您了。

## 18 お伺いしたいのですが

中 想請問您～

例 先日ご送付いただいた資料について何点かお伺いしたいのですがよろしいでしょうか。

➔ 關於前陣子寄出的資料，不知可否請問您幾個地方呢？

## 01 ご多用中はなはだ恐縮でございますが

中 對不起在繁忙的期間叨擾～

例 ご多用中はなはだ恐縮でございますが、出席を賜りたくお願い申しあげます。

➔ 對不起在繁忙的期間叨擾，但希望您能撥冗前來參加。

## 02 ～たく存じます 中 盼望～

例 お教えいただきたく存じます。

➔ 盼望您能夠指導我。

## 03 事情をお察しいただき

中 對於事情之內情能予以體察～

例 なにとぞ事情をお察しいただき、ご承諾いただけますようお願いいたします。

➔ 祈請您對於事情之內情能予以體察，並予以允諾。

## 04 お知恵を拝借したいのですが

**中 想傾聽您的意見（借用您的智慧）～**

例 取り扱い方法についてお知恵を拝借したいのですがお時間をいただけないでしょうか。

➔ 關於處理方法想聽您的意見，不知能否撥空呢？

## 05 なにとぞ窮状をお察しいただき

**中 祈請諒解這邊的窘境～**

例 なにとぞ窮状をお察しいただき、ご承諾くださいますよう伏してお願い申し上げます。

➔ 在這裡低頭祈請您能同意諒解這邊當前的窘境。

## 06 どうか事情をお汲み取りいただき

**中 願請您對於這邊的情形能予以體諒～**

例 どうか事情をお汲み取りいただき、ご検討くださいますようお願い申し上げます。

➔ 願請您對於這邊的情形能予以體諒，並給予方向與建議。

## 07 窮状をお察しいただき

**中 對於我方目前之窘境予以體察～**

例 なにとぞ窮状をお察しいただき、ご協力いただけますようお願いいたします。

➔ 祈請您能對於我方目前之窘境予以體察，並予以協助。

## 08 諸般の事情をお汲み取りいただき

**中 對於我方種種內情予以體諒～**

例 なにとぞ諸般の事情をお汲み取りいただき、ご検討いただきたくお願いいたします。

➔ 祈請對於我方種種內情予以體諒，並賜予批評建議。

## 09 このようなことを申し出ましてご迷惑と存じますが

**中 雖然知道提出這樣的請求會造成您的困擾～**

例 このようなことを申し出ましてご迷惑と存じますが、なにとぞご協力のほど、よろしくお願いいたします。

➔ 雖然知道提出這樣的請求會造成您的困擾，仍祈請您能多多給予協助。

## 10 内情をお汲み取りいただき

**中 斟酌體諒我方的內部狀況～**

例 なにとぞ内情をお汲み取りいただきまして、ご検討いただきたくお願いいたします。

➔ 煩請斟酌體諒我方內部狀況，並予以建議批評。

## 11 このうえは～様におすがりするほかなく

**中 ～之外找不到能倚賴的人～**

例 このうえは山本様におすがりするほかなく、お願い申し上げる次第です。

➔ 除了山本先生／小姐之外找不到能倚賴的人，為此向您提出請求。

**12 身勝手きわまる申し入れとは承知しておりますが** 中 **雖然清楚知道這是個極為任性的要求～**

例 身勝手きわまる申し入れとは承知しておりますが、完成まで1週間の猶予をいただきたくお願いいたします。

➔ 雖然清楚知道這是個極為任性的要求，但仍祈請您能給予一個禮拜的緩衝期。

**13 まことに厚かましいお願いとは存じますが**

中 **雖然是個十分厚顏的請求～**

例 まことに厚かましいお願いで失礼かと存じますが期日を延ばしていただきたくお願い申し上げます。➔ 雖然是個十分厚顏的請求，也感到十分地失禮，但於此祈請您能同意延後日期。

**14 お願いできれば幸いです**

中 **盼望能煩請您～**

例 お問い合わせは、当面メールでお願いできれば幸いです。

➔ 關於您的疑惑，目前希望能煩請您透過電子郵件方式詢問。

**15 切にお願い申し上げます**

中 **殷切地請求您～**

例 御指導御鞭撻のほどを切にお願い申し上げます。

➔ 殷切地請求您能予以指導鞭策。

**16 お願いするのは忍びないことですが** 中 **忍不住想請託您～**

例 お願いするのは忍びないことですが、別の案を出していただきたく存じます。

➔ 忍不住想請託您，希望您能提出另外的計畫。

**17 懇願申し上げます**

中 **於此懇請您～**

例 今後とも変わらぬご支援を賜りますよう懇願申し上げます。

➔ 懇請您此後也能繼續予以支持援助。

## ★結 語★

**01 以上、よろしくお願いします**

中 **就這些，請多多指教**

**02 まずは○○申し上げます**

中 **總之先致以○○～**

例 まずは謹んでご依頼申し上げます。➔ 總之先致以拜託。

**03 なにとぞよろしくお願い申し上げます** 中 祈請多多指教

例 ご協力のほど、なにとぞよろしくお願い申し上げます。

➔ 祈請撥冗協助，多多指教。

**04 よろしくお願いいたします**

中 多多指教

例 どうぞよろしくお願いいたします。➔ 請多多指教。

**05 今後ともよろしくお願いいたします** 中 今後也請多指教

**06 ご回答をいただければ助かります** 中 若能得到您的解答將幫了我的大忙

例 恐縮ですが、ご回答をいただければ助かります。

➔ 雖感冒昧，但若能得到您的解答將幫了我大忙。

**07 引き続きよろしくお願いいたします** 中 今後仍望惠顧關照

**08 ご検討ください** 中 請研究討論

例 お手数ですが、ご検討ください。

➔ 還請勞煩您研究討論。

**01 今後とも変わらぬご指導のほど、よろしくお願い申し上げます** 中 今後還請繼續予以指教

**02 今後ともよろしくご指導くださいますようお願い申し上げます**

中 還請多多指教

**01 まずは取り急ぎご○○まで**

中 總之先致以○○～

例 まずは取り急ぎお願いまで。

➔ 總之先致以拜託。

**02 取り急ぎ○○の○○まで**

中 總之先致以○○～

例 取り急ぎ納期改善のお願いまで。

➔ 總之先致以改善交貨期問題的要求。

**03 まずは○○まで**

中 總之先○○～

例 まずはお願(ねが)いまで。

➔ 總之先致以請託。

**04 取(と)り急(いそ)ぎ○○の○○まで**

中 總之先致以○○～

例 取(と)り急(いそ)ぎ結果(けっか)のご報告(ほうこく)まで。

➔ 總之先致以結果的報告。

**05 まずは○○かたがた○○まで**

中 在此向您致○○並○○

例 まずはご報告(ほうこく)かたがたお願(ねが)いまで。➔ 在此向您致以報告並拜託。

## 客　套　說　法

**01 これまで同様(どうよう)お引立(ひきた)てくださいますようお願(ねが)い申(もう)し上(あ)げます**

中 今後仍望惠顧關照

**02 今後(こんご)とも、ご指導(しどう)ご鞭撻(べんたつ)のほど、よろしくお願(ねが)い申(もう)し上(あ)げます**

中 還請多多指教與勉勵

# Unit 08 交涉

此類信函撰寫的重點在於具體說明詳細經過及事情，並使自己的期望能順利通過。因此書信內容以舉出對方會認同的理由並引導對方能予以理解與體諒為佳。

另外，並不是單方面地要求，而是必須在詢問對方意見及期望後找出對雙方都平等的解決方式或妥協方法為原則。

結構

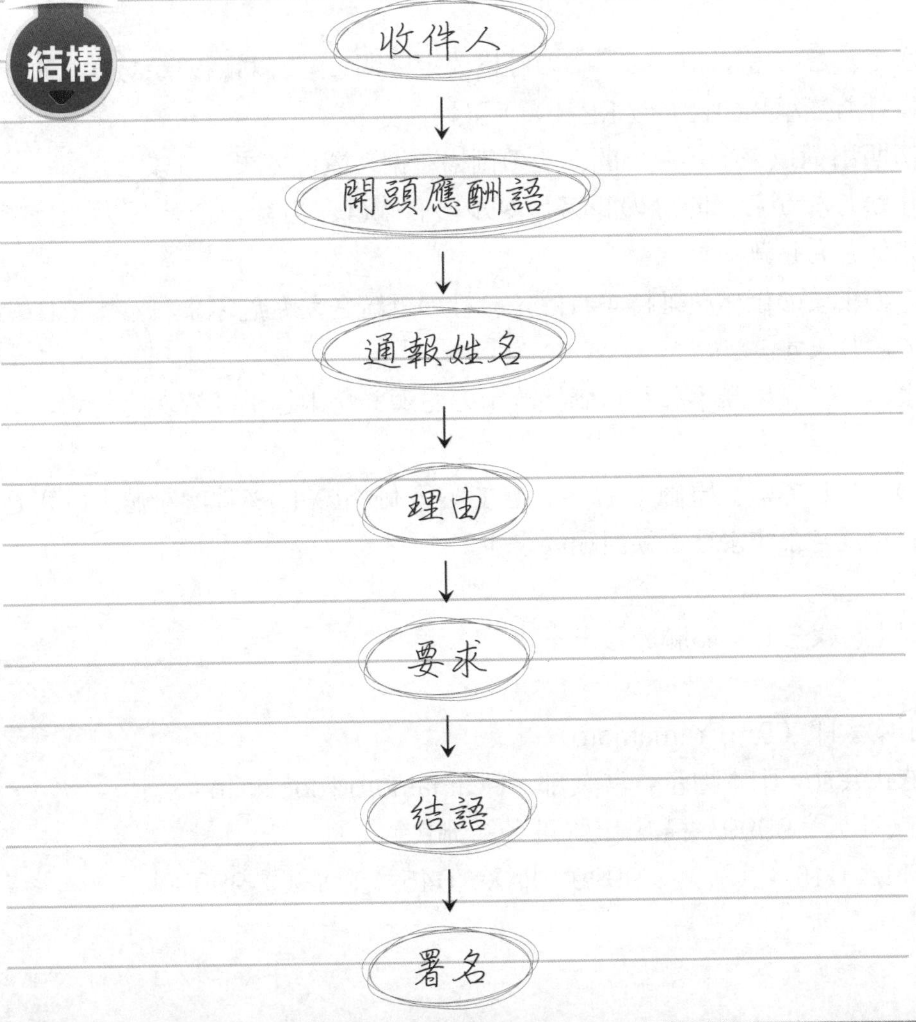

## 8-1 要求同意價格調漲之交涉

正文

### 件名：値上げのお願い

○○○株式会社
購買部　○○様

いつもお世話になっております。
株式会社　山本物産の山本太郎です。

さて、この度は KP- ○○○の価格改定に関して、お願いがあります。
貴社もご承知のとおり KP- ○○○は、
初期出荷以来○年もの間、その価格を据え置いてまいりました。
しかしながら、昨今のレアメタルの高騰は、当社の企業努力だけでは如何ともし難く、
このままの価格を維持すれば、会社の継続さえも危ぶまれるまでになっております。
よって、誠に勝手ながら価格改定のお願いを申し上げる次第です。

つきましては、原価上昇分として納入価格の 10%程度を値上げさせていただきますようご検討願います。

以上、よろしくお願いします。

山本太郎（Taro Yamamoto）
株式会社　山本物産　営業部　t-yamamoto@ooo.co.jp
〒○○○ -9999　横浜市○○区○○町○ - ○
TEL：045- ○○○○ -9999　FAX：045- ○○○○ -9999

## 標題：價格調漲之請託

〇〇〇股份有限公司
採購部　〇〇敬啟

感謝您平日的愛戴。
我是山本物產股份有限公司的山本太郎。

首先，此次有關 KP- 〇〇〇之價格調整一事有所請求。
如同貴公司所知曉地，KP- 〇〇〇至初期出貨以來的幾年，一直都是採用最初的價格。
但由於近來稀有金屬價格的高漲，如今光只靠敝公司的努力已是相當困難之狀態，再這樣持續現在的價格不變的話，連敝公司在經營上也會產生莫大的危機。
為此，雖誠屬我方之任性之為，仍於此致以價格調整之請託。

因而為此，以原價漲幅之程度為主，祈請針對提高原訂購價格約莫 10%左右之價格調漲一事予以評估討論。

以上，還請多多指教。

---

山本太郎（Taro Yamamoto）
t-yamamoto@ooo.co.jp
股份有限公司　山本物產　營業部
〒〇〇〇 -9999
橫濱市〇〇區〇〇町〇 - 〇
TEL：045- 〇〇〇〇 -9999
FAX：045- 〇〇〇〇 -9999

---

單字

**値上げ** 中 漲價

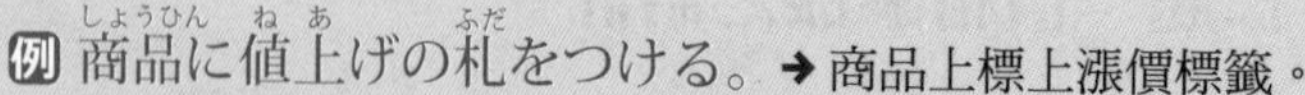
例 商品に値上げの札をつける。➔ 商品上標上漲價標籤。

**据え置く** 中 維持

例 家賃を据え置く。➔ 維持原來的房租。

**レアメタル** 中 稀有金屬

**危ぶまれる** 中 不被信任

例 若い医者はえてして危ぶまれるものだ。➔ 年輕的醫生往往是不被人信任的。

**勝手** 中 隨便

例 あの人は勝手に国有地を占領している。➔ 那人隨便地侵占國有土地。

**検討** 中 研究

例 細目にわたって検討する。➔ 詳細入微地審查研究。

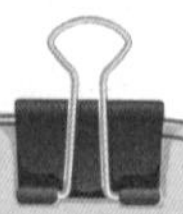

**POINT**

1. 價格調整的通知請注意要盡量提早一個月前寄出。
2. 書寫重點在於要讓對方諒解此次的價格調整是在不得已的狀況下而必須做的決定。
3. 在允許範圍裡盡可能地補敘其原因。
3. 避免通知內容偏頗為因為這是不成文的規定……等單方面的傳達、告知。

## 8-2 報價單重新評估之請託



### 件名：「高速オーブン」見積書再検討のお願い

○○○商事株式会社　販売部
○○様

いつもお世話になっております。
株式会社山本物産、営業部の山本太郎です。

昨日、高速オーブンのお見積もりを受領いたしました。

誠に申し上げにくいことではございますが、
ご提示の金額でお受けするのは大変厳しいとの結論に達しました。
昨年は原油価格高騰との理由で 10% の値上げをやむなく受けさせていただきましたが、
原油も昨今は安定的に値下がりしてきております。

見積価格より、少なくとも 5% 値引きしていただかないと
同業他社との競合に勝つことはむずかしいと思われます。

当社といたしましても、取引期間の長い貴社より購入したいと考えておりますので、
お見積もりを再度ご検討いただけますと幸いでございます。

なお、お返事は遅くとも
○月○日（月）までにお願いいたします。

以上、よろしくお願いします。

---

山本太郎（Taro Yamamoto）
株式会社　山本物産　営業部　t-yamamoto@ooo.co.jp
〒○○○ -9999　横浜市○○区○○町○ - ○
TEL：045- ○○○○ -9999　FAX：045- ○○○○ -9999

---

## 單字

**オーブン** 中 焗烤爐
**値上げ** 中 漲價
**やむなく** 中 不得已而　例 やむなく承知する。➔ 不得已而應允。
**値下がり** 中 降價
例 値下がりを予想して買い付けを手控えする。➔ 預想降價，拖延進貨。
**見積** 中 估價、估算
**値引き** 中 減價　例 200 円値引きする。➔ 減價兩百日圓。
**検討** 中 研究　例 細目にわたって検討する。➔ 詳細入微地審查研究。

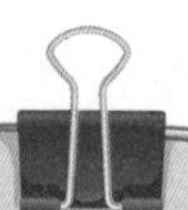

## POINT

1. 光只是請求對方降價給折扣是無法得到對方接受並同意的。
2. 必須以合情合理的角度說明降價釋出折扣的必要性以及將產生的利益優點，內容以能促使對方認同「不得不這麼做」等用語為佳。

譯文

## 標題：「高速焗烤爐」報價單重新評估之請託

○○○商業股份有限公司　銷售部
○○敬啟

感謝您平日的愛戴。
我是山本物產股份有限公司營業部的山本太郎。

昨日，已確實收到高速焗烤爐之報價單。

此雖誠為難以啟齒之事，
但關於同意您所提出的金額一事，我方的結論此為實屬非常困難之事。
關於您所提到的因近來原油價格的高漲為由不得已只好調漲價格的 10% 一事，
但原油價格近來也穩定地持續在調降著。

參照報價單中之價格，若不至少調降 5% 的價格的話，
恐將難以在與同業中其他公司間的競爭中勝出。

以我方公司的立場而言，也仍想繼續自長期合作的貴公司購入商品，
因此如能重新評估討論報價單一事的話將是我方之榮幸。

此外，回覆最晚也請在○月○日（週一）前回傳。

以上，還請多多指教。

---

山本太郎（Taro Yamamoto）
t-yamamoto@ooo.co.jp
股份有限公司　山本物產　營業部
〒○○○ -9999
橫濱市○○區○○町○ - ○
TEL：045- ○○○○ -9999
FAX：045- ○○○○ -9999

---

正文

## 件名：手形サイト変更のお願い

○○○株式会社　購買部
○○様

いつもお世話になっております。
株式会社　山本物産の山本太郎です。

この度は、貴社との取引条件の緩和のご検討をお願いいたしたくご通知いたします。

これまで貴社への手形支払いサイトは６０日となっておりますが、
昨今新規に開拓した顧客が増えたため、
現行手形サイトの６０日以内に現金化できない部分が多くを占めつつあります。
これにより、弊社の資金繰りにも若干の支障をきたしております。
貴社におかれましては、このような事情もご考慮いただき、
手形サイトを現行の６０日から９０日に延長してくださることをご検討いただきたく存じます。

貴社にも社内事情がおありかと存じますが、
これまでの取引実績や 発注増をご賢察いただき、
何卒、格別のご配慮を賜りますようお願いいたします。

以上、よろしくお願いします。

---

山本太郎（Taro Yamamoto）
株式会社　山本物産　営 業 部　t-yamamoto@ooo.co.jp
〒○○○ -9999　横浜市○○区○○町○ - ○
TEL：045- ○○○○ -9999　FAX：045- ○○○○ -9999

---

譯文

## 標題：更改支票票期之請託

○○○股份有限公司　採購部
○○敬啟

感謝您平日的愛戴。
我是山本物產股份有限公司的山本太郎。

此次，為希望能評估討論與貴公司之間的合作條件予以放寬一事，欲提出請託而致以聯繫。

一直以來給予貴公司的支票票期時限為 60 天，
但由於近來初次合作拓展的客戶增加，
現行的支票票期 60 天以內無法周轉為現金的之比率也逐漸加重。
也因此，敝公司在資金周轉上也多少出現了障礙。
也為此考慮到貴公司之諸如此類之情況，
希望能予以評估討論將支票票期從現行的 60 天延長至 90 天。

雖然明白貴公司也當有其內部的各式不便，
仍望請貴公司能體察至今為止合作的實際績效以及增加訂購等事項，
敬請能特別予以通融協助，於此致以請託。

以上，還請多多指教。

---

山本太郎（Taro Yamamoto）
t-yamamoto@ooo.co.jp
股份有限公司　山本物產　營業部
〒○○○ -9999
橫濱市○○區○○町○ - ○
TEL：045- ○○○○ -9999
FAX：045- ○○○○ -9999

---

## 單字

**手形(てがた)サイト** 中 支票開票日至到付款日的期間

**検討(けんとう)** 中 研究

例 細目(さいもく)にわたって検討(けんとう)する。➔ 詳細入微地審查研究。

**支障(ししょう)** 中 障礙

例 停電(ていでん)で工事(こうじ)に支障(ししょう)をきたす。➔ 停電給工程帶來障礙。

**きたす** 中 引起

例 恐慌(きょうこう)をきたす。➔ 引起恐慌。

**存(ぞん)ずる** 中 想

例 お元気(げんき)でお過(す)ごしのことと存(ぞん)じます。➔ 我想您一定很健康。

**取引(とりひき)** 中 交易

**発注(はっちゅう)** 中 訂貨

**賢察(けんさつ)** 中 體察

例 現在(げんざい)の窮境(きゅうきょう)をご賢察(けんさつ)ください。➔ 請體察我現在的困難處境。

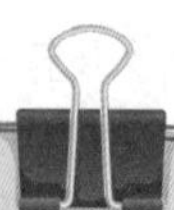

**POINT**

1. 與要求對方降價時情況相同，光只是要求放寬付款條件是無法取得對方的同意與接受的。
2. 必須以合情合理的角度說明放寬付款條件的必要性，且內容以能促使對方認同「不得不這麼做」等遣詞用字為佳。

## 8-4 訂單之取消

正文

### 件名：「炊飯器」注文品変更のお願い

○○○株式会社　購買部
○○様

いつも大変お世話になっております。
株式会社山本物産、営業部の山本太郎です。

さて、本日は注文品の変更をお願いいたしたく、メールさせていただきました。

誠に申し訳ございませんが、
○月○日御社より注文書 No：M- ○○○で承りました「炊飯器（SH- ○○○）」は、すでに生産が打ち切られ、在庫もすべて売り切れてしまいました。

本来であれば、生産打ち切りのご連絡をすべきところ、連絡が遅れてしまい、誠に申し訳ございません。
せっかくご注文いただきましたのに、ご希望にそうことができず、恐縮しております。

代替品といたしましては、価格および性能において、
ほぼ同等の新商品「SH- ○○○ K」がございます。
こちらでよろしければすぐに発送可能ですが、いかがでしょうか。

本日、カタログを速達にて送らせていただきましたのでご検討のほど、お願い申し上げます。

以上、よろしくお願いします。

---

山本太郎（Taro Yamamoto）

株式会社（かぶしきがいしゃ） 山本物産（やまもとぶっさん） 営業部（えいぎょうぶ） t-yamamoto@ooo.co.jp
〒○○○ -9999 横浜市（よこはまし）○○区（く）○○町（まち）○ - ○
TEL：045- ○○○○ -9999 FAX：045- ○○○○ -9999

**注文**（ちゅうもん） 中 訂貨

**打ち切る**（うちきる） 中 作罷、打住

例 この仕事（しごと）は経費不足（けいひふそく）のため打ち切（うちき）られた。➜ 這件工作因經費短缺而作罷。

**売り切れ**（うりきれ） 中 賣光

**せっかく** 中 難得、好不容易

例 せっかくためた物（もの）を火事（かじ）でふいにした。➜ 好不容易積攢的東西一場火都報銷了。

**恐縮**（きょうしゅく） 中 不敢當

例 お忙（いそが）しい中（なか）をわざわざおいでいただいて恐縮（きょうしゅく）です。
➜ 您在百忙之中特地光臨，真不敢當。

**速達**（そくたつ） 中 急件

**検討**（けんとう） 中 研究 例 細目（さいもく）にわたって検討（けんとう）する。➜ 詳細入微地審查研究。

**ほど** 中（委婉） 例 ご寛容（かんよう）のほど願（ねが）います。➜ 請予寬恕。

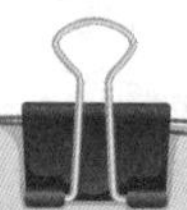

## POINT

1. 取消訂單本來就是屬於違反契約之行為。為了我方的方便而擅自取消的話有可能會導致對方向我方提出損害賠償。
2. 誠實地將對方能理解體諒的詳情予以告知、提出表示其它替代方案等，注意要記得強調今後會嚴加注意避免給對方添麻煩。

譯文

## 標題：「飯鍋」訂購商品變更之請託

〇〇〇股份有限公司　採購部
〇〇敬啟

感謝您平日的愛戴。
我是山本物產股份有限公司營業部的山本太郎。

首先，今日為請託同意訂購商品之變更，而致以郵件。

誠屬萬分抱歉之事，但來自貴公司於〇月〇日之訂單 No：M- 〇〇〇而承接的「飯鍋（SH- 〇〇〇）」早已停止生產，存貨也已銷售一空了。

原本在一開始便該聯繫您商品已停止生產一事，但因聯繫延遲而延誤此事，
誠心地感到抱歉。
您特別予以敝公司訂單卻無法回應您的期望，我方感到十分地惶恐。

作為替代商品，我方尚有在價格上以及性能上幾近相同的新商品「SH- 〇〇〇K」。
若能接納訂單更換為此商品的話，我方可以立即進行寄送，不知您意下如何？

今日已將型錄以急件之方式寄出，於此祈請您予以評估討論。

以上，還請多多指教。

---

山本太郎（Taro Yamamoto）
t-yamamoto@ooo.co.jp
股份有限公司　山本物產　營業部
〒〇〇〇 -9999
橫濱市〇〇區〇〇町〇 - 〇
TEL：045- 〇〇〇〇 -9999
FAX：045- 〇〇〇〇 -9999

---

## 8-5 交貨日提前之請託

正文

### 件名：「○月○日」に納期前倒しのお願い

○○○商事株式会社　販売部
○○様

いつもお世話になっております。
株式会社山本物産、購買部の山本太郎です。

さて、突然のお願いで恐縮ですが、
○月○日（月）が納品予定日となっております
当社注文書 No.1234 の納期を 2 週間ほど早めて、
○月○日（月）までに納品していただくことは可能でしょうか。

理由は、震災の影響で特需が入ったためです。
今回は○○県向けだけですが、他県からも引き合い殺到しており
大量注文の可能性も出てきます。

ご無理を承知でのお願いですが、
よろしくご配慮いただき、
納期を前倒ししていただけると幸いでございます。

以上、よろしくお願いします。

山本太郎（Taro Yamamoto）
株式会社　山本物産　購買部　t-yamamoto@ooo.co.jp
〒○○○ -9999　横浜市○○区○○町○ - ○
TEL：045- ○○○○ -9999　FAX：045- ○○○○ -9999

譯文

## 標題：交貨日提前至「〇月〇日」之請託

〇〇〇商業股份有限公司　銷售部
〇〇敬啟

感謝您平日的愛戴。
我是山本物產股份有限公司採購部的山本太郎。

首先，為突然致信的請託實感惶恐，
〇月〇（週一）為交貨期限之預定日。
想詢問敝公司所下之訂單 No.1234 的交貨期限是否可能提前約莫兩週至〇月〇日（週一）截止前呢？

理由是因為地震災害之影響致使特別需求之產生。
此次地震雖然是發生在〇〇縣，但由於來自其他縣市的交易詢問不斷，
也因此產生了大量訂購的可能性。

雖然知道這樣的請託實為勉強之要求，
還是請您多多給予關照安排，
若能同意將交貨期限提前將是我方的榮幸。

以上，還請多多指教。

---

山本太郎（Taro Yamamoto）
t-yamamoto@ooo.co.jp
股份有限公司　山本物產　採購部
〒〇〇〇 -9999
橫濱市〇〇區〇〇町〇 - 〇
TEL：045- 〇〇〇〇 -9999
FAX：045- 〇〇〇〇 -9999

---

**納期（のうき）** 中 交貨期

**恐縮（きょうしゅく）** 中 不敢當

例 お忙（いそが）しい中（なか）をわざわざおいでいただいて恐縮（きょうしゅく）です。
→ 您在百忙之中特地光臨，真不敢當。

**納品（のうひん）** 中 交貨

**特需（とくじゅ）** 中 特需

**引き合い（ひきあい）** 中 來函詢問

例 たくさんの引（ひ）き合（あ）いを受（う）ける。→ 收到很多洽詢交易的來函詢問。

**殺到（さっとう）** 中 紛紛來

例 苦情電話（くじょうでんわ）が殺到（さっとう）する。→ 抱怨、申訴的電話紛紛打來。

**前倒し（まえだおし）** 中 提前

例 予算（よさん）を前倒（まえだお）しして工事（こうじ）をした。→ 提前完成預算，施工了。

**POINT**

為了讓對方諒解我方請求提前出貨的要求，客觀地敘述理由為重要關鍵。

# 關於「交涉」信函的好用句

## ★開頭語★

### 一般場合

**01 何度(なんど)も申(もう)し訳(わけ)ございません**

中 不好意思百般打擾

例 何度(なんど)も申(もう)し訳(わけ)ございません。先(さき)ほどお伝(つた)えし忘(わす)れましたが、納期(のう き)は1ヶ月(げつ)かかります。

➜ 不好意思百般打擾了。剛才忘了告知您，交貨期限需要一個月。

**02 ご連絡(れんらく)ありがとうございます**

中 謝謝您的聯繫

例 さっそくご返信(へんしん)、ありがとうございます。➜ 謝謝您的即刻回信。

**03 いつもお世話(せわ)になりありがとうございます**

中 感謝您一直以來的照顧

**04 いつも大変(たいへん)お世話(せわ)になっております**

中 感謝您一直以來的照顧

**05 いつもお世話(せわ)になっております**

中 感謝您一直以來的照顧

**06 お世話(せわ)になっております**

中 承蒙關照

例 日頃(ひごろ)は大変(たいへん)お世話(せわ)になっております。チェリー株式会社(かぶしきがいしゃ)の山本(やまもと)です。

➜ 平日承蒙您的諸多關照了。我是櫻桃股份有限公司的山本。

### 正式場合

**01 いつもお心遣(こころづか)いいただき、まことにありがとうございます**

中 總是受到您的細心掛念，衷心地感謝

例 いつも温(あたた)かいお心遣(こころづか)いをいただき、まことにありがとうございます。➜ 總是受到您溫馨的細心掛念，衷心地感謝。

**02 いつも格別(かくべつ)のご協力(きょうりょく)をいただきありがとうございます**

中 謝謝您一直以來的合作

**03 いつもお引(ひ)き立(た)ていただき誠(まこと)にありがとうございます**

中 感謝您一直以來的惠顧

**01 貴社ますますご清栄のこととお慶び申し上げます**

中 祝貴司日益興隆

**02 平素は格別のお引き立てにあずかり誠にありがとうございます**

中 感謝您一直以來的惠顧

## ★正文★

**01 していただくことは可能でしょうか** 中 是否可以……？

例 9月10日までに納品していただくことは可能でしょうか。

→ 是否可以在9月10日以前出貨呢？

**02 いかがでございましょうか**

中 如何？

例 すぐに納品可能ですが、いかがでございましょうか。

→ 我們可以立即交貨，你的意見如何？。

**03 お忙しいところ恐れ入りますが**

中 在您很忙的時候打擾了

例 お忙しいところ恐れ入りますが、ご確認のほどよろしくお願いいたします。

→ 在您很忙的時候打擾了，但請您確認一下。

**01 なにとぞ事情をご理解いただき、ご了承くださいますよう、お願い申し上げます**

中 請您理解我方情況，請多原諒

**02 していただけると幸いでございます**

中 如果您能……，（我方）會甚感欣悅

例 納期を前倒ししていただけると幸いでございます。

→ 如您能提前出貨，我方會甚感欣悅。

**03 よろしくご検討のほどお願い申し上げます** 中 請您多多研究

**04 僭越ながら** 中 雖為僭越之舉～

例 僭越ながら、個人的な意見を申しあげます。

➔ 雖為僭越之舉，尚請容我表達個人意見。

**05 以上の事情をご高察の上、ご了承賜りますようお願い申し上げます**

中 請您體察上述情況，請多原諒

## ★結語★

**01 まずは○○申し上げます**

中 總之先致以○○～

例 まずは謹んでお願い申し上げます。

➔ 總之先致以請託。

**02 引き続きよろしくお願いいたします** 中 今後仍望惠顧關照

**03 今後ともよろしくお願いいたします** 中 今後也請多指教

**04 以上、よろしくお願いします**

中 就這些，請多多指教

**05 ご検討ください** 中 請研究討論

例 お手数ですが、ご検討ください。

➔ 還勞煩您研究討論。

**06 ご回答をいただければ助かります**

中 若能得到您的解答將幫了我的大忙

例 恐縮ですが、ご回答をいただければ助かります。

➔ 雖感冒昧，但若能得到您的解答將幫了我大忙。

**07 よろしくお願いいたします**

中 多多指教

例 どうぞよろしくお願いいたします。➔ 請多多指教。

**08 なにとぞよろしくお願い申し上げます** 中 祈請多多指教

例 ご協力のほど、なにとぞよろしくお願い申し上げます。

➔ 祈請撥冗協助，多多指教。

**01** 今後とも変わらぬご指導のほど、よろしくお願い申し上げます　㊥ 今後還請繼續予以指教

**01** まずは○○かたがた○○まで
㊥ 在此向您致○○並○○

例 まずは報告かたがたお願いまで
→ 在此向您致以報告並請託。

**02** 取り急ぎ○○の○○まで
㊥ 總之先致以○○～

例 取り急ぎ納期改善のお願いまで。
→ 總之先致以改善交貨期問題的要求。

**03** まずは取り急ぎご○○まで
㊥ 總之先致以○○～

例 まずは取り急ぎお願いまで。
→ 總之先致以請託。

**04** まずは○○まで　㊥ 總之先○○～

例 まずはお願いまで。
→ 總之先致以請託。

**01** 今後とも、ご指導ご鞭撻のほど、よろしくお願い申し上げます　㊥ 還請多多指教與勉勵

**02** 今後とも変わらぬご厚誼とご指導のほど、よろしくお願い申し上げます
㊥ 今後還請繼續予以厚誼和指教

# Unit 09 承諾

此為表示同意接受對方的請求而寫的文件。

首先在開頭表示同意之意思後，如有不明之處或疑問可以在此信函中再進行詢問。

## 結構

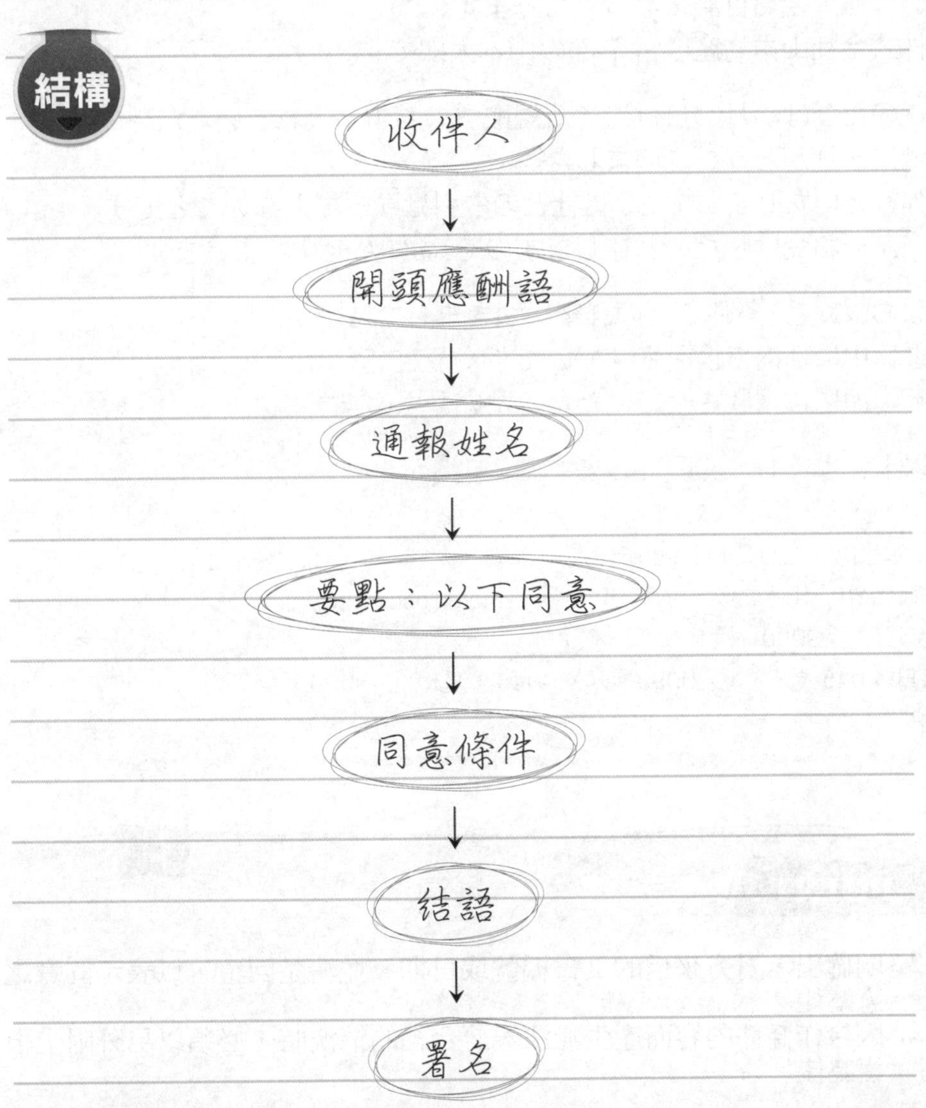

# 9-1 合作交易邀請之同意

正文

## 件名：新規取引の件、謹んでお受けいたします

○○○商事株式会社
代表取締役　○○様

いつも大変お世話になっております。
株式会社山本物産、営業部の山本太郎です。

このたびは○月○日付にて新規取引のお申し入れをいただき、
誠にありがとうございました。
弊社といたしましても、貴社との取引は願ってもないことです。
謹んでお受けしたいと存じますので、お知らせ申し上げます。

なお、お取引条件などの詳細につきましては、
近日中に部内で検討させていただく予定ですので、
その節にご相談させていただきたいと思います。

以上、よろしくお願いします。

---

山本太郎（Taro Yamamoto）
株式会社　山本物産　営業部　t-yamamoto@ooo.co.jp
〒○○○-9999　横浜市○○区○○町○-○
TEL：045-○○○○-9999　FAX：045-○○○○-9999

---

**POINT**

1. 明確出示對方來信的文書編號或日期，並清楚回覆，以表示同意之意為佳。
2. 因合作條件內容而產生無法簽訂合約的情況時，必須以另外附上但書為佳。

譯文

## 標題：關於初次合作之事，同意接受合作

〇〇〇商業股份有限公司
代表董事　〇〇敬啟

感謝您平日的愛戴。
我是山本物產股份有限公司營業部的山本太郎。

此次於〇月〇日收到您針對初次合作之邀請，
誠心地表達謝意。
對敝公司而言，能與貴公司合作實為求之不得之事。
於此敬上欲合作之意願，致以聯繫。

此外，關於合作條件等詳細內容，
預定近日內將於內部進行討論評估，
到時候還希望能向您商討其內容。

以上，還請多多指教。

---

山本太郎（Taro Yamamoto）
股份有限公司　山本物產　營業部　t-yamamoto@ooo.co.jp
〒〇〇〇 -9999　橫濱市〇〇區〇〇町〇 - 〇
TEL：045- 〇〇〇〇 -9999　FAX：045- 〇〇〇〇 -9999

---

**その節（せつ）** 中 那時

例 その節（せつ）はごめいわくをおかけしました。→ 那時承蒙您關照了。

**相談（そうだん）** 中 商量

例 それできょうは少（すこ）し相談（そうだん）があって参（まい）ったのです。
→ 因此，今天特來跟您商量一件事。

**申（もう）し入（い）れ** 中 請求　例 相手（あいて）の申（もう）し入（い）れを許諾（きょだく）する。→ 答應對方的請求。

**願（ねが）ってもない** 中 求之不得　例 願（ねが）ってもない幸（しあわ）せです。→ 求之不得的幸福。

**検討（けんとう）** 中 研究　例 細目（さいもく）にわたって検討（けんとう）する。→ 詳細入微地審查研究。

## 9-2 延後款項支付期限之同意

正文

### 件名：支払期日延期に対する承諾

○○○商事株式会社　営業部長
○○様

いつもお世話になっております。
株式会社　山本物産、購買部の山本太郎です。

○月○日付けのメールを拝読いたしました。
突然の支払い延期のお申し入れに少々戸惑っておりますが、
社内で検討させていただきました結果、
今回については御社のご事情を考え、
下記のとおりにて、承諾させていただきます。

---

○月分支払い期日：○月○日を○月○日に延期。
現金払い。

---

なお、当社の資金計画もございますので、
来月以降は、必ずお約束どおりの期日にてお支払いくださいますようお願い申し上げます。

以上、よろしくお願いします。

---

山本太郎（Taro Yamamoto）
株式会社　山本物産　営業部　t-yamamoto@ooo.co.jp
〒○○○-9999　横浜市○○区○○町○-○
TEL：045-○○○○-9999　FAX：045-○○○○-9999

---

## 標題：同意延後款項支付期限之請託

○○○商業股份有限公司　營業部長
○○敬啟

感謝您平日的愛戴。
我是山本物產股份有限公司採購部的山本太郎。

○月○日寄出之郵件已閱覽完畢。
雖然對於您突然要求延後付款期限之請託感到些許疑惑，
但經過公司內部評估討論後的結果，
關於此次因考慮到貴公司的諸多內情，
如下列所記，同意您的請託。

---

○月份付款期限日：○月○日延後至○月○日。
現金付款。

---

此外，因敝公司也有我方的資金規劃，
因此從下個月開始請務必遵照約定，依約在期限截止前完成付款。

以上，還請多多指教。

---

山本太郎（Taro Yamamoto）
t-yamamoto@ooo.co.jp
股份有限公司　山本物產　營業部
〒○○○ -9999
橫濱市○○區○○町○ - ○
TEL：045- ○○○○ -9999
FAX：045- ○○○○ -9999

---

## 單字

**支払（しはらい）** 中 付款

**拝読（はいどく）** 中 拜讀

例 研究論文（けんきゅうろんぶん）を拝読（はいどく）しました。→ 我拜讀了您的研究論文。

**戸惑う（とまどう）** 中 不知如何

例 予想（よそう）しなかった質問（しつもん）をされて戸惑（とまど）う。
→ 對方提出了沒有料到的問題，不知如何回答才好。

**検討（けんとう）** 中 研究

例 細目（さいもく）にわたって検討（けんとう）する。→ 詳細入微地審查研究。

**当社（とうしゃ）** 中 敝社

**御社（おんしゃ）** 中 貴公司

**現金払い（げんきんばらい）** 中 現金支付

## POINT

1. 明確出示對方提出請求的文書編號或日期，並先明確地回覆對方後，再詳述條件。
2. 注意務必再三確認其條件，如有但書等例外事項時也必須明確地另行記述清楚。

## 9-3 商品訂單承接之同意

正文

### 件名：高速炊飯器（SH-○○○）ご注文の確認

○○○株式会社　購買部
○○様

いつもお世話になっております。

○月○日付のご注文、確かに承りました。

ご注文いただいた商品は以下のとおりですので、ご確認ください。

ご注文日時：○○年○月○日 午前○時○分
ご注文番号：PM-○○○
商　品　名：炊飯器（SH-○○○）
数　　　量：100台

在庫はございますので、○月○日に、
ご指定の送付先に発送いたします。

以上、よろしくお願いします。

---

山本太郎（Taro Yamamoto）
株式会社　山本物産　営業部　t-yamamoto@ooo.co.jp
〒○○○-9999　横浜市○○区○○町○-○
TEL：045-○○○○-9999　FAX：045-○○○○-9999

---

**POINT**

1. 明確出示對方來信的文書編號或日期，並清楚回覆，以表示同意之意為佳。
2. 務必再三確認其條件，如有但書等例外事項時須另行記述。

譯文

# 標題：高速飯鍋（SH-〇〇〇）訂單之確認

〇〇〇股份有限公司　採購部
〇〇敬啟

感謝您平日的愛戴。

於〇月〇日下訂之訂單，已確實承接。

您訂購的商品詳細內容如下所述，煩請確認。

下訂日期：〇〇年〇月〇日 上午〇點〇分
訂單編號：PM-〇〇〇
商 品 名：飯鍋（SH-〇〇〇）
數　　量：100 台

因存貨尚有餘裕，因此將於〇月〇日時，
寄出商品至指定地址。

以上，還請多多指教。

---

山本太郎（Taro Yamamoto）
股份有限公司　山本物產　營業部　t-yamamoto@ooo.co.jp
〒〇〇〇-9999　橫濱市〇〇區〇〇町〇-〇
TEL：045-〇〇〇〇-9999　FAX：045-〇〇〇〇-9999

---

單字

**注文**（ちゅうもん）中 訂貨

**承る**（うけたまわる）中 虛心承接

**指定**（してい）中 指定　例 金曜日（きんようび）を会合（かいごう）の日（ひ）に指定（してい）する。➔ 指定星期五為開會的日期。

**発送**（はっそう）中 出貨　例 商品（しょうひん）を発送（はっそう）する。➔ 發貨。

# 9-4 價格調降請求之允諾

正文

## 件名：「炊飯器（SH-〇〇〇）」のお値引きについて

〇〇〇株式会社　購買部
〇〇様

いつもお世話になっております。
株式会社　山本物産、営業部の山本太郎です。

さて、〇月〇日にお申し出のありました「炊飯器（SH-〇〇〇）」の値引きの件、
承り、検討させていただきました。

正直申しまして、弊社といたしましては、
さらなる値引きは大きな負担となるものでございます。

しかし、ほかならぬ貴社よりのやむを得ない事情も推察できますので、
値引きさせていただくことにいたしました。

なお、弊社におきましても今回の価格が最大限ご協力できる価格です。
なにとぞお含みおきいただけると幸いです。

以上、よろしくお願いします。

---

山本太郎（Taro Yamamoto）
株式会社　山本物産　営業部　t-yamamoto@ooo.co.jp
〒〇〇〇 -9999　横浜市〇〇区〇〇町〇 - 〇
TEL：045- 〇〇〇〇 -9999　FAX：045- 〇〇〇〇 -9999

---

譯文

## 標題：關於「飯鍋（SH-○○○）」之價格調降

○○○股份有限公司　採購部
○○敬啟

感謝您平日的愛戴。
我是山本物產股份有限公司營業部的山本太郎。

首先，您於○月○日提出請託之關於「飯鍋（SH-○○○）」之價格調降一事，我方承諾，並進行了評估討論。

說實話，對敝公司來說，
更進一步的價格調降對我方而言是莫大的負擔。

但我方體察此不外乎是由於貴公司內部之不得已之理由，
因此決定調降價格。

此外，對敝公司而言此次的價格已是最大的協助極限以及讓步。
如能得到您的包容與諒解將是我方之榮幸。

以上，還請多多指教。

---

山本太郎（Taro Yamamoto）
t-yamamoto@ooo.co.jp
股份有限公司　山本物產　營業部
〒○○○-9999
橫濱市○○區○○町○-○
TEL：045-○○○○-9999
FAX：045-○○○○-9999

---

單字

**値引き** 中 減價

例 200円値引きする。➔ 減價兩百日圓。

**検討** 中 研究

例 細目にわたって検討する。➔ 詳細入微地審查研究。

**ほかならない** 中 完全只是

例 それはまったく保身のためにほかならない。➔ 那完全只是為了明哲保身。

**やむを得ない** 中 不得已

例 それは社交上やむを得ないことだ。➔ 那是社交上不得已的事情。

**含む** 中 知道

例 この事をお含み願います。➔ 這事希望您知道一下。

**POINT**

1. 明確出示對方提出請求的文書編號或日期，並先明確地回覆對方後，再詳述條件。
2. 注意務必再三確認其條件，如有但書等例外事項時也必須明確地另行記述清楚。

# 關於「承諾」信函的好用句

## ★開頭語★

**01 いつもお世話(せわ)になっております**

中 感謝您一直以來的照顧

**02 いつもお世話(せわ)になりありがとうございます**

中 感謝您一直以來的照顧

**03 お世話(せわ)になっております**

中 承蒙關照

例 日頃(ひごろ)は大変(たいへん)お世話(せわ)になっております。チェリー株式会社(かぶしきがいしゃ)の山本(やまもと)です。

➔ 平日承蒙您的諸多關照了。我是櫻桃股份有限公司的山本。

**04 ご連絡(れんらく)ありがとうございます**

中 謝謝您的聯繫

例 さっそくご返信(へんしん)、ありがとうございます。➔ 謝謝您的即刻回信。

**05 いつも大変(たいへん)お世話(せわ)になっております** 中 感謝您一直以來的照顧

## 正 式 場 合

**01 いつも格別(かくべつ)のご協力(きょうりょく)をいただきありがとうございます**

中 謝謝您一直以來的合作

**02 いつもお引(ひ)き立(た)ていただき誠(まこと)にありがとうございます**

中 感謝您一直以來的惠顧

**03 いつもお心遣(こころづか)いいただき、まことにありがとうございます**

中 總是受到您的細心掛念，衷心地感謝

例 いつも温(あたた)かいお心遣(こころづか)いをいただき、まことにありがとうございます。➔ 總是受到您溫馨的細心掛念，衷心地感謝。

**01 平素は格別のお引き立てを賜り厚く御礼申し上げます**

中 感謝您一直以來的惠顧

**02 貴社ますますご清栄のこととお慶び申し上げます**

中 祝貴司日益興隆

## ★正文★

**01 ～の件、わかりました**

中 關於～的事，我知道了

例 納期延期の件、わかりました。

→ 關於交貨期限延期之事，我知道了。

**02 問題ございません** 中 沒有問題

例 その納期で問題ございません。

→ 交貨日就依照那樣沒有問題。

**03 ～の件、了承しました**

中 關於～的事，我明白了

例 登録解除の件、了承しました。

→ 關於取消註冊的事，我明白了。

**04 ～の件、承りました**

中 關於～的事，我接下了

例 ご依頼の件、承りました。

→ 關於您委託的事，我接下了。

**05 ～の件、了承いたしました**

中 關於～的事，我明白了（比較下句，有以謙遜之姿來托高對方身分之意）

例 日程変更の件、了承いたしました。

→ 關於變更日期的事，我明白了。

**06 ～の件、かしこまりました**

中 關於～的事，我知道了

例 ご出席者数の変更の件、かしこまりました。

→ 關於出席者人數變動的事，我知道了。

**07 喜んで～させていただきます**

中 很榮幸～能參與～

例 ご依頼のお仕事の件、喜んで協力させていただきます。

→ 很榮幸能參與協助這份委託的工作。

### 08 ～の件、承知いたしました

中 關於～的事，我了解了

例 支払い方法変更の件、 承知いたしました。

→ 關於變更付費方式的事，我了解了。

### 09 お引受けいたします　中 接下～

例 ロシア語への翻訳もお引受け致します。

→ 我也會接下翻譯成俄羅斯語的翻譯工作。

### 10 お引き受けします　中 承攬～

例 先日ご依頼いただいた件、お引き受けします。

→ 我們決定承攬前些天您委託的工作。

### 11 お受けすることにいたします

中 決定承接～

例 来月からの増産の件ですが、お受けすることにいたします。

→ 關於下個月開始增加產量之事，我們決定承接了。

## 正 式 場 合

### 01 お役に立てれば幸いです

中 若能幫上您的忙是我的榮幸

例 どこまで期待に応えられるか分かりませんが、私が少しでもお役に立てれば幸いです。

→ 雖然不知道做到多少，但只要有我能幫忙的地方就是我的榮幸。

### 02 確かに 承 りました

中 確實接收到了

例 ご注文は確かに 承 りました。ありがとうございました。

→ 確實接收到了您的訂單了。謝謝。

### 03 ご期待に添うことができれば幸いです　中 盼能不負您所望完成

例 プレゼンテーションの件、承知いたしました。ご期待に添うことができれば幸いです。

→ 關於簡報的事，我了解了。盼能不負您所望完成。

### 04 お力になれれば幸いと存じます

中 若能幫上您的忙是我的幸運

例 及ばずながら、お力になれれば幸いと存じます。

→ 雖然我的能力微薄，但若能幫上您的忙是我的幸運。

### 05 受諾いたします　中 接受～

例 申請いただいた件について、下記のとおり受諾いたします。

→ 依下列所示，我們接受您的申請。

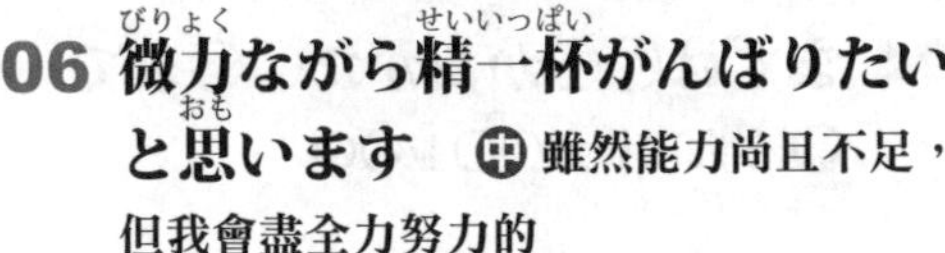

**06 微力（びりょく）ながら精一杯（せいいっぱい）がんばりたいと思（おも）います** 中 雖然能力尚且不足，但我會盡全力努力的

例 微力（びりょく）ながらできるかぎり精一杯（せいいっぱい）がんばりたいと思（おも）います。
→ 雖然能力尚且不足，但只要是能力所及，我會盡全力努力的。

## ★結 語★

### 一般場合

**01 よろしくお願（ねが）いいたします**
中 多多指教

例 どうぞよろしくお願（ねが）いいたします。→ 請多多指教。

**02 まずは○○申（もう）し上（あ）げます**
中 總之先致以○○～

例 まずはご回答申（かいとうもう）し上（あ）げます。
→ 總之先致以回答。

**03 引（ひ）き続（つづ）きよろしくお願（ねが）いいたします** 中 今後仍望惠顧關照

**04 今後（こんご）ともよろしくお願（ねが）いいたします** 中 今後也請多指教

**05 以上（いじょう）、よろしくお願（ねが）いします**
中 就這些，請多多指教

### 正式場合

**01 今後（こんご）とも変（か）わらぬご指導（しどう）のほど、よろしくお願（ねが）い申（もう）し上（あ）げます** 中 今後還請繼續予以指教

### 簡略說法

**01 まずは取（と）り急（いそ）ぎご○○まで**
中 總之先致以○○～

例 まずは取（と）り急（いそ）ぎご連絡（れんらく）まで。
→ 總之先致以通知。

### 02 まずは○○まで　中 總之先○○～

例 まずはお知らせまで。

→ 總之先致以通知。

### 03 取り急ぎ○○の○○まで

中 總之先致以○○～

例 取り急ぎ承諾のお知らせまで。

→ 總之先致以同意的通知。

### 04 まずは○○かたがた○○まで

中 在此向您致○○並○○

例 まずはご挨拶かたがた承諾のお知らせまで。

→ 在此向您致以問候並表示承諾。

### 01 今後とも、ご指導ご鞭撻のほど、よろしくお願い申し上げます　中 還請多多指教與勉勵

### 02 今後とも、ご愛顧を賜りますよう、お願い申し上げます

中 今後仍望惠顧關照

# Unit 10 婉拒

這一類信函針對申請、委託、期望、要求等，在無法回應其期待時表達婉拒之意而寫的文件。

首先向對方的申請表示致謝，並條理分明地說明以期對方接受，針對無法回應對方需求表示歉意後，還要表達希望繼續維持彼此關係的誠意。

## 結構

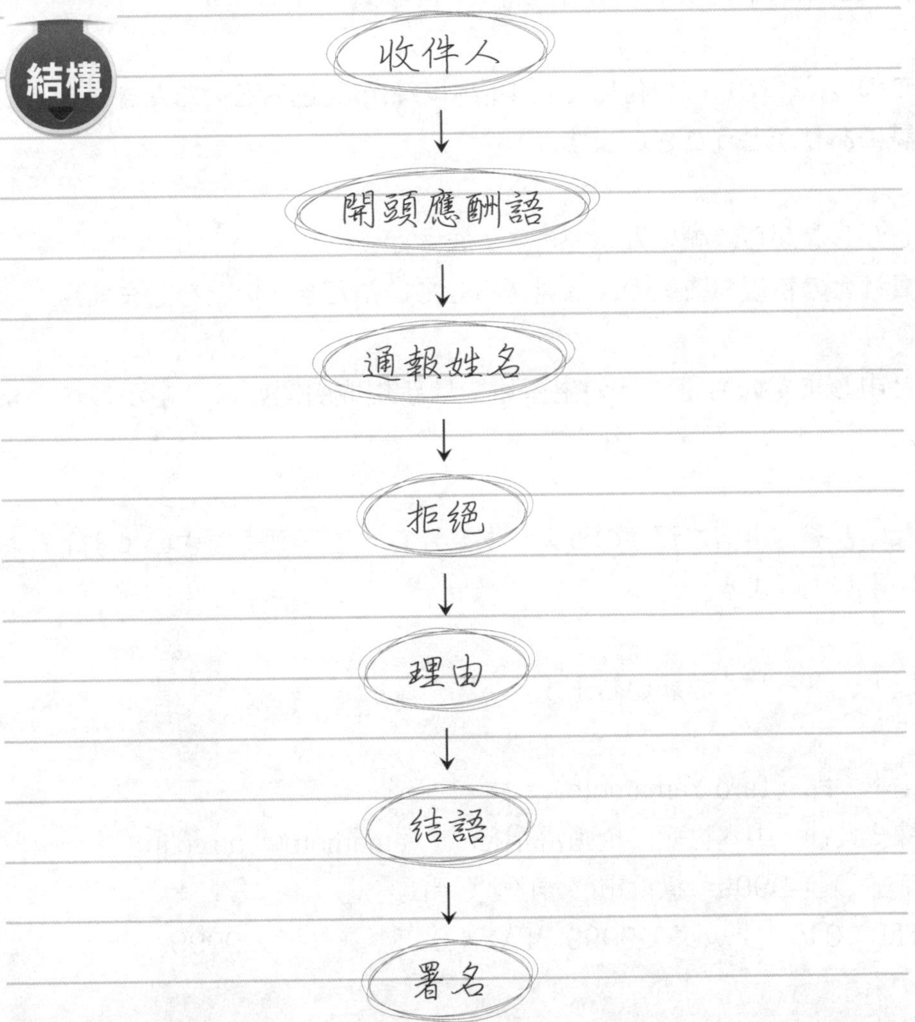

## 10-1 合作交易邀請之謝絕

正文

### 件名：新規取引のお申し入れについて

○○○株式会社　購買部
○○様

貴社ますますご清栄のこととお喜び申し上げます。
株式会社山本物産、企画営業部の山本太郎と申します。

この度は、○月○日付にて新規取引のお申し込みをいただき、
誠にありがとうございます。

しかしながら、誠に残念でございますが、
貴社との新規お取引の件は見送らせていただきたいと存じます。

と申しますのも、弊社の生産量では新規取引開始の余裕がございません。

なにとぞ、事情ご賢察のうえ、あしからずご了承くださいますようお願い申し上げます。

以上、よろしくお願いします。

---

山本太郎（Taro Yamamoto）
株式会社　山本物産　企画営業部　t-yamamoto@ooo.co.jp
〒○○○ -9999　横浜市○○区○○町○ - ○
TEL：045- ○○○○ -9999　FAX：045- ○○○○ -9999

---

譯文

## 標題：關於初次合作之邀請一事

〇〇〇股份有限公司　採購部
〇〇敬啟

祝福貴公司之發展日漸茁壯。
我是山本物產股份有限公司企劃營業部的山本太郎。

此次，收到您於〇月〇日寄出之初次合作之邀請，深感銘謝。

但萬分遺憾的是，
我方決定目前暫且將不考慮與貴公司初次合作一事。

會這麼說是因為以敝公司的生產量來看，目前沒有餘力展開與新客戶的合作。

於此祈請您在體察我方諸多原由後，能預先予以諒解。

以上，還請多多指教。

---

山本太郎（Taro Yamamoto）
t-yamamoto@ooo.co.jp
股份有限公司　山本物產　企劃營業部
〒〇〇〇 -9999
橫濱市〇〇區〇〇町〇 - 〇
TEL：045- 〇〇〇〇 -9999
FAX：045- 〇〇〇〇 -9999

---

**申し入れ** 中 **請求**

例 相手の申し入れを許諾する。➔ 答應對方的請求。

**取引** 中 **交易**

**申し込み** 中 **申請**

例 免税の申し込みをする。➔ 申請免稅。

**残念** 中 **遺憾**

例 若い時によく勉強しなかったのが残念だ。
➔ 年輕的時候沒有好好學習，真是遺憾。

**見送る** 中 **暫時觀察**

例 議案を見送る。➔ 議案先暫時觀察。

**賢察** 中 **體察**

例 現在の窮境をご賢察ください。➔ 請體察我現在的困難處境。

**あしからず** 中 **請原諒**

例 会には出席できませんがどうぞあしからず 。➔ 不能參加會議，請原諒。

**POINT**

1. 明確出示對方提出請求的文書編號或日期，並明確地回覆對方為佳。
2. 首先必須向對方提出與我方合作之事表達謝意之後再婉拒對方。
3. 針對為何婉拒對方必須明確並具體陳述能讓對方理解、體諒的理由。
4. 同時表達雖然現況我方不得不拒絕對方，但將來也許有機會能同意對方之意，如此一來對方也不會太過於沮喪。

## 10-2 對於承接訂單之推卻

正文

### 件名：「炊飯器（SH- ○○○）」在庫切れのご連絡

○○○商事株式会社　購買部
○○様

いつもお世話になっております。
株式会社山本物産、営業部の山本太郎でございます。

○月○日付のメールにて、「炊飯器（SH- ○○○）」をご注文くださいまして、
誠にありがとうございました。

しかしながら、誠に不本意ではございますが、今回のご注文はお受けすることができません。

と申しますのは、同商品が予想以上の売れ行きで、現在、在庫を切らしている状況です。
すぐに弊社系列店の在庫も確認いたしましたが、あいにくどの店舗も品切れ状態でした。

ただ、今回ご注文いただいた商品は、○月末には再入荷の予定です。
もしよろしければ、優先的に確保いたしますが、いかがいたしましょうか。
ご一報いただければ幸いです。

以上、よろしくお願いします。

山本太郎（Taro Yamamoto）
株式会社　山本物産　営業部　t-yamamoto@ooo.co.jp
〒○○○ -9999　横浜市○○区○○町○ - ○
TEL：045- ○○○○ -9999　FAX：045- ○○○○ -9999

**在庫切れ** 中 庫存告罄

**注文** 中 訂貨

**売れ行き** 中 銷路

**切らす** 中 光了

例 こづかい銭を切らす。→把零用錢花光了。

**あいにく** 中 不湊巧

例 あいにくお望みの品はただいまございません。→不湊巧，您想要的貨現在沒有。

**品切れ** 中 賣完了

**POINT**

1. 明確出示對方提出請求的文書編號或日期，並明確回覆對方。
2. 先向對方表達平時總是與我方合作之事的謝意之後再婉拒對方。
3. 針對為何婉拒對方必須明確並具體陳述能讓對方理解、體諒的理由。
4. 同時表示雖然現況我方不得不拒絕對方，但將來也許有機會能同意對方，如此一來對方也不會太過於沮喪。

譯文

## 標題：「飯鍋（SH-〇〇〇）」缺貨之聯繫

〇〇〇商業股份有限公司　採購部
〇〇敬啟

感謝您平日的愛戴。
我是山本物產股份有限公司營業部的山本太郎。

收到您於〇月〇日寄出之關於訂購「飯鍋（SH-〇〇〇）」之郵件，誠感銘謝。

然而，雖非出自我方意願，此次無法承接您的訂購。

會這麼說是由於此商品出乎意料地熱賣，目前處於缺貨狀態。
雖然我方也火速地向敝公司各相關分店確認了其存貨狀況，不巧的是每間分店皆處於缺貨狀態。

但是由於此次您訂購的商品，我方預計於〇月月底時再次進貨。
如果您願意的話，我方可以優先為您保留商品，不知您意下如何？
如果您能予以回覆將是我方的榮幸。

以上，還請多多指教。

---

山本太郎（Taro Yamamoto）
t-yamamoto@ooo.co.jp
股份有限公司　山本物產　營業部
〒〇〇〇 -9999
橫濱市〇〇區〇〇町〇 - 〇
TEL：045- 〇〇〇〇 -9999
FAX：045- 〇〇〇〇 -9999

---

# 10-3 對要求調降價格之婉拒

正文

## 件名：「炊飯器（SH-○○○）」の値引きについて

○○○商事株式会社　購買部
○○様

いつもお世話になっております。
株式会社山本物産、営業部の山本太郎でございます。

○月○日付メールにてお申し出のあった
「炊飯器（SH-○○○）」の値引きについて、回答させていただきます。

提示価格より10%値引きでとのご依頼の件、誠に申し訳ございませんが、
ご要望におこたえすることはできかねます。

実は現行の卸価格でも、昨今の原材料価格高騰のおり、
当社としましては精一杯のところでご提供させていただいております。

なにとぞ、諸事情をおくみ取りのうえ、
値引きはご容赦くださいますようお願い申し上げます。

以上、よろしくお願いします。

---

山本太郎（Taro Yamamoto）
株式会社　山本物産　営業部　t-yamamoto@ooo.co.jp
〒○○○ -9999　横浜市○○区○○町○ - ○
TEL：045- ○○○○ -9999　FAX：045- ○○○○ -9999

---

譯文

## 標題：關於「飯鍋（SH- ○○○）」調降價格一事

○○○商業股份有限公司　採購部
○○敬啟

感謝您平日的愛戴。
我是山本物產股份有限公司營業部的山本太郎。

關於您於○月○日寄出之郵件中的請託，
「飯鍋（SH- ○○○）」之調降價格一事，於此致上回覆。

您提出價格要調降 10% 左右的請託，雖誠感歉意，
我方恐怕無法回應您的請託。

老實說即使是現在實行的批發價格，也由於近來原料物價之高漲，
對敝公司而言已是在極為艱困的狀況下提供商品了。

懇請您在考量我方諸多內情之後，
予以體諒我方無法同意調降價格一事。

以上，還請多多指教。

---

山本太郎（Taro Yamamoto）
t-yamamoto@ooo.co.jp
股份有限公司　山本物產　營業部
〒○○○ -9999
橫濱市○○區○○町○ - ○
TEL：045- ○○○○ -9999
FAX：045- ○○○○ -9999

---

單字

## 值引き（ねびき） 中 減價

例 200円値引きする。➔ 減價兩百日圓。

## 申し出（もうしで） 中 請求

例 彼はわたしの申し出を快諾した。➔ 他欣然答應了我的請求。

## 精一杯（せいいっぱい） 中 盡了最大努力

例 精いっぱい努力したがだめだった。➔ 盡了最大努力仍然沒有成功。

## くみ取る（とる） 中 考量

例 各般の事情をくみ取って決定する。➔ 考量各方面的情況之後決定。

## 容赦（ようしゃ） 中 原諒

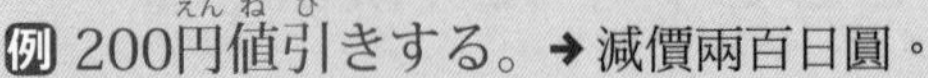

例 今回だけはご容赦ください。➔ 請原諒我這一回吧。

**POINT**

1. 明確出示對方提出請求的文書編號或日期，並以明確地回覆對方為佳。
2. 首先必須向對方表達平時總是與我方合作之事的感謝之意後，再婉拒對方。
3. 針對為何婉拒對方必須明確並具體敘述能讓對方理解、體諒的理由。
4. 同時表達雖然現況我方不得不拒絕對方，但將來也許有機會能同意對方立場與意向，如此一來對方也不會太過於沮喪。

# 10-4 對延後交貨期限要求之回絕

正文

## 件名：納期延期のお申し出について

○○○株式会社　営業部
○○様

いつもお世話になっております。
株式会社山本物産、購買部の山本太郎でございます。

○月○日付にて、「炊飯器（SH-○○○）」の納期延期のお申し出ですが、結論から申し上げますと、延期することは困難です。

本製品は当社の目玉商品として販売促進したばかりです。
納期が遅れることは弊社顧客に多大な迷惑をおかけすることになり、
当社の信用失墜は必至です。

上のような事情をご賢察のうえ、
納期厳守のためご尽力いただきたく
切にお願い申し上げます。

以上、よろしくお願いします。

---

山本太郎（Taro Yamamoto）
株式会社　山本物産　営業部　t-yamamoto@ooo.co.jp
〒○○○ -9999　横浜市○○区○○町○ - ○
TEL：045- ○○○○ -9999　FAX：045- ○○○○ -9999

---

譯文

## 標題：關於延後交貨期限之請託

〇〇〇股份有限公司　營業部
〇〇敬啟

感謝您平日的愛戴。
我是股份有限公司山本物產採購部的山本太郎。

您於〇月〇日寄出的關於「飯鍋（SH- 〇〇〇）」之交貨期限延後之請託，
就結論而言，延期一事實為相當困難之事。

此製品為敝公司目前以主打商品剛才做了銷售宣傳促銷。
交貨期限的延宕將會為敝公司的顧客帶來諸多不便，
敝公司的信譽會因而受影響將是不可避免之事。

請考量以上之諸多原因後，
為嚴苛謹守交貨期限盡力趕貨，
於此渴切地致以懇請。

以上，還請多多指教。

---

山本太郎（Taro Yamamoto）
t-yamamoto@ooo.co.jp
股份有限公司　山本物產　營業部
〒〇〇〇 -9999
橫濱市〇〇區〇〇町〇 - 〇
TEL：045- 〇〇〇〇 -9999
FAX：045- 〇〇〇〇 -9999

---

**納期**（のうき） 中 交貨期

**申し出**（もうしで） 中 請求

例 彼（かれ）はわたしの申（もう）し出（で）を快諾（かいだく）した。➔ 他欣然答應了我的請求。

**目玉商品**（めだましょうひん） 中 人氣商品

**ばかり** 中 剛剛才

例 いま帰（かえ）ってきたばかりです。➔ 剛剛才回來。

**迷惑**（めいわく） 中 麻煩

例 ご迷惑（めいわく）をおかけして誠（まこと）にすみません。➔ 給您添麻煩實在對不起。

**賢察**（けんさつ） 中 體察

例 現在（げんざい）の窮境（きゅうきょう）をご賢察（けんさつ）ください。➔ 請體察我現在的困難處境。

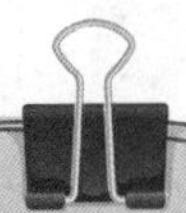

**POINT**

1. 明確出示對方提出請求的文書編號或日期，並明確地回覆對方為佳。
2. 首先必須向對方表達平時總是與我方合作之事的感謝之意後，再婉拒對方。
3. 針對為何婉拒對方必須明確並具體敘述能讓對方理解、體諒的理由。
4. 同時表達雖然現況我方不得不拒絕對方，但將來也許有機會能同意對方立場與意向，如此一來對方也不會太過於沮喪。

# 10-5 對延長款項支付期限之要求的婉拒

正文

## 件名：お支払延期の件

○○○株式会社購買部
○○様

いつもお世話になっております。
株式会社山本物産、営業部の山本太郎でございます。

○月○日付、支払い延期ご依頼のメールを拝読いたしました。
当月分の支払いを翌月○日まで延期されたい旨、上司と経理部長に相談してみました。

その結果、誠に申し訳ございませんが、
このたびのお申し入れはお受けいたしかねるとの結論に達しました。

理由は、当社もお約束どおりご決済いただかないと、
弊社の資金繰りが大変厳しい状況となるためです。

御社のご事情はお察し申し上げますが、
なにとぞ、当初の契約に準じてお支払いくださいますよう、重ねてお願い申し上げます。

以上、よろしくお願いします。

---

山本太郎（Taro Yamamoto）
株式会社　山本物産　営業部　t-yamamoto@ooo.co.jp
〒○○○ -9999　横浜市○○区○○町○ - ○
TEL：045- ○○○○ -9999　FAX：045- ○○○○ -9999

---

譯文

## 標題：關於延後款項支付期限一事

○○○股份有限公司採購部
○○敬啟

感謝您平日的愛戴。
我是山本物產股份有限公司營業部的山本太郎。

我方已閱畢您於○月○日寄出的有關請託付款延期之郵件。
您希望能將本月份的款項付款期限延後至下個月的○日為止之請託，已向上司以及會計部部長商量過了。
而結果非常地抱歉，
結論為我方恐怕無法同意您此次的請託。

理由是，敝公司若無法依約如期收到您的款項，
敝公司的資金周轉上將出現嚴重的問題。

雖然我方也考量到貴公司內部之情況，
但仍請您依照當初之契約如期付款，於此再三致以請託。

以上，還請多多指教。

---

山本太郎（Taro Yamamoto）
t-yamamoto@ooo.co.jp
股份有限公司　山本物產　營業部
〒○○○ -9999
橫濱市○○區○○町○ - ○
TEL：045- ○○○○ -9999
FAX：045- ○○○○ -9999

---

**支払（しはらい）** 中 付款

**拝読（はいどく）** 中 拜讀

例 研究論文（けんきゅうろんぶん）を拝読（はいどく）しました。➔ 我拜讀了您的研究論文。

**旨（むね）** 中 內容要旨

例 お話（はなし）の旨（むね）はよくわかりました。➔ 您說的內容要旨我完全明白了。

**申（もう）し訳（わけ）ない** 中 對不起

例 申（もう）しわけございませんが，全（すべ）て売（う）れてしまいました。➔ 對不起，已全部賣光了。

**かねる** 中 難以……

例 なんとも予測（よそく）がつきかねる状態（じょうたい）だ。➔ 情況難以預測。

**決済（けっさい）** 中 結清

**資金繰（しきんぐ）り** 中 資金周轉

**準（じゅん）ずる** 中 參照　例 先例（せんれい）に準（じゅん）ずる。➔ 參照前例。

**重（かさ）ねる** 中 重複　例 重（かさ）ねて言（い）うまでもない。➔ 不需要重複地說。

**POINT**

1. 明確出示對方提出請求的文書編號或日期，並明確回覆對方。
2. 首先必須向對方表達平時總是與我方合作的謝意後再婉拒對方。
3. 針對為何婉拒對方必須明確並具體敘述能讓對方理解、體諒的理由。
4. 同時表達雖然現況我方不得不拒絕對方，但將來也許有機會能同意對方之意，如此一來對方也不會太過於沮喪。

# 關於「婉拒」信函的好用句

## ★開頭語★

**01 いつもお世話（せわ）になりありがとうございます** 中 感謝您一直以來的照顧

**02 いつも大変（たいへん）お世話（せわ）になっております** 中 感謝您一直以來的照顧

**03 いつもお世話（せわ）になっております** 中 感謝您一直以來的照顧

**04 お世話（せわ）になっております** 中 承蒙關照

例 日頃（ひごろ）は大変（たいへん）お世話（せわ）になっております。チェリー株式会社（かぶしきがいしゃ）の山本（やまもと）です。→ 平日承蒙您的諸多關照了。我是櫻桃股份有限公司的山本。

**05 ご連絡（れんらく）ありがとうございます** 中 謝謝您的聯繫

例 さっそくご返信（へんしん）、ありがとうございます。

→ 謝謝您的即刻回信。

**06 はじめてご連絡（れんらく）いたします** 中 初次與您聯繫

例 はじめてご連絡（れんらく）いたします。チェリー株式会社（かぶしきがいしゃ）で輸出（ゆしゅつ）を担当（たんとう）しております山本（やまもと）と申（もう）します。

→ 初次與您聯繫。我是在櫻桃股份有限公司裡負責出口的山本。

**07 はじめまして** 中 初次見面，您好

例 はじめまして、チェリー株式会社（かぶしきがいしゃ）輸出部（ゆしゅつぶ）の山本（やまもと）です。

→ 初次見面，您好。我是櫻桃股份有限公司出口部的山本。

**01 いつもお引（ひ）き立（た）ていただき誠（まこと）にありがとうございます** 中 感謝您一直以來的惠顧

**02 いつも格別（かくべつ）のご協力（きょうりょく）をいただきありがとうございます** 中 謝謝您一直以來的合作

**03 いつもお心遣いいただき、まことにありがとうございます**

中 總是受到您的細心掛念，衷心地感謝

例 いつも温かいお心遣いをいただき、まことにありがとうございます。➔ 總是受到您溫馨的細心掛念，衷心地感謝。

## 客套說法

**01 平素は格別のお引立てを賜りまして誠に有難うございます**

中 感謝您一直以來的惠顧

**02 貴社ますますご清栄のこととお慶び申し上げます**

中 祝貴司日益興隆

## ★正文★

## 一般場合

**01 お気持ちだけ頂戴します**

中 您的心意我心領了

例 せっかくのお申し出ですが、お気持ちだけありがたく頂戴します。

➔ 謝謝您特地給予提議，但您的心意我心領了。

**02 お申し出はお受けいたしかねます** 中 不便答應您的請求

例 直接ご来社頂いてのお申し出はお受けいたしかねます。

➔ 對於您直接拜訪敝社之事恕我不便答應您的請求。

**03 お役に立てなくて** 中 幫不上忙～

例 お役に立てなくて申し訳ありません。➔ 幫不上您的忙真的很抱歉。

**04 私ではまだ荷が重すぎます**

中 對我來說責任過於重大

例 そんな大役をお引き受けするのは、私ではまだ荷が重すぎます。➔ 接下這麼重要的任務對我來說責任過於重大。

**05 せっかくですが** 中 雖然很難得～

例 せっかくですが、今回は都合が

つかず不参加で申し訳ございません。➔ 雖然很難得，但這次因為情況不允許，恕我無法參加。

**06 都合がつきかねます** 中 行程上難以調整～

例 昼食会のお約束ですが、どうも私の都合がつきかね ます。

➔ 關於午餐會的約定，總覺得我的行程上難以調整。

**07 せっかくお頼り下さいましたのに** 中 難得您向我拜託事情，但～

例 せっかくお頼り下さいましたのに、お引き受けすることができません。➔ 難得您向我拜託事情，但我無法答應您。

**08 ご協力できなくて** 中 無法給予協助～

例 せっかくですが、ご協力できなくて申し訳ありません。

➔ 難得的請託無法給予協助真的很抱歉。

**09 ご勘弁をいただきたいと思います** 中 希望～原諒／寬容／饒恕～

例 その点につきましてはコメントしうる現状にございませんので、ご勘弁をいただきたいと思います。

➔ 關於那個問題現在不方便予以回應，希望各位原諒。

**10 あいにく** 中 很不巧地～

例 あいにく既に予定が入っており、参加できそうにありません。

➔ 很不巧地，因為已經有預計行程了，所以參加的可能性不大。

**11 お受けいたしかねます** 中 難以允諾

例 お受けいたしかねますが、担当には伝えておきます。

➔ 雖然我難以允諾您，但我會知會負責人一聲。

**12 お申し出はお引受けかねます** 中 難以允諾您的請求

例 今回のお申し出はお引受けかねます。➔ 難以允諾您此次的請求。

**13 お断り申しあげます** 中 恕我拒絕

例 誠に、残念ではございますが、お断り申しあげます。

➔ 真的是非常地可惜，但恕我拒絕。

**14 難しい状況です** 中 情況不允許～／處於難以處理之狀況～

例 スケジュール 上の都合でその日に伺うことは難しい状況です。➔ 因為行程上的關係，情況不允許我在那一天前去拜訪。

### 15 納得できません　中 無法接受

例 今回のご回答では納得できません。

➔ 這回，在這樣的回答下我們無法接受。

### 16 結構でございます　中 不需要～

例 ご出席のお返事は送らなくても結構でございます。

➔ 不需要寄送出席的回覆。

### 17 お受けすることはできません
中 無法收受

例 当社の規程で、贈呈品はお受けすることはできません。

➔ 因為本公司有規定，所以無法收受您的贈禮。

### 18 いまのところ必要ございません
中 眼下的情況尚無需求～

例 せっかくのお申し出ではございますが、今のところ必要ございません。➔ 枉負您特地提出申請，但眼下的情況尚無需求。

### 19 せっかくのお申し出ではありますが、　中 雖然是您難得的請求～

例 せっかくのお申し出ではありますが、お引き受けいたしかねます。➔ 雖然是您難得的請求，但我不方便答應。

### 20 認められません　中 無法同意

例 納期の延長は申し訳ありませんが認められません。

➔ 關於您提出的延長交貨期一事，很抱歉我們無法同意。

### 21 お断りせざるを得ない状況です
中 狀況使得我不得不拒絕～

例 今回は残念ながら条件が合いませんので、お断りせざるを得ない状況です。

➔ 雖然很可惜，但因為條件不符合的狀況下，不得不拒絕您。

### 22 お引受けしたいのですが
中 雖然想同意接下～

例 お引受けしたいのですが、とても私には力が及びません。➔ 雖然想同意接下，但對我而言實屬困難。

### 23 お力になれなくて
中 無法幫上您的忙～

例 お力になれなくて申しわけなく思っております。

➔ 無法幫上您的忙感到十分抱歉。

### 24 とても私には力が及びません
中 對我而言實屬非能力所及

例 何はともあれ、お役に立ちたいところですが、とても私には力が及びません。

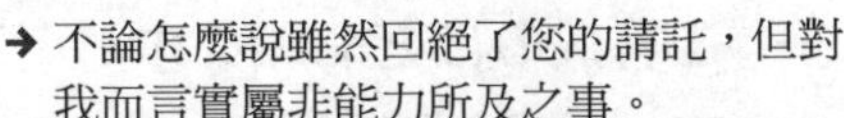

→ 不論怎麼說雖然回絕了您的請託，但對我而言實屬非能力所及之事。

**25 誠に残念ではございますが**

**中 雖然由衷地感到可惜～**

例 慎重に選考致しました結果、誠に残念ではございますが、ご期待に副うことができませんでした。→ 雖然由衷地感到可惜，但在我們謹慎地多次權衡之下的結果仍是無法回應您的期望。

**26 ご遠慮申し上げます**

**中 謝過您的好意了（委婉拒絕）**

例 けっくなお話ではありますが、ご遠慮申し上げます。

→ 雖然的確是早晚的事，但謝過您的好意了。

**27 お役に立ちたいところですが**

**中 雖然很想幫您的忙～**

例 お役に立ちたいところですが、とても私には力が及びません。

→ 雖然很想幫您的忙，但實在是非我能力所及之事。

**28 願ってもない機会ですが**

**中 雖然是難能可貴的機會～**

例 願ってもない機会ですが、ご一緒するのは難しい状況です。

→ 雖然是難能可貴的機會，但目前情況要一起同行很困難。

## 正式場合

**01 ご要望には添いかねます　中 對於達成您的需求在執行上有些困難～**

例 今回のご要望には添いかねますので、あしからずご了承ください。→ 對於達成您的需求在執行上有些困難，還請事先諒解。

**02 申し訳なく存じますが**

**中 雖然感到非常抱歉～**

例 申し訳なく存じますが、ご辞退させていただきたく思います。

→ 雖然感到非常抱歉，恕我拒絕這件事。

**03 謹んでご辞退させていただきたく思います**

**中 謹此惶恐地恕我能夠拒絕**

例 今回は、謹んでご辞退させていただきたく思います。

→ 謹此惶恐地恕我能夠拒絕此事。

**04 承服いたしかねます　中 無法信服**

例 今になって契約条件の変更は承服いたしかねます。

→ 事到如今才要更改合約條件之類的，我無法信服。

**05 私の一存では決めかねます**

**中 難以只憑我個人的意見下決定**

例 ありがたいお話ですが、私の一存では決めかねます。

→ 雖然是非常難能可貴的事，但實在難以只憑我個人的意見下決定。

**06 なにとぞ事情をご賢察のうえ**

**中 懇請您能在明察內情後～**

例 なにとぞ事情ご賢察のうえご了承くださいますようお願い申し上げます。

→ 於此懇請您能在明察內情後予以諒解。

**07 なにとぞ本事情をお察しいただき**　**中 懇請您能知悉此事～**

例 なにとぞ本事情をお察しいただき、あしからずご了承のほどお願い申し上げます。

→ 懇請您能知悉此事，予以諒解不要見怪。

**08 ご協力申し上げたい気持ちは山々でございますが**

**中 雖然我非常地想協助您～**

例 ご協力申し上げたい気持ちは山々でございますが、とても私には力が及びません。

→ 雖然我非常地想協助您，但以我的能力來說真的太困難。

**09 ご容赦のほどお願い申し上げます**　**中 祈請您多多寬恕**

例 申し訳ありませんが、今回はご容赦のほどお願い申し上げます。

→ 非常地抱歉，祈請您這次能多多寬恕。

**10 なにとぞ事情をご高察のうえ、**

**中 懇請您能在洞察明晰內情後～**

例 なにとぞ事情をご高察のうえ、ご理解賜りますようお願い申し上げます。

→ 於此懇請您能在洞察明晰內情後賜予理解。

**11 私などが出る幕ではございません**　**中 不適合像我這樣的小角色出現的**

例 そうそうたる面々の中で、とても私などが出る幕ではございません。

→ 在傑出優秀的各位中，非常不適合像我這樣的小角色出現的。

**12 せっかくのご依頼ではございますが、**　**中 雖然是您難得的請託～**

例 せっかくのご依頼ではございますが、お引き受けすることができません。

→ 雖然是您難得的請託，但我不能答應。

## ★結語★

### 一般場合

**01 まずは○○申し上げます**
**中 總之先致以○○～**

例 まずは謹んでご連絡申し上げます。➔ 總之先謹致以通知。

**02 ご検討ください　中 請研究討論**

例 お手数ですが、ご検討ください。➔ 還請勞煩您研究討論。

**03 以上、よろしくお願いします**
**中 就這些，請多多指教**

**04 引き続きよろしくお願いいたします　中 今後仍望惠顧關照**

**05 よろしくお願いいたします**
**中 多多指教**

例 どうぞよろしくお願いいたします。
➔ 請多多指教。

**06 今後ともよろしくお願いいたします　中 今後也請多指教**

**07 なにとぞよろしくお願い申し上げます　中 祈請多多指教**

例 ご協力のほど、なにとぞよろしくお願い申し上げます。
➔ 祈請撥冗協助，多多指教。

### 正式場合

**01 今後とも変わらぬご指導のほど、よろしくお願い申し上げます　中 今後還請繼續予以指教**

### 簡略說法

**01 まずは○○まで　中 總之先○○～**

例 まずはご回答まで。
➔ 總之先回覆您。

**02 まずは○○かたがた○○まで**
**中 在此向您致○○並○○**

例 まずは回答かたがた提案まで。
➔ 在此向您致以回答並提出建議。

**03 取り急ぎ○○の○○まで**

**中 總之先致以○○～**

例 取り急ぎご要望の件のご回答まで。➜ 總之先致以您的要求之回覆。

**04 まずは取り急ぎご○○まで**

**中 總之先致以○○～**

例 まずは取り急ぎご連絡まで。

➜ 總之先致以通知。

**01 今後ともかわらずお引き立てのほど、よろしくお願い致します 中 今後仍望惠顧關照**

**02 今後とも、ご指導ご鞭撻のほど、よろしくお願い申し上げます 中 還請多多指教與勉勵**

# Unit 11 催促

此類信函是為了已約定好的事卻沒被確實實行時，主動催請對方行動並欲改善彼此合作關係而寫的文件。

通常出貨期限或截止日期延遲時應立即聯繫對方。此外，雖然對方未遵循約定，仍須以禮貌的用詞來傳達事實，並避免使用含有私人情緒性的字眼。

「催促」和「督促」雖然都是「要求盡快進行」的意思，但「催促」使用於日常生活中的各種場合，即使不是特別緊急的事，在提醒或要賴程度的意義上也會使用。

而「督促」則是於催促後仍不服從時，採取法律手段等嚴厲的催促方式，一般不使用在電子郵件裡，而多使用在書面文章裡。

## 結構

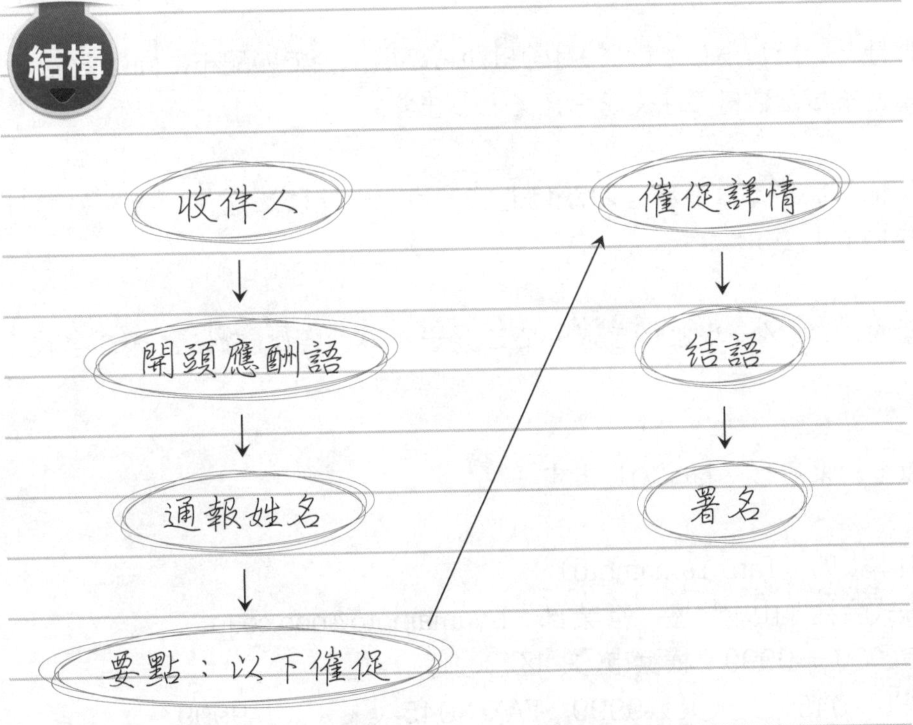

## 11-1 型錄寄送之催請

正文

### 件名：カタログ送付のお願い

○○○株式会社　営業部
○○様

株式会社山本物産、営業部の山本太郎でございます。

先日は、カタログと価格表の送付をご快諾くださいまして誠にありがとうございます。

即日、発送してくださるとのことでしたが○月○日現在、まだ到着しておりません。

弊社といたしましては、○月○日からの展示会での配布に向けて、
まとまった数量の注文を考えております。

お忙しい中、お手数をおかけしますが、早急にご送付いただければと存じます。

なお、このメールと行き違いでご発送ずみの際は、なにとぞご容赦ください。

以上、よろしくお願いします。

---

山本太郎（Taro Yamamoto）
株式会社　山本物産　営業部　t-yamamoto@ooo.co.jp
〒○○○-9999　横浜市○○区○○町○-○
TEL：045-○○○○-9999　FAX：045-○○○○-9999

---

## 標題：型錄寄送之請託

〇〇〇股份有限公司　營業部
〇〇敬啟

我是山本物產股份有限公司營業部的山本太郎。

前些日子，您欣然同意承諾寄送型錄及價格給予我方一事，誠心地感激。

但是您當時允諾將即日寄出文件，卻一直到現在已〇月〇日仍然尚未寄達。

對敝公司的立場而言，此為為使用於自〇月〇日開始的展示會而統整出數量的訂購。

百忙之中，雖然造成您的麻煩，但仍盼您能盡速將文件寄出。

此外，如您已將文件寄出卻收到此封郵件的情況時，敬請見諒。

以上，還請多多指教。

---

山本太郎（Taro Yamamoto）
t-yamamoto@ooo.co.jp
股份有限公司　山本物產　營業部
〒〇〇〇 -9999
橫濱市〇〇區〇〇町〇 - 〇
TEL：045- 〇〇〇〇 -9999
FAX：045- 〇〇〇〇 -9999

---

**單字**

**カタログ** 中 目錄

**快諾（かいだく）** 中 欣然同意

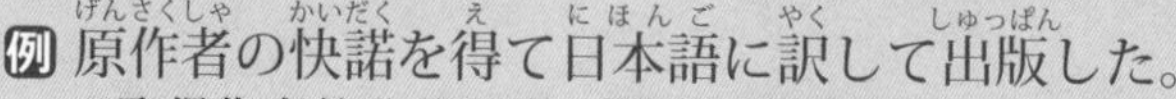
例 原作者（げんさくしゃ）の快諾（かいだく）を得（え）て日本語（にほんご）に訳（やく）して出版（しゅっぱん）した。

→ 取得作者的欣然同意，譯成日語出版了。

**発送（はっそう）** 中 出貨

例 商品（しょうひん）を発送（はっそう）する。→ 發貨。

**注文（ちゅうもん）** 中 訂貨

**手数（てすう）** 中 麻煩

例 ご多用中（たようちゅう）お手数（てすう）をかけてすみません。→ 在您百忙中來麻煩您，真對不起。

**行（ゆ）き違（ちが）い** 中 錯過、漏掉

例 手紙（てがみ）が行（ゆ）き違（ちが）いになる。→ 彼此寄的信錯過了。

**なにとぞ** 中 敬請……

例 ご無礼（ぶれい）なにとぞお許（ゆる）しください。→ 我很失禮，請見諒。

**POINT**

*1.* 寫此類信函時，注意內容要寫得讓對方產生想配合的意願。

*2.* 針對意見不一致的致歉內容在催請信裡是必要的。

## 11-2 報價單之催請

正文

### 件名：見積書について

○○○株式会社　営業部
○○様

いつもお世話になっております。
株式会社山本物産、営業部の山本太郎でございます。

○月○日に依頼した高速オーブン（KS- ○○○）の見積書の件ですが、
依頼から本日まで○日が経過致しましたが、未だ届いていません。

弊社の次期主力商品として位置づけており、
これが成功すれば従前にも増して御社との取引が増えるものと期待しております。
○月○日までに見積書をいただけなければ、
弊社としても他社品での検討も余儀なくされます。

つきましては、弊社の事情もご了解いただき、
早急にご手配くださいますよう重ねてお願い申し上げます。

このメールと行き違いにて拝受した場合は、
何とぞご容赦くださいますようお願い申し上げます。

以上、よろしくお願いします。

---

山本太郎（Taro Yamamoto）
株式会社　山本物産　営業部　t-yamamoto@ooo.co.jp
〒○○○ -9999　横浜市○○区○○町○ - ○
TEL：045- ○○○○ -9999　FAX：045- ○○○○ -9999

---

譯文

## 標題：關於報價單一事

〇〇〇股份有限公司　營業部
〇〇敬啟

感謝您平日的愛戴。
我是山本物產股份有限公司營業部的山本太郎。

關於於〇月〇日委託之高速焗烤爐（KS- 〇〇〇）的報價單一事，
自委託日起到今天為止已過了〇天，但至今仍未寄達。

因為此為敝公司預計作為為下一期的主打商品，
且一旦成功，與貴公司之間的合作將能較從前更為增多。
在〇月〇日截止前，如尚未能收達報價單，
敝公司也將不得不評估討論轉為使用其它公司產品一事。

因而，盼能理解敝公司內部之情況，
再次祈請能立即給予安排協調。

如與實際情況有所出入卻收到此封郵件時，還請您多多見諒。

以上，還請多多指教。

---

山本太郎（Taro Yamamoto）
t-yamamoto@ooo.co.jp
股份有限公司　山本物產　營業部
〒〇〇〇 -9999
橫濱市〇〇區〇〇町〇 - 〇
TEL：045- 〇〇〇〇 -9999
FAX：045- 〇〇〇〇 -9999

---

**見積** 中 估算、估價

**オーブン** 中 焗烤爐

**主力** 中 主力

**取引** 中 交易

**検討** 中 研究

例 細目にわたって検討する。→ 詳細入微地審查研究。

**余儀ない** 中 不得已

例 余儀ない事情で退職する。→ 因不得已的情況而離職。

**手配** 中 安排

例 ホテルの手配はいたしました。→ 旅館已經安排好了。

**行き違い** 中 錯過、漏掉

例 手紙が行き違いになる。→ 彼此寄的信錯過了。

**拝受** 中 接到

例 お手紙まさに拝受いたしました。→ 我已經接到您的信；貴函收悉。

**容赦** 中 原諒

例 今回だけはご容赦ください。→ 請原諒我這一回吧。

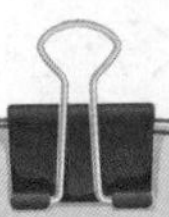

**POINT**

1. 信函中若能加上委託編號、日期等能有效幫助對方確認，可加快回應的速度。
2. 注意要向對方表達我方的窘境，可使對方能加快處理。
3. 針對意見不一致的致歉內容在催請信裡是必要的。

# 11-3 商品寄送之催請

正文

## 件名：炊飯器（SH- ○○○）の納期について

○○○株式会社　営業部
○○様

いつもお世話になっております。
株式会社山本物産、営業部の山本太郎です。

さて、○月○日付で発注いたしました炊飯器（SH- ○○○）100台ですが、その後どのようになっておりますでしょうか？

納期をすでに1週間過ぎておりますが、まだ商品が納入されておりません。
また、この件につきまして遅延のご連絡もいただいておりません。

何かとご多忙かとは存じますが、
本日（○月○日）中に遅延のご事情と納品予定日をご連絡くださいますようお願い申し上げます。
なお、本メールと行き違いでご発送いただいております場合は、なにとぞご容赦ください。

以上、よろしくお願いします。

---

山本太郎（Taro Yamamoto）
株式会社　山本物産　営業部　t-yamamoto@ooo.co.jp
〒○○○ -9999　横浜市○○区○○町○ - ○
TEL：045- ○○○○ -9999　FAX：045- ○○○○ -9999

---

## 標題：關於飯鍋（SH- ○○○）的交貨期限

○○○股份有限公司　營業部
○○敬啟

感謝您平日的愛戴。
我是山本物產股份有限公司營業部的山本太郎。

首先，關於於○月○日訂購的飯鍋（SH- ○○○）100 台一事，
請問在那之後情況變得如何了呢？

距離交貨期限已超過了一個禮拜的時間了，但我方卻仍尚未收到商品。
此外，關於此事也並未收到有關於交貨延宕的聯繫。

雖然我方也明白您非常地繁忙，
但仍祈請於今天之內（○月○日）給予我方關於延遲的理由以及出貨預定日之聯繫事項。

此外，如為您已寄出商品與卻收到此封郵件的情況時，請您多多見諒。

以上，還請多多指教。

---

山本太郎（Taro Yamamoto）
t-yamamoto@ooo.co.jp
股份有限公司　山本物產　營業部
〒○○○ -9999
橫濱市○○區○○町○ - ○
TEL：045- ○○○○ -9999
FAX：045- ○○○○ -9999

---

## 單字

**納期（のうき）** 中 交貨期

**発注（はっちゅう）** 中 訂貨

**納入（のうにゅう）** 中 交貨

**何（なに）かと** 中 各種、多方

例 なにかとご教示（きょうじ）を賜（たまわ）りありがとうございます。➔ 承蒙您多方指正，謝謝。

**多忙（たぼう）** 中 百忙

例 ご多忙（たぼう）のところをおじゃましてすみません。➔ 在您百忙之中來打擾，很抱歉。

**行（ゆ）き違（ちが）い** 中 錯過、漏掉

例 手紙（てがみ）が行（ゆ）き違（ちが）いになる。➔ 彼此寄的信錯過了。

**発送（はっそう）** 中 出貨

例 商品（しょうひん）を発送（はっそう）する。➔ 出貨。

**容赦（ようしゃ）** 中 原諒

例 今回（こんかい）だけはご容赦（ようしゃ）ください。➔ 請原諒我這一回吧。

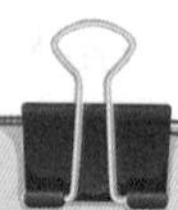

## POINT

1. 信函中若能加上委託編號、日期等能有效幫助對方確認，可以加快回應的速度。
2. 注意要向對方表達我方的窘境，可使對方能加快處理。
3. 針對意見不一致的致歉內容在催請信裡是必要的。

## 11-4 對款項支付延宕之催請

### 件名：炊飯器代金の件について

正文

○○○株式会社　営業部
○○様

いつもお世話になっております。
株式会社山本物産、営業部の山本太郎でございます。

さて、○月○日付にて請求書（No.M-○○○）をお送りいたしました
炊飯器（SH-○○○）の代金、625，500円ですが、
お約束の○月○日（木）を過ぎました現在、
ご入金の確認ができておりません。

何かの手違いかとは存じますが、
どうぞご確認のうえ、
早急にお支払いくださいますようお願い申し上げます。

なお、本メールと行き違いでご入金いただいて
おります場合は、失礼をお許しください。

以上、よろしくお願いします。

---

山本太郎（Taro Yamamoto）
t-yamamoto@ooo.co.jp
株式会社　山本物産　営業部
〒○○○-9999　横浜市○○区○○町○-○
TEL：045-○○○○-9999
FAX：045-○○○○-9999

---

譯
文

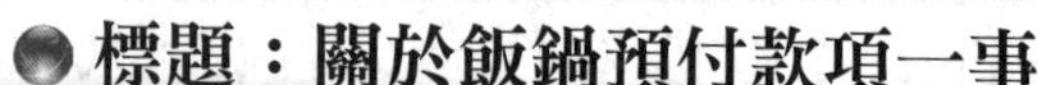

## 標題：關於飯鍋預付款項一事

○○○股份有限公司　營業部
○○敬啟

感謝您平日的愛戴。
我是山本物產股份有限公司營業部的山本太郎。

首先，日期○月○日之請款書（No.M- ○○○）已寄出，此為飯鍋（SH- ○○○）的預付款項 625,500 日圓，
因已過了約定的○月○日（週四），至今卻仍尚無您的紀錄可供確認。

我方猜想也許事發生了什麼手續上的失誤，
但請在確認情況過後，
盡速支付款項，於此致以請求。

此外，如與此封郵件有所出入，而您已匯入款項的話，還請原諒我方的失禮。

以上，還請多多指教。

---

山本太郎（Taro Yamamoto）
t-yamamoto@ooo.co.jp
股份有限公司　山本物產　營業部
〒○○○ -9999
橫濱市○○區○○町○ - ○
TEL：045- ○○○○ -9999
FAX：045- ○○○○ -9999

---

**代金（だいきん）** 中 價款

**請求書（せいきゅうしょ）** 中 請款單

**存（ぞん）ずる** 中 想

例 お元気（げんき）でお過（す）ごしのことと存（ぞん）じます。→ 我想您一定很健康。

**手違（てちが）い** 中 疏失

例 手違（てちが）いが生（しょう）じた。→ 產生疏失。

**支払（しはら）い** 中 付款

**行（ゆ）き違（ちが）い** 中 錯過、漏掉

例 手紙（てがみ）が行（ゆ）き違（ちが）いになる。→ 彼此寄的信錯過了。

**入金（にゅうきん）** 中 款項匯入

## POINT

1. 信函中若能加上委託編號、日期等能有效幫助對方確認，可以加快回應的速度。
2. 注意要向對方表達我方的窘境，可使對方能加快處理。
3. 針對意見不一致的致歉內容在催請信裡是必要的。

# 關於「催促」信函的好用句

## ★開頭語★

**01 突然のメールで失礼いたします**

**中 唐突致信打擾了**

例 突然のメールで失礼いたします。貴社のウエブサイトを拝見してご連絡させていただきました。

→ 唐突致信打擾了。因為瀏覽了貴公司的網站，所以冒昧地聯繫貴公司。

**02 いつも大変お世話になっております　中 感謝您一直以來的照顧**

**03 はじめてご連絡いたします**

**中 初次與您聯繫**

例 はじめてご連絡いたします。チェリー株式会社で輸出を担当しております山本と申します。

→ 初次與您聯繫。我是在櫻桃股份有限公司裡負責出口的山本。

**04 何度も申し訳ございません**

**中 不好意思百般打擾**

例 何度も申し訳ございません。先ほどお伝えし忘れましたが、納期は1ヶ月かかります。

→ 不好意思百般打擾了。剛才忘了告知您，交貨期限需要一個月。

**05 お世話になっております**

**中 承蒙關照**

例 日頃は大変お世話になっております。チェリー株式会社の山本です。

→ 平日承蒙您的諸多關照了。我是櫻桃股份有限公司的山本。

**06 いつもお世話になっております**

**中 感謝您一直以來的照顧**

**07 いつもお世話になりありがとうございます**

**中 感謝您一直以來的照顧**

**08 はじめまして　中 初次見面，您好**

例 はじめまして、チェリー株式会社輸出部の山本です。

→ 初次見面，您好。我是櫻桃股份有限公司出口部的山本。

**01 いつも格別(かくべつ)のご協力(きょうりょく)をいただきありがとうございます**

中 謝謝您一直以來的合作

例 いつも温(あたた)かいお心遣(こころづか)いをいただき、まことにありがとうございます。➔ 總是受到您溫馨的細心掛念，衷心地感謝。

**02 いつもお引(ひ)き立(た)ていただき誠(まこと)にありがとうございます**

中 感謝您一直以來的惠顧

**03 いつもお心遣(こころづか)いいただき、まことにありがとうございます**

中 總是受到您的細心掛念，衷心地感謝

**04 失礼(しつれい)ながら重(かさ)ねて申(もう)し上(あ)げます**

中 雖感冒昧，但仍重覆陳述提醒

例 失礼(しつれい)ながら重(かさ)ねて申(もう)し上(あ)げます。お見積(みつも)りの提出(ていしゅつ)を早急(さっきゅう)にお願(ねが)いいたします。➔ 雖感冒昧，但仍重覆陳述提醒。祈請盡速提交報價單。

**01 貴社(きしゃ)ますますご清栄(せいえい)のこととお慶(よろこ)び申(もう)し上(あ)げます**

中 祝貴司日益興隆

**02 平素(へいそ)は格別(かくべつ)のご愛顧(あいこ)を賜(たまわ)り厚(あつ)く御礼(おれい)申(もう)し上(あ)げます**

中 感謝您一直以來的愛顧

## ★正 文★

**01 ～についてご確認(かくにん)いただけますでしょうか** 中 關於～請您確認一下

例 なにかの手違(てちが)いかとも存(ぞん)じますが、一度(いちど)ご確認(かくにん)いただけましたら幸(さいわ)いです。➔ 也許有錯誤，如您能確認一下，我將很榮幸。

**02 期日(きじつ)を過(す)ぎた現在(げんざい)、いまだに**

中 過了期限之後仍然～

例 返済期日(へんさいきじつ)を過(す)ぎた現在(げんざい)に至(いた)ってもいまだに返済(へんさい) されておりません。

➔ 過了期限之後您仍然沒有償還。

## 03 ご事情についてご回答いただけますよう

中 盼能針對詳細內情予以答覆～

例 ご事情についてご回答いただけますよう、お願い申しあげます。➜ 盼能針對詳細內情予以答覆，於此向您提出請求。

## 04 ご多忙のため～もれになっているのではないかと存じますが

中 似乎因為您過於忙碌，我猜想～有遺漏

例 ご多忙のためご送金もれになっているのではないかと存知ますが、至急ご調査のうえ、何日ごろお支払いいただけますか、ご連絡のほどお願い申しあげます。➜ 似乎因為您過於忙碌，我猜想匯款似乎有遺漏。請立即調查後通知我們什麼時候您會匯款。

## 05 本日○月○日になっても

中 到了今天○月○日，仍然……

例 本日5月23日になってもいまだに到着せず、大変困惑いたしております。

➜ 到了今天5月23日，仍然尚未寄達，讓我們很困惑。

## 06 当方でも今後の見通しがたたず困っておりますので

中 我方也難以預料今後狀況之走向，而感到不知所措

例 当方でも今後の見通しがたたず困っておりますので、早急にご入金頂けますよう、お願いいたします。

➜ 我方也難以預料今後狀況之走向，而感到不知所措。因此請您盡快付款。

## 07 弊社といたしましては～などに困りますので

中 因為～身為敝公司之立場為～所苦

例 弊社といたしましては資金繰りなどに困りますので、早急にご入金頂けますよう、お願いいたします。➜ 因為敝公司之立場正為資金周轉所苦，因此請您盡快付款。

## 08 本日現在まだ

中 目前到今天為止尚未～

例 本日現在まだご入金いただいておりません。

➜ 目前到今天為止款項尚未被匯入。

## 09 お忙しいところ恐れ入りますが

中 在您很忙的時候打擾了

例 お忙しいところ恐れ入りますが、ご確認のほどよろしくお願いいたします。➜ 在您很忙的時候打擾了，但請您確認一下。

## 10 お電話で再三にわたりお願いしておりますが

中 雖已屢次致電請託～

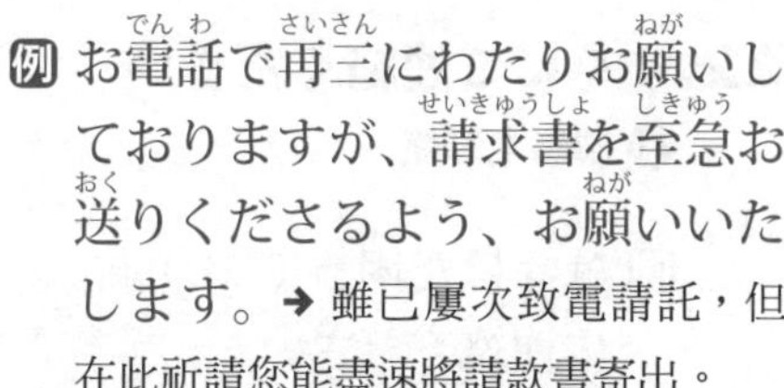
例 お電話で再三にわたりお願いしておりますが、請求書を至急お送りくださるよう、お願いいたします。➜ 雖已屢次致電請託，但在此祈請您能盡速將請款書寄出。

## 11 どうしたものかと苦慮しております

中 不知如何是好而苦思焦慮

例 今後の見通しが立たず、どうしたものかと苦慮しております。

➜ 今後的狀況難以預料，讓我們不知如何是好而苦思焦慮。

## 12 当方～の都合もございますので

中 因為我方也有我們的情況考量，…

例 当方資金繰りの都合もございますので、早急にご入金頂けますよう、お願いいたします。

➜ 因為我方也有我們的情況考量，因此請您盡快付款。

## 13 至急ご連絡をお願いいたします

中 煩請盡速給予聯繫

例 すでに大幅に日時を経過しております。至急ご連絡をお願いいたします。➜ 距預定之時間已超過很長一段日子了。煩請盡速給予聯繫。

## 14 大変困惑いたしております

中 感到不知所措

例 本日11月10日になってもいまだに到着せず、大変困惑いたしております。

➜ 今天已經11月10日了，卻仍然沒有收到，讓我們感到不知所措。

## 15 ～いただいておりませんが、いかがなりましたでしょうか

中 尚未收到～，請問現在情況如何呢？

例 ご連絡いただいておりませんが、いかがなりましたでしょうか。➜ 至今仍未收到您的聯繫，想請問現在情況如何呢？

## 16 途方に暮れております

中 處於進退兩難的窘境

例 たび重なる催促にも応じていただけず、途方に暮れております。

➜ 對於我們再三反覆的催促也都不予以回應，我們正處於進退兩難的窘境。

## 17 何日ごろご回答いただけますか、ご連絡のほど

中 關於您什麼時候能回答，請您通知

例 何日ごろご回答いただけますか、ご連絡のほどお願い申しあげます。

➜ 關於您什麼時候能回答，請您通知。

## 18 なんらご連絡がありません

中 絲毫沒有聯繫

例 本日5月1日になっても、なんらご連絡がありません。

➜ 一直到了今天都5月1日了，卻還是絲毫沒有聯繫。

**19 とても困っています**

中 **處於非常困擾的狀況**

例 製品の組み立てが進行できず、とても困っています。

➔ 成品的構造無法順利進行，處於非常困擾的狀況。

**20 すでに大幅に日時を経過しております** 中 **日期超過了好一段時日**

例 お約束の日から、すでに大幅に日時を経過しております。

➔ 從您承諾之日起，已超過了好一段時日。

**21 すでにお約束の期限はもう○日も過ぎております**

中 **距您承諾的最後期限已經過了○天了**

例 すでにお約束の期限はもう5日も過ぎております。

➔ 距您承諾的最後期限已經過了5天了。

**22 すぐにご連絡ください**

中 **請馬上聯絡**

例 はなはだ困っております。すぐに連絡ください。

➔ 感到非常地困擾。請馬上予以聯絡。

**23 ～いただいておりませんが、どのようになっているのでしょうか** 中 **尚未收到～ 想請教結果如何呢？**

例 お見積もりのお返事をいただいておりませんが、どのようになっているのでしょうか。

➔ 至今仍未收到關於報價單的回覆，因此想請教結果如何呢？

**24 当初の締切を○日も過ぎております** 中 **離當初的期限已經超過○天**

例 当初の締切を5日も過ぎております。

➔ 離當初的期限已經超過5天。

**01 誠意ある対応をしていただきますよう、お願い申しあげます**

中 **希望以誠懇的態度做出適當處置**

例 ご多忙のためと拝察いたしますが、誠意ある対応をしていただきますよう、お願い申しあげます。➔ 我想您必定十分繁忙，但希望您能以誠懇的態度做出適當處置。

**02 お含みおきください**

中 **敬請事先諒解**

例 しかるべき法的手段に訴える所存ですので、お含み置きください。

➔ 我方打算採取適當的法律途徑，敬請事先諒解。

**03 いまだご連絡に接しません**

中 到現在仍尚未收到聯繫

例 期日は過ぎておりますが、いまだご連絡に接しません。

→ 已經過了約定期限了，到現在卻仍尚未收到聯繫。

**04 誠意ある処置をしていただきますよう、お願い申しあげます**

中 希望以誠懇的態度做出適當措施

例 なにとぞ、誠意ある処置をしていただきますよう、お願い申しあげます。

→ 希望您能以誠懇的態度做出適當措施。

**05 念のため申し添えておきます**

中 為了慎重起見，補充說明

例 ご回答のない場合には、不本意ながら、法律上の手続きをとる所存でございますので、念のため申し添えておきます。

→ 為了慎重起見，補充說明。在沒有回覆的情況下，雖非我方意願，但我們將採取法律途徑。

**06 迅速に～くださるよう、お願い申しあげます** 中 希望盡速……

例 すでにお約束の期限を大幅に経過しておりますので、迅速にお手配くださるようお願い申しあげます。→ 距您應允的最後期限已經過了許久，希望能盡速安排。

**07 しかるべき方法に訴えるほかございませんので**

中 只能採取適當手段

例 このまま、ご連絡もなくお支払いいただけない場合には、しかるべき方法 に訴えるほかございませんので、ご承知おきください。→ 如果您在未事先告知的情況下尚未支付，我方也只能採取適當手段，請注意。

**08 どうしたものかと苦慮している次第です**

中 不知如何是好而苦思焦慮

例 ご多忙のためご失念かと存じますが、当方でも今後の見通しがたたず、どうしたものかと苦慮している次第です。

→ 我猜想可能因為您過於忙碌而遺忘。但如此一來我們也很難預料，因此正不知如何是好而苦思焦慮。

**09 ご承知おきください**

中 請事先做好心理準備

例 ご返済のない場合は、最後の手段を取ることにいたしますので、ご承知おきください。

→ 如有款項未還清之情況時，我們將採取最後手段，還請事先做好心理準備。

**10 何度か催促申しあげたにもかかわらず** 中 即使我多次催促，……

例 何度か催促申しあげたにもかかわらず、ご返済いただけておりません。

→ 即使我們多次催促，您仍尚未償還。

### 11 何らかの手違いかとも存じますが　中 我想或許是出了些什麼差錯～

例 何らかの手違いかとも存じますが、先日注文した商品が本日現在、まだ到着しておりません。→ 我想或許是出了些什麼差錯，但是前些日子下訂的訂單商品到今天都仍尚未寄達。

### 12 ご多忙のためご失念かと拝察いたしますが、

中 我猜想可能因為您過於忙碌而遺忘

例 ご多忙のためご失念かと拝察いたしますが、8月分のご入金が確認できておりません。

→ 我猜想可能因為您過於忙碌而遺忘。我們對不到您的8月份的進款。

### 13 繰り返しなにぶんのご回答を承りたく　中 再三重覆以請您回答

例 繰り返しなにぶんのご回答を承りたく、ご連絡のほどお願い申しあげます。

→ 再三重覆，請您回答聯繫。

### 14 ～いただいておりませんが、いかがされたものかと案じております　中 尚未收到～我有些掛心目前進行得如何了

例 ご連絡いただいておりませんが、いかがされたものかと案じております。

→ 至今仍未收到您的聯繫，令我有些掛心目前進行得如何了。

### 15 ～のない場合は、最後の手段を取ることにいたしますので

中 在未～的情況下，我方也將採取最後手段～

例 ご返済のない場合は、最後の手段を取ることにいたしますので、ご承知おきください。

→ 在未確認您欠款還清的情況下，我方也將採取最後手段，還請您諒解。

### 16 なんらかの処置を取らざるをえませんので

中 我們不得不採取一些處理

例 なんらかの処置を取らざるをえませんので、ご承知おきください。

→ 由於我們不得不採取一些處理，還請您諒解。

**01 本メール着信後、即刻**

中 本電子郵件寄達後請立刻～

例 本メール着信後、即刻ご連絡ください。

→ 本電子郵件寄達後請立刻予以聯繫。

## ★結 語★

**01 なにとぞよろしくお願い申し上げます** 中 祈請多多指教

例 ご協力のほど、なにとぞよろしくお願い申し上げます。

→ 祈請撥冗協助，多多指教。

**02 ご検討ください** 中 請研究討論

例 お手数ですが、ご検討ください。→ 還請勞煩您研究討論。

**03 よろしくお願いいたします**

中 多多指教

例 どうぞよろしくお願いいたします。→ 請多多指教。

**04 ご回答をいただければ助かります**

中 若能得到您的解答將幫了我的大忙

例 恐縮ですが、ご回答をいただければ助かります。

→ 雖感冒昧，但若能得到您的解答將幫了我大忙。

**05 今後ともよろしくお願いいたします** 中 今後也請多指教

**06 引き続きよろしくお願いいたします** 中 今後仍望惠顧關照

**07 まずは○○申し上げます**

中 總之先致以○○～

例 まずは謹んでご依頼申し上げます。

→ 總之先謹致以請求。

**08 以上、よろしくお願いします**

中 就這些，請多多指教

**01 今後とも変わらぬご指導のほど、よろしくお願い申し上げます** 中 今後還請繼續予以指教

**01 まずは取り急ぎご○○まで**

中 總之先致以○○～

例 まずは取り急ぎご連絡まで。

→ 總之先致以通知。

**02 まずは○○まで** 中 總之先○○～

例 まずは依頼まで。

→ 總之先謹致以請求。

**03 まずは○○かたがた○○まで**

中 在此向您致○○並○○

例 まずは連絡かたがた依頼まで

→ 在此向您致以聯繫並請求。

**04 取り急ぎ○○の○○まで**

中 總之先致以○○～

例 取り急ぎ改善の依頼まで。

→ 總之先致以改善的請求。

**01 今後ともよろしくご愛顧のほどお願いいたします**

中 今後仍望惠顧關照

**02 今後とも、ご指導ご鞭撻のほど、よろしくお願い申し上げます** 中 還請多多指教與勉勵

# Unit 12 抗議

此類信函為當對方有失誤時必須指出其失誤並要求妥善處置時所寫的文件。

書寫時要有禮貌且具體說明事實，及我方受困擾的心情與期望。

保持理性來敘述內容是非常重要的，雖然要以冷靜的態度來書寫，但必須強烈表示不滿的部分也要清楚表達。為了使其明確易懂，使用條列式的書寫方式也無妨。

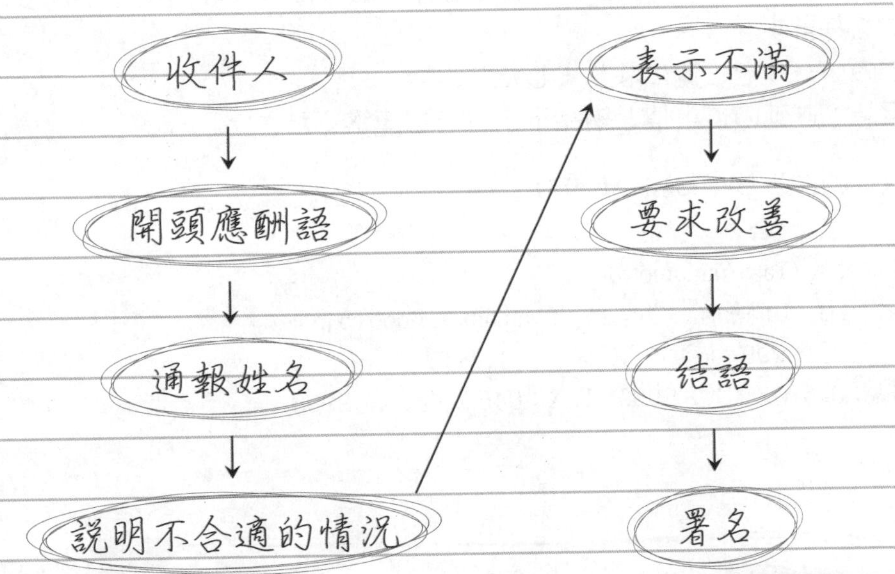

# 12-1 對於交貨日逾期之申訴

正文

## 件名：「炊飯器」の納期について

○○○株式会社　営業部
○○様

いつもお世話になっております。
株式会社山本物産、営業部の山本太郎です。

当社注文書 No. ○○○にて発注いたしました
「炊飯器（SH- ○○○）」についての問い合わせです。

この商品の納入期日は当月○日（水）のお約束でしたが、
本日現在、まだ届いておりません。

このままでは、こちらとしましても弊社顧客に多大な迷惑をかけること
になります。
このメールをご覧になりましたら、
至急、遅延のご事情と納品予定日をご連絡ください。

以上、よろしくお願いします。

---

山本太郎（Taro Yamamoto）
株式会社　山本物産　営業部　t-yamamoto@ooo.co.jp
〒○○○ -9999　横浜市○○区○○町○ - ○
TEL：045- ○○○○ -9999　FAX：045- ○○○○ -9999

---

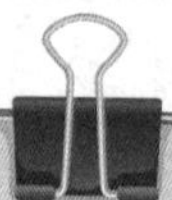

**POINT**

1. 以寫出訂單編號、約定好的出貨日、延遲情形、目前的窘境為佳。
2. 因和對方還會繼續合作，注意不要使用帶有指責意味的字句。

## 標題：關於「飯鍋」的交貨期限

〇〇〇股份有限公司　營業部
〇〇敬啟

感謝您平日的愛戴。
我是山本物產股份有限公司營業部的山本太郎。

此為關於本公司下訂訂單 No.〇〇〇的「飯鍋（SH-〇〇〇）」之詢問。

當時貴社承諾此商品的到貨日為本月的〇日（週三），但至今於本日卻仍尚未寄達。

在這樣下去，對我方立場而言將會對敝公司的客戶們造成偌大的困擾。
如您已閱覽此封郵件的話，請盡速地將延遲之理由及出貨預定日等事項聯繫我方。

以上，還請多多指教。

山本太郎（Taro Yamamoto）
股份有限公司　山本物產　營業部　t-yamamoto@ooo.co.jp
〒〇〇〇-9999　橫濱市〇〇區〇〇町〇-〇
TEL：045-〇〇〇〇-9999　FAX：045-〇〇〇〇-9999

**納期**（のうき） 中 交貨期

**発注**（はっちゅう） 中 訂貨

**問い合わせ**（とあ） 中 詢問

例 お問（と）い合（あ）わせの件（けん）、次（つぎ）の通（とお）りお答（こた）えします。→ 您所詢問之事，謹答覆如下。

**届く**（とど） 中 寄達　例 今月号（こんげつごう）の雑誌（ざっし）が届（とど）く。→ 這個月的雜誌已經寄達。

**迷惑**（めいわく） 中 麻煩

例 ご迷惑（めいわく）をおかけして誠（まこと）にすみません。→ 給您添麻煩實在對不起。

**ご覧**（らん） 中 看　例 ご覧（らん）ください。→ 請看。

# 12-2 對於弄錯商品型號之申訴

正文

## 件名：品番違いのご連絡

○○○株式会社　販売部
○○様

株式会社山本物産、購買部の山本太郎です。
取り急ぎ、用件のみ申し上げます。

本日、○月○日に当社注文書 No. ○○○にて発注いたしました「炊飯器」100 台が着荷いたしました。

弊社が注文したのは「炊飯器（SH- ○○○）A」でしたが、
着荷した 100 台のうち 30 台は品番違いの「SH- ○○○ B」でした。
貴社の手違いかと存じますので、
発送伝票をご確認くださいますようにお願い申し上げます。
つきましては、折り返し「SH- ○○○ A」30 台を急送くださいますようお願い申し上げます。

この誤商品については、弊社では引き取りいたしかねますので、
ご返品したいと存じます。
なお、貴社着払いにてご返送の手配をいたします。

以上、よろしくお願いします。

---

山本太郎（Taro Yamamoto）
株式会社　山本物産　購買部　t-yamamoto@ooo.co.jp
〒○○○ -9999　横浜市○○区○○町○ - ○
TEL：045- ○○○○ -9999　FAX：045- ○○○○ -9999

---

譯文

# 標題：關於商品型號失誤之聯繫

〇〇〇股份有限公司　銷售部
〇〇敬啟

我是山本物產股份有限公司採購部的山本太郎。
總之先謹致以重要事項。

本公司於〇月〇日下訂訂單 No. 〇〇〇之「飯鍋」100 台已於今日寄達。

敝公司當初所下訂的是「飯鍋（SH- 〇〇〇）A」，但寄達的 100 台飯鍋之中有 30 台是不同商品型號的「SH- 〇〇〇 B」。
我方猜想也許是貴公司作業的疏失，
但祈請您重新確認送貨單票據。
接著也請您盡速地將「SH- 〇〇〇 A」30 台更換給我們。

關於此誤送之商品，因敝公司無法接收進貨，
因此想將其退回。
此外，運費一事我方將採取貨到由貴公司付款的方式。

以上，還請多多指教。

---

山本太郎（Taro Yamamoto）
t-yamamoto@ooo.co.jp
股份有限公司　山本物產　採購部
〒〇〇〇 -9999
橫濱市〇〇區〇〇町〇 - 〇
TEL：045- 〇〇〇〇 -9999
FAX：045- 〇〇〇〇 -9999

---

**違い（ちがい）** 中 差異

例 配列違い（はいれつちがい）。→ 排列差異。

**取り急ぎ（といそぎ）** 中 匆忙

例 取り急ぎお願い（ねが）いまで。→ 匆忙懇求如上。

**用件（ようけん）** 中 要辦的事

例 ふいと用件（ようけん）を思（おも）い出（だ）す。→ 忽然想起要辦的事。

**着荷（ちゃっか）** 中 貨到

**手違い（てちがい）** 中 疏失

例 手違い（てちがい）が生（しょう）じた。→ 產生疏失。

**折り返し（おりかえし）** 中 立即

例 折り返し（おりかえし）返事（へんじ）をする。→ 立即回覆。

**引き取る（ひきとる）** 中 取回

例 駅（えき）からトランクを引き取る（ひきとる）。→ 從車站取回皮箱。

**かねる** 中 難以

例 なんとも予測（よそく）がつきかねる状態（じょうたい）だ。→ 情況難以預測。

**手配（てはい）** 中 安排

例 ホテルの手配（てはい）はいたしました。→ 旅館已經安排好了。

## POINT

1. 寫明訂單編號，並具體記述下訂的商品與寄達的商品間的差異。並明確且清楚地表達退貨的期望以及其他需求。
2. 因和對方還會繼續合作，注意不要使用帶有指責意味的字句。

## 12-3 對於寄達貨品數量不足之申訴

正文

### 件名：着荷商品「炊飯器」について

○○○株式会社　営業部
○○様

いつもお世話になっております。
株式会社　山本物産、購買部の山本太郎です。

先日納品いただいた商品について、お問い合わせします。
○月○日付の注文品が、本日着荷いたしました。
ありがとうございました。

さっそく荷物を確認いたしましたところ、下記のとおり、数量不足であることが判明しました。

・「炊飯器（SH-○○○）」30台不足

注文時の控えを確認いたしましたが、確かに100台注文しております。
ところが実際には70台しかございませんでした。

お客様へのお届けが遅れることになり少々困惑しております。
至急ご確認のうえ、不足分のご送付をお願いいたします。

以上、よろしくお願いします。

---

山本太郎（Taro Yamamoto）

t-yamamoto@ooo.co.jp
株式会社　山本物産　購買部
〒○○○ -9999　横浜市○○区○○町○ - ○
TEL：045- ○○○○ -9999
FAX：045- ○○○○ -9999

**着荷** 中 到貨

**納品** 中 交貨

**問い合わせ** 中 詢問

例 お問い合わせの件、次の通りお答えします。→ 您所詢問之事，謹答覆如下。

**注文** 中 訂貨

**困惑** 中 不知所措

例 先行きがはっきりせず困惑する。→ 前途茫然不知所措。

**送付** 中 寄送

**POINT**

1. 寫明訂單編號，並具體記述下訂的商品與寄達的商品間的差異。
2. 因和對方還會繼續合作，注意不要使用帶有指責意味的字句。
3. 並明確且清楚地表達不足的部分的追加委託，以及其他需求。

## 標題：關於寄達商品「飯鍋」一事

〇〇〇股份有限公司　營業部
〇〇敬啟

感謝您平日的愛戴。
我是山本物產股份有限公司採購部的山本太郎。

關於前些日子進貨的商品想向您詢問。
於〇月〇日下訂的訂購商品已於本日寄達。
十分感謝。

那麼就讓我馬上向您報告，在我方確認寄達貨品之後，如下所述，我方發現數量上有不足。

・「飯鍋（SH-〇〇〇）」缺少 30 台

我方也在當下確認了當初下訂時的收據，確實訂購了 100 台。
但實際上寄達的卻只有 70 台而已。

因此，預計寄出給客戶們的出貨日必須延後，讓我方感到有些困擾。
祈請您盡速地進行確認之後，將不足的數量寄給我方。

以上，還請多多指教。

---

山本太郎（Taro Yamamoto）
t-yamamoto@ooo.co.jp
股份有限公司　山本物產　採購部
〒〇〇〇 -9999
橫濱市〇〇區〇〇町〇 - 〇
TEL：045- 〇〇〇〇 -9999
FAX：045- 〇〇〇〇 -9999

---

## 12-4 對取消訂單之事表示不滿

正文

### 件名：「炊飯器」注文キャンセルの件

○○○株式会社　購買部
○○様

株式会社山本物産、営業部の山本太郎です。
取り急ぎ、用件のみ申し上げます。

本日、ご注文（注文番号○○○）キャンセルの一方的なメールをいただき、
正直に申しまして、大変当惑しております。

「炊飯器（SH-○○○T）」は、貴社の特別オーダーで承ったものです。
そのため、他社に転売することもできません。
いずれにせよ、発送準備も終えている最終段階でのご注文取り消しには承服いたしかねます。

この件につきましては、上司ともどもお伺いして直接ご説明をお聞かせいただきたく存じます。
明日○日（火）午前10時、○○様のご都合はいかがでしょうか。

折り返しのご返事をお待ちしております。

以上、よろしくお願いします。

---

山本太郎（Taro Yamamoto）
株式会社　山本物産　営業部　t-yamamoto@ooo.co.jp
〒○○○-9999　横浜市○○区○○町○-○
TEL：045-○○○○-9999　FAX：045-○○○○-9999

---

譯文

## 標題：取消訂單「飯鍋」一事

〇〇〇股份有限公司　採購部
〇〇敬啟

我是山本物產股份有限公司營業部的山本太郎。
總之先謹致以重要事項。

今天收到您對於取消訂單（訂單編號〇〇〇）之單方面的郵件，老實說我方感到非常的困擾。

「飯鍋（SH-〇〇〇T）」之商品是由於貴公司的特別訂購而承接的訂單。
因此，也無法將之轉售給其他公司。
不管怎麼說，商品寄出的準備也已結束，並進入了最終階段，對於取消訂單一事我方難以接受。

關於此事，我方在詢問上司們之後也希望能直接聽取您的說明。
明天〇日（週二）上午 10 點，〇〇（先生／小姐）在時間上是否方便呢？

我方會等待您的回郵答覆。

以上，還請多多指教。

---

山本太郎（Taro Yamamoto）
t-yamamoto@ooo.co.jp
股份有限公司　山本物產　營業部
〒〇〇〇 -9999
橫濱市〇〇區〇〇町〇 - 〇
TEL：045- 〇〇〇〇 -9999
FAX：045- 〇〇〇〇 -9999

---

## 單字

**注文（ちゅうもん）** 中 訂貨

**キャンセル** 中 取消

**オーダー** 中 訂貨

**転売（てんばい）** 中 轉賣

**発送（はっそう）** 中 寄出

例 商品（しょうひん）を発送（はっそう）する。➔ 寄出商品。

**承服（しょうふく）** 中 接受

**かねる** 中 難

例 なんとも予測（よそく）がつきかねる状態（じょうたい）だ。➔ 情況很難預測。

**ともども** 中 一併、一起

例 設計図（せっけいず）を説明書（せつめいしょ）ともども郵送（ゆうそう）する。➔ 把設計圖紙連同說明書一起寄去。

**存（ぞん）ずる** 中 想

例 お元気（げんき）でお過（す）ごしのことと存（ぞん）じます。➔ 我想您一定很健康。

**折（お）り返（かえ）し** 中 立即

例 折（お）り返（かえ）し返事（へんじ）をする。➔ 立即回覆。

**POINT**

明確寫上對方的訂單編號，並將疑惑不解的心情及期望要求，並以禮貌的語氣書寫。

## 12-5 對欠款尚未支付之事表示不滿

正文

### 件名：○月分のご請求について

○○○株式会社　購買部
○○様

株式会社山本物産、営業部の山本太郎です。
取り急ぎ、ご確認していただきたくお願いのメールを差し上げます。

○月末日にご入金いただくことになっていました○月分ご請求の商品代金￥500，000の入金確認が○月○日現在できておりません。

何かのお手違いかと存じますが、
弊社としましては入金予定の上で、資金繰りをしていましたので、
困惑しております。

つきましては、至急ご入金くださいますようにお願い申し上げます。

以上、よろしくお願いします。

山本太郎（Taro Yamamoto）
株式会社　山本物産　営業部　t-yamamoto@ooo.co.jp
〒○○○-9999　横浜市○○区○○町○-○
TEL：045-○○○○-9999　FAX：045-○○○○-9999

**POINT**

因為也有可能是對方在不小心的狀況下而出的錯，因此務必顧慮對方的心情，不要使用帶有責備意味的字句。

譯文

## 標題：關於〇月份的請款

〇〇〇股份有限公司　採購部
〇〇敬啟

我是山本物產股份有限公司營業部的山本太郎。
總之先致以請進行確認之請託郵件。

約定於〇月最後一天匯入款項的〇月份之請款的商品預付款項 ¥500，000 之匯款紀錄到了〇月〇日至今仍尚無入帳顯示。

我方猜想也許是手續上有些疏失，
但由於敝公司是以預定匯款為前提來進行資金周轉，因此甚感困擾。

因而，於此祈請您盡速匯款支付。

以上，還請多多指教。

---

山本太郎（Taro Yamamoto）
股份有限公司　山本物產　營業部　t-yamamoto@ooo.co.jp
〒〇〇〇 -9999　橫濱市〇〇區〇〇町〇 - 〇
TEL：045- 〇〇〇〇 -9999　FAX：045- 〇〇〇〇 -9999

---

**請求**（せいきゅう） 中 要求付款

**代金**（だいきん） 中 價款

**入金**（にゅうきん） 中 款項匯入

**手違い**（てちがい） 中 疏失　例 手違い（てちが）が生（しょう）じた。→ 產生疏失。

**資金繰り**（しきんぐり） 中 資金周轉

**困惑**（こんわく） 中 不知所措　例 先行き（さきゆ）がはっきりせず困惑（こんわく）する。→ 前途茫然不知所措。

**ついては** 中 因此

例 ついては先日（せんじつ）ご依頼（いらい）の件（けん）ですが…。→ 因此前日您囑咐的事。

# 關於「抗議」信函的好用句

## ★開頭語★

**01 ご連絡ありがとうございます**

**中 謝謝您的聯繫**

例 さっそくご返信、ありがとうございます。➔謝謝您的即刻回信。

**02 いつもお世話になりありがとうございます**

**中 感謝您一直以來的照顧**

**03 はじめまして** **中 初次見面，您好**

例 はじめまして、チェリー株式会社輸出部の山本です。

➔初次見面，您好。我是櫻桃股份有限公司出口部的山本。

**04 いつもお世話になっております**

**中 感謝您一直以來的照顧**

**05 はじめてご連絡いたします**

**中 初次與您聯繫**

例 はじめてご連絡いたします。チェリー株式会社で輸出を担当しております山本と申します。

➔初次與您聯繫。我是在櫻桃股份有限公司裡負責出口的山本。

**06 いつも大変お世話になっております** **中 感謝您一直以來的照顧**

**07 突然のメールで失礼いたします**

**中 唐突致信打擾了**

例 突然のメールで失礼いたします。貴社のウエブサイトを拝見してご連絡させていただきました。

➔唐突致信打擾了。因為瀏覽了貴公司的網站，所以冒昧地聯繫貴公司。

**08 お世話になっております**

**中 承蒙關照**

例 日頃は大変お世話になっております。チェリー株式会社の山本です。➔平日承蒙您的諸多關照了。我是櫻桃股份有限公司的山本。

**09 何度も申し訳ございません**

**中 不好意思百般打擾**

例 何度も申し訳ございません。先ほどお伝えし忘れましたが、納期は1ヶ月かかります。

➔不好意思百般打擾了。剛才忘了告知您，交貨期限需要一個月。

## 正式場合

**01 いつもお心遣いいただき、まことにありがとうございます**

中 總是受到您的細心掛念，衷心地感謝

**02 いつもお引き立ていただき誠にありがとうございます**

中 感謝您一直以來的惠顧

**03 いつも格別のご協力をいただきありがとうございます**

中 謝謝您一直以來的合作

**04 失礼ながら重ねて申し上げます**

中 雖感冒昧，但仍重覆陳述提醒

例 失礼ながら重ねて申し上げます。お見積りの提出を早急にお願いいたします。

→ 雖感冒昧，但仍重覆陳述提醒。祈請盡速提交估價單。

**05 平素は格別のご愛顧を賜り厚く御礼申し上げます**

中 感謝您一直以來的愛顧

**01 平素は格別のお引立てを賜りまして誠に有難うございます**

中 感謝您一直以來的惠顧

**02 貴社ますますご清栄のこととお慶び申し上げます**

中 祝貴司日益興隆

## ★正文★

**01 誠意ある回答をお待ち申しあげます** 中 於此恭敬地等候您有誠意的回覆

**02 今後はくれぐれもご注意ください** 中 今後請千萬務必要謹慎小心

例 二度とこのようなことが起こらないよう、今後はくれぐれもご注意ください。

→ 為了不要再有這樣的事情發生，今後請千萬務必要謹慎小心。

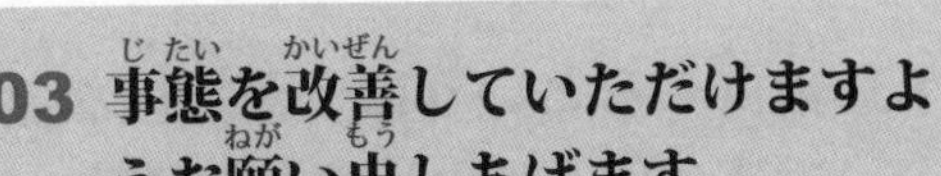

**03 事態を改善していただけますようお願い申しあげます**

**中 請您改善情況**

例 とにかく、事態を改善していただけますようお願い申しあげます。→ 無論如何，請您改善情況。

**04 お忙しいところ恐れ入りますが**

**中 在您很忙的時候打擾了**

例 お忙しいところ恐れ入りますが、ご確認のほどよろしくお願いいたします。→ 在您很忙的時候打擾了，但請您確認一下。

**05 最悪の場合は　中 在最壞的情況**

例 最悪の場合は、法律上の手続きをとる所存でございます。

→ 在最壞的情況，我們會採取法律上的手續。

**06 誠に困惑するばかりです**

**中 極其為難**

例 なんのご連絡もいただけない状況に、誠に困惑するばかりです。→ 在您沒有聯繫的情況下，讓我們極其為難。

**07 納得しかねることです**

**中 讓人難以信服**

例 今になってキャンセルされるというのは、納得しかねることです。→ 事到如今才說要取消，真讓人難以信服。

**08 御社との取引を停止せざるを得ません　中 不得不與貴公司停止交易**

例 本意ではありませんが、御社との取引を停止せざるを得ません。→ 雖非出自我方意願，但不得不與貴公司停止交易。

**09 なんらかの措置をとりたいと思います　中 我們打算採取一些措施**

例 今後の推移次第では、なんらかの措置をとりたいと思います。

→ 依照未來的情況，我們打算採取一些措施。

**10 しかるべき処置をとらせていただきます　中 我們會採取適當的行動**

例 最悪の場合は、しかるべき処置をとらせていただきます。

→ 在最壞的情況下，我們會採取適當的行動。

**11 万一期日までにご回答のない場合には**

**中 如果沒有在期限前予以回覆，……**

例 万一期日までにご回答のない場合には、法律上の手続きをとる所存でございます。

→ 如果沒有在期限前予以回覆，我們打算採取法律的措施。

**12 ご配慮ください** 中 請體諒

例 このような状況ですので、なにとぞご配慮をお願いいたします。
→ 因為正處於這樣的狀況，還請多多體諒。

**13 納得しろというほうが無理な話です** 中 要我接受，實在沒有辦法

例 理由のご説明もなく、これでは納得しろというほうが無理な話です。→ 沒有說明理由便要我們接受，實在沒有辦法。

## 正 式 場 合

**01 はなはだ遺憾に存じております**
中 感到極其遺憾

例 今日まで、なんのご回答もなく、はなはだ遺憾に存じております。
→ 對於到今日為止，完全沒有任何的答覆之事，感到極其遺憾。

**02 僭越ながら** 中 雖為僭越之舉～

例 僭越ながら、個人的な意見を申しあげます。→ 雖為僭越之舉，尚請容我表達個人意見。

**03 責任ある回答をここに申し入れる次第です** 中 請您負起責任回答

**04 承服いたしかねます**
中 難以服從

例 納期延長は承服いたしかねます。→ 對於延後交貨時間之事，我們難以服從。

**05 なにぶんのご回答を賜りたくお願い申しあげます**
中 請賜予一些回答

**06 はなはだ迷惑をこうむっております** 中 受到非常大的困擾

例 契約を守っていただけない状況に、はなはだ迷惑をこうむっております。
→ 在無法遵守合約的狀況下，我們受到非常大的困擾。

**07 厳にご注意いただきたく、お願い申しあげる次第です**
中 請您嚴加注意

例 今後このようなことがないように、厳にご注意いただきたく、お願い申しあげる次第です。
→ 為了防止今後類似事故發生，請您嚴加注意。

**08 十分な注意を喚起する次第です**

中 這是為了提醒您充分注意…

例 今後このようなことがないように、十分な注意を喚起する次第です。➜ 這是為了提醒您充分注意今後不要再有相同情況發生。

**09 法的措置に訴えることになろうかと思われます**

中 我們可能採取法律的措施

例 止むを得ず、法的措置に訴えることになろうかと思われます。

➜ 我們在不得已之下可能採取法律的措施。

**10 早急な対処をお願い申しあげます** 中 請盡快採取處理

例 なにとぞ、早急な対処をお願い申しあげます。

➜ 請盡快採取處理。

**11 僭越ながらご忠告申しあげる次第です** 中 雖然非常地冒昧，但這邊僅是依照規定給予忠告

例 今後このようなことがないように、僭越ながらご忠告申しあげる次第です。➜ 為了今後不會再有類似的事發生，雖然非常地冒昧，但這邊僅是依照規定給予忠告。

**12 しかるべき善処方をお願い申しあげます** 中 請您妥善處理

例 調査のうえ、しかるべき善処方をお願い申しあげます。

➜ 請您經過調查後妥善處理。

**13 ～されることが賢明な方途かと存じます** 中 我想您～是明智的方法

例 計画を中止されることが、貴社にとって賢明な方途かと存じます。

➜ 我想貴公司取消了計畫是明智之舉。

**14 弊社の顧問弁護士とも相談したうえで、しかるべき対応いたす所存でございます** 中 與我們的法律顧問商量後打算做出應對

例 今後の推移次第では、弊社の顧問弁護士とも相談したうえで、しかるべき対応いたす所存でございます。

➜ 在推測未來的情況下，與我們的法律顧問商量後打算做出對應。

**15 ～されるのが適切な措置かと存じます** 中 我想您～是得當的處理

例 商品をただちに回収されるのが適切な措置かと存じます。

➜ 我想立即取貨是得當的處理。

**16 法律上の手続きをとる所存でございます**

中 我們打算採取法律的措施

例 万一期日までにご回答のない場合には、法律上の手続きをとる所存でございます。

➜ 如果沒有在期限前予以回覆，我們打算採取法律措施。

**17 今後の推移次第では** **中 根據對未來的變遷，……**

例 今後の推移次第では、法律上の手続きをとる所存でございます。➜ 根據對未來的變遷，我們會採取法律措施。

**18 ～になるのが筋ではないかと存じます** **中 我想您做～是合理**

例 つきましては当該品は貴社にてお引き取りになるのが筋ではないかと存じますゆえ、なにとぞしかるべき善処方をお願い申上げます。

➜ 因此，我想貴公司取貨是合理的，希望妥善處理。

**19 早急な措置を講じていただきますようお願い申し上げます**

**中 希望盡快採取緊急措施**

例 今後は早急な措置を講じていただきますようお願い申し上げます。➜ 希望今後能盡快採取緊急措施。

## ★結 語★

### 一般場合

**01 以上、よろしくお願いします**

**中 就這些，請多多指教**

**02 まずは○○申し上げます**

**中 總之先致以○○～**

例 まずは謹んでご連絡申し上げます。➜ 總之先謹致以通知。

**03 ご回答をいただければ助かります**

**中 若能得到您的解答將幫了我的大忙**

例 恐縮ですが、ご回答をいただければ助かります。

➜ 雖感冒昧，但若能得到您的解答將幫了我大忙。

**04 よろしくお願いいたします**

**中 多多指教**

例 どうぞよろしくお願いいたします。➜ 請多多指教。

**05 なにとぞよろしくお願い申し上げます** **中 祈請多多指教**

例 ご協力のほど、なにとぞよろしくお願い申し上げます。
➔ 祈請撥冗協助，多多指教。

**06 ご検討ください** 中 請研究討論

例 お手数ですが、ご検討ください。➔ 還請勞煩您研究討論。

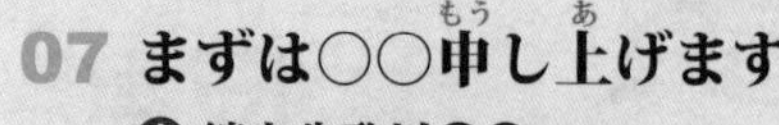

**07 まずは○○申し上げます**
中 總之先致以○○～

例 まずはご連絡申し上げます。
➔ 總之先致以通知。

**01 まずは○○かたがた○○まで**
中 在此向您致○○並○○

例 まずは連絡かたがた依頼まで
➔ 在此向您致以聯繫並請求。

**02 まずは取り急ぎご○○まで**
中 總之先致以○○～

例 まずは取り急ぎご連絡まで。
➔ 總之先致以通知。

**03 まずは○○まで** 中 總之先○○～

例 まずは連絡まで。
➔ 總之先致以通知。

**04 取り急ぎ○○の○○まで**
中 總之先致以○○～

例 取り急ぎ改善の依頼まで。
➔ 總之先致以改善的請求。

# Unit 13 反駁

這一類的信是為導正對方的錯誤或誤解，並找出雙方皆能妥協的點及利益而寫的文件。

文章以客觀並條理清晰地點出對方的失誤或誤解，並說明事實及詳細經過，清楚指出責任歸屬之內容為佳。

全文仍須留意禮貌性的用詞表達，含有個人情緒化的辱罵並不適宜。

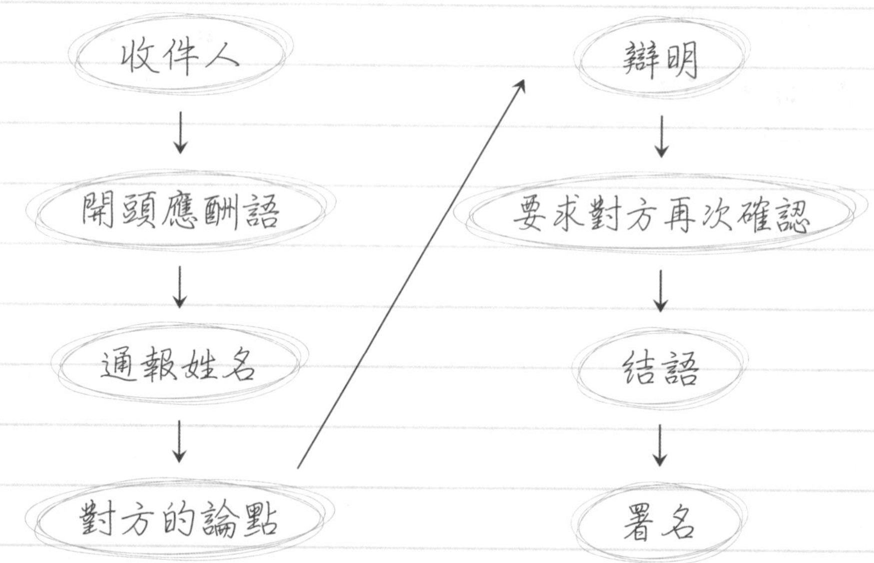

## 13-1 對於交貨日逾期之申訴提出辨明



### 件名：納期遅延の件について

〇〇〇株式会社
〇〇様

いつもお世話になっております。
株式会社山本物産、営業部の山本太郎です。

〇月〇日付の貴信を拝読し、釈明申し上げます。
当初、〇〇様のおっしゃるとおり、〇日（水）までに納品するとお約束しておりました。
しかし、このたびの納期遅延はそもそも貴社都合の仕様変更によるものです。
さらに、変更を承った際に、着荷が〇日（金）になることは
〇月〇日に御社の△△様にご承諾いただいております。

従いまして、私どもといたしましては、お約束の納期どおりに納品したと考えております。

この件につきましては△△様にご確認をお願いいたします。
今後は、このようなことが起こりませんよう、
貴社の担当窓口の一本化も検討してくださると幸いです。

以上、よろしくお願いします。

---

山本太郎（Taro Yamamoto）
株式会社　山本物産　営業部　t-yamamoto@ooo.co.jp
〒〇〇〇-9999　横浜市〇〇区〇〇町〇-〇
TEL：045-〇〇〇〇-9999　FAX：045-〇〇〇〇-9999

---

譯文

## 標題：關於交貨日期延遲一事

○○○股份有限公司
○○敬啟

感謝您平日的愛戴。
我是山本物產股份有限公司營業部的山本太郎。

我方拜讀了於○月○日您寄出的郵件後，於此致上說明。
原先，確如○○（先生／小姐）所指示之，承諾於○日（週三）截止前將貨品寄達。
但此次的交貨延宕本由於我方配合貴公司更改商品的款式而導致的。
進一步地，接受更改之時，商品到貨日將更動為○日（週五）之事，在○月○日時也已取得貴公司的△△（先生／小姐）的同意。

由此推論，於我方之立場認為此為依照承諾準時寄達之訂單。

關於此事還請向△△（先生／小姐）進行確認。
也為今後不會再有類似情況之發生，
如貴公司能評估討論將其負責之窗口統一化的話，將是我方的榮幸。

以上，還請多多指教。

---

山本太郎（Taro Yamamoto）
t-yamamoto@ooo.co.jp
股份有限公司　山本物產　營業部
〒○○○ -9999
橫濱市○○區○○町○ - ○
TEL：045- ○○○○ -9999
FAX：045- ○○○○ -9999

---

**納期**（のうき） 中 交貨期

**拝読**（はいどく） 中 拜讀

例 研究論文（けんきゅうろんぶん）を拝読（はいどく）しました。➔ 我拜讀了您的研究論文。

**釈明**（しゃくめい） 中 辯解

**納品**（のうひん） 中 交貨

**そもそも** 中 本來

例 そう考（かんが）えるのがそもそもまちがっている。➔ 那樣想本來是錯誤的。

**都合**（つごう） 中 關係

例 仕事（しごと）の都合（つごう）で出張（しゅっちょう）を見合（みあ）わせた。➔ 由於工作關係，不出差了。

**仕様**（しよう） 中 規格

**承る**（うけたまわる） 中 虛心承接

**承諾**（しょうだく） 中 許可

**検討**（けんとう） 中 研究

例 細目（さいもく）にわたって検討（けんとう）する。➔ 詳細入微地審查研究。

## POINT

1. 針對抗議信的回覆，關鍵在於不要錯過最佳時機，要盡早回覆對方。只是，雖然內容是為了反駁，但在進入主題前向對方表達平日受到支持的感謝內容還是必要的。
2. 明確地敘述延遲的原因出於何處，並且更進一步地記述是在得到誰的同意下等內容為佳。甚至也有些會添寫上避免往後類似誤解等發生的改善內容。

## 13-2 對於不滿取消訂單之辨明

正文

### 件名：注文キャンセルの件について

〇〇〇株式式会社　販売部
〇〇様

いつも大変お世話になっております。
株式会社山本物産　営業部の山本太郎と申します。

本日〇日付のメールを拝受いたしました。
注文のキャンセルは承服できないとのご抗議に大変困惑しております。

〇月〇日付で発注しました商品は、納期を 2 週間過ぎた本日現在もまだ着荷しておりません。

再三にわたり、ご担当の△△様に納期を問い合わせして参りましたが、いっこうに明確なご回答をいただくことができませんでした。

このままお待ち申し上げましても、当店のセールに間に合うよう納品していただけるかどうか心許ないと判断し、
注文を取り消させていただいた次第です。
ご理解をいただければ幸いです。

以上、よろしくお願いします。

---

山本太郎（Taro Yamamoto）
株式会社　山本物産　営業部　t-yamamoto@ooo.co.jp
〒〇〇〇 -9999　横浜市〇〇区〇〇町〇 - 〇
TEL：045- 〇〇〇〇 -9999　FAX：045- 〇〇〇〇 -9999

---

## 標題：關於取消訂單一事

〇〇〇股份有限公司　銷售部
〇〇敬啟

感謝您平日的愛戴。
我是山本物產股份有限公司營業部的山本太郎。

我方已拜讀了您於今日〇日寄出之郵件。
對於您難以接受取消訂單之抗議我方感到相當困擾。

於〇月〇日下訂的商品，距離交貨期限已逾兩個禮拜卻仍尚未寄達。

我方三番兩次地向貴公司的負責人△△（先生／小姐）詢問了交貨期限，
卻一直沒有得到明確的回答。

我方認為在這樣繼續等下去，此筆訂單是否能趕得及我方店面的特賣會也無法判斷，
為此而決定取消訂單。
盼能予以我方諒解。

以上，還請多多指教。

---

山本太郎（Taro Yamamoto）
t-yamamoto@ooo.co.jp
股份有限公司　山本物產　營業部
〒〇〇〇 -9999
橫濱市〇〇區〇〇町〇 - 〇
TEL：045- 〇〇〇〇 -9999
FAX：045- 〇〇〇〇 -9999

---

**キャンセル** 中 取消

**承服**（しょうふく） 中 接受

**困惑**（こんわく） 中 不知所措

例 先行き（さきゆ）がはっきりせず困惑（こんわく）する。➔ 前途茫然不知所措。

**発注**（はっちゅう） 中 訂貨

**着荷**（ちゃっか） 中 到貨

**いっこうに** 中 毫無

例 宣伝（せんでん）したがいっこうに応（こた）えがない。➔ 做了宣傳，可是毫無反應。

**セール** 中 特賣

**納品**（のうひん） 中 交貨

**心許ない**（こころもと） 中 靠不住

例 口約束（くちやくそく）では心許（こころもと）ない。➔ 單憑口頭約定是靠不住的。

**取り急ぎ**（と・いそ） 中 匆忙

例 取り急ぎ（と・いそ）お願い（ねが）まで。➔ 匆忙懇求如上。

**POINT**

1. 因為終究是錯在對方，因此以堂堂正正的態度表達想取消的希望，並無不妥。
2. 關鍵在於不要錯過最佳時機，要盡早回覆對方。
3. 雖然內容是在反駁對方的抗議，但在進入主題前向對方表達平日受到支持的感謝內容是必要的。

## 13-3 對於申訴款項支付延滯之事提出辨明

正文

### 件名：「高速オーブン」の支払い遅延の件について

○○○株式会社　営業部
○○様

いつもお世話になっております。
株式会社山本物産、購買部の山本太郎です。

取り急ぎ、用件のみ申し上げます。
本日、「高速オーブン」のお支払いが遅れている件に対するご抗議のメール、確かに受け取りました。

ただ、今回の支払いの遅延につきましては、○日付けで、貴社営業部長の△△様宛てのメールにて、
支払いを○月末日まで延ばしていただくようお願いしましたところ、
翌日には△△様よりご了承のご返事をいただいております。

お手数をおかけして誠に申し訳ございませんが、△△様にご確認のうえ、よろしくお取り計らいのほど、お願い申し上げます。

以上、よろしくお願いします。

---

山本太郎（Taro Yamamoto）
株式会社　山本物産　購買部　t-yamamoto@ooo.co.jp
〒○○○ -9999　横浜市○○区○○町○ - ○
TEL：045- ○○○○ -9999　FAX：045- ○○○○ -9999

---

**POINT**

因為原本就是因我方而造成的延遲付款，因此即使是對方公司內部的聯繫有缺漏，終究必須態度有禮地回覆對方。

譯文

## 標題：關於「高速焗烤爐」的付款延宕之事

〇〇〇股份有限公司　營業部
〇〇敬啟

感謝您平日的愛戴。
我是山本物產股份有限公司採購部的山本太郎。

總之先謹致以重要事項。
我方已於今日確實收到針對「高速焗烤爐」的款項支付延遲之申訴郵件。

但是，關於此次付款的延後一事，我方於〇日寄給貴公司的營業部部長△△（先生／小姐）之郵件中提到請託允許敝社將付款延後至〇月的最後一天後，
隔天便收到來自△△（先生／小姐）同意之回信。

誠心地感到抱歉，勞煩您向△△（先生／小姐）確認之後，
祈請能予以其妥善之處理。

以上，還請多多指教。

---

山本太郎（Taro Yamamoto）
股份有限公司　山本物產　採購部　t-yamamoto@ooo.co.jp
〒〇〇〇-9999　橫濱市〇〇區〇〇町〇-〇
TEL：045-〇〇〇〇-9999　FAX：045-〇〇〇〇-9999

---

**オーブン** 中 焗烤爐

**支払い**（しはらい） 中 付款

**取り急ぎ**（とりいそぎ） 中 匆忙　例 取り急ぎお願いまで。→ 匆忙懇求如上。

**用件**（ようけん） 中 要辦的事　例 ふいと用件を思い出す。→ 忽然想起要辦的事。

**取り計らう**（とりはからう） 中 處理

例 この儀はいかに取り計らいましょうか。→ 這件事可以怎麼處理呢？

# 關於「反駁」信函的好用句

## ★開頭語★

**01 いつも大変お世話になっております** 中 感謝您平日的關照

例 いつも大変お世話になっております。→ 感謝您平日的關照。

**02 何度も申し訳ございません**
中 不好意思百般打擾

例 何度も申し訳ございません。先ほどお伝えし忘れましたが、納期は1ヶ月かかります。
→ 不好意思百般打擾了。剛才忘了告知您，交貨期限需要一個月。

**03 いつもお世話になっております**
中 感謝您平日的關照

例 いつもお世話になっております。→ 感謝您平日的關照。

**04 いつもお世話になりありがとうございます** 中 感謝您平日的關照

例 いつもお世話になりありがとうございます。→ 感謝您平日的關照。

**05 ご連絡ありがとうございます**
中 謝謝您的聯繫

例 さっそくご返信、ありがとうございます。→ 謝謝您的即刻回信。

**06 お世話になっております**
中 承蒙關照

例 日頃は大変お世話になっております。チェリー株式会社の山本です。
→ 平日承蒙您的諸多關照了。我是櫻桃股份有限公司的山本。

**01 いつも格別のご協力をいただきありがとうございます**
中 謝謝您平日總是予以協助

例 いつも格別のご協力をいただきありがとうございます。
→ 謝謝您平日總是予以協助。

**02 失礼ながら重ねて申し上げます**

中 雖感冒昧，但仍重覆陳述提醒

例 失礼ながら重ねて申し上げます。お見積りの提出を早急にお願いいたします。

➔ 雖感冒昧，但仍重覆陳述提醒。祈請盡速提交估價單。

**01 平素は格別のお引立てを賜りまして誠に有難うございます**

中 感謝您一直以來的惠顧

**02 貴社ますますご清栄のこととお慶び申し上げます**

中 祝貴司日益興隆

## ★正 文★

**01 ～となっております** 中 規定上～

例 大変恐縮ですが、個人情報についてはお答えできない規則になっております。

➔ 非常地抱歉，關於個人資料的隱私在規定上不可洩漏於他人。

**02 ～していたことは間違いありません** 中 沒有錯～有～

例 製品に異物が混入していたことは間違いありません。

➔ 沒有錯，商品裡確實有異物摻雜。

**03 お忙しいところ恐れ入りますが**

中 在您百忙之中雖感冒昧～

例 お忙しいところ恐れ入りますが、ご確認のほどよろしくお願いいたします。➔ 在您百忙之中雖感冒昧，還煩請您確認。

**04 改めて事情を述べさせていただきます**

中 請讓我重新為您說明詳細內容

例 配送の遅延について、改めて事情を述べさせていただきます。➔ 關於延遲寄送之事，請讓我重新為您說明詳細內容。

### 05 改めて説明申しあげます
中 在此為您重新說明～

例 配送の遅延につきまして、改めて説明申しあげます。

➔ 在此為您重新說明關於發送延遲之事。

### 06 ～することを避けられませんでした
中 無法避免〈去做〉～

例 想定外の事故により、納期が延期することを 避けられませんでした。

➔ 因為發生了意料外的事故，無法避免而只好延後交貨期限。

### 07 ご説明させていただきます
中 讓我為您說明

### 08 了承いたしかねます
中 讓人難以接受

### 09 釈明させていただきます
中 讓我為您辯解

### 10 ～とのことです
中 依～所言～

例 弊社技術担当によりますと、230度まで使用可能とのことです。

➔ 依本公司的技術負責人所言，不超過230度的話是可以使用的。

### 11 驚いております
中 感到驚訝

例 承諾できませんとのご抗議の回答に驚いております。

➔ 對於您表示無法接受的回覆感到驚訝。

### 12 ～していたことは紛れもない事実です
中 毫無疑問地～的確～有～

例 製品に異物が混入していたことは紛れもない事実です。

➔ 毫無疑問地，商品裡的確摻有異物。

### 13 当方に受け入れる理由はございません
中 我們沒有理由接受

### 14 ～ざるを得ませんでした
中 不得不～

例 出荷止めをせざるを得ませんでした。

➔ 不得不停止出貨。

### 15 ○○は、～によるものと判明しました
中 清楚明白～○○的原因是來自於～

例 調査しましたところ、商品の誤送は、点検ミスによるものと判明しました。

➔ 在調查過後，我們清楚明白了商品誤送的原因是來自於檢查上的疏失。

16 誤解なされているようですので
中 因為您好像誤會了的樣子～

例 誤解なされているようですので、改めてご説明申しあげます。➔ 因為您好像誤會了的樣子，為此重新為您再次地說明。

17 ご了解いただきますようお願い申しあげます
中 謹此祈請您能夠了解

例 商品の特性上、やむを得ないことをご了解いただきますようお願い申しあげます。➔ 因商品個別的屬性相異，謹此祈請各位能夠了解。

18 ご理解いただきたくお願い申しあげます 中 謹此祈請您予以理解

例 なにとぞ当方の事情をお汲み取りいただき、ご理解いただきたくお願い申しあげます。
➔ 望您能體諒斟酌我方的目前情形，謹此祈請您予以理解。

19 ご了承いただきますようお願い申しあげます 中 謹此祈請您的見諒

例 お客様にはご迷惑をおかけいたしますが、ご了承いただきますようお願い申しあげます。
➔ 造成各位客人的不便，謹此祈請您的見諒。

20 行き違いがあったように思いますので
中 因為我想在想法上似乎有分歧～

例 行き違いがあったかもしれませんので、改めてご説明申し上げます。➔ 因為我想在想法上似乎有分歧，因此謹此重新為您致以說明。

21 実を申しますと 中 老實說～

例 実を申しますと、明日より海外出張の予定で都合がつかず、今回はご辞退申し上げます。
➔ 老實說，因為明天開始預定要到國外出差的關係故時間上無法配合，因此恕我婉拒這次的請求。

22 行き違いがあったように思いますので
中 因為我想在想法上似乎有分歧～

例 行き違いがあったように思いますので、改めて事情を述べさせていただきます。
➔ 因為我想在想法上似乎有分歧，因此請讓我重新為您述明內容。

23 判明いたしました 中 明白了～

例 今回の問題の原因として、システムに重大な欠陥があることが判明いたしました。
➔ 作為此次問題所在之原因，我們明白了在系統上有著嚴重的漏洞。

## 24 ご説明申し上げます

**中 讓我為您說明**

例 今回の出荷停止処置につきまして、ご説明申し上げます。

→ 關於此次中斷出貨之處理，讓我為您說明。

## 25 ご存知かと思いますが

**中 我想也許您已知曉～**

例 ご存知かと思いますが、230度までのご使用なら何ら問題はございません。

→ 我想也許您已知曉，只要使用不超過230度的話是不會有任何問題的。

## 26 ご存じのことと思いますが

**中 雖然我想您應該知曉～**

例 ご存じのことと思いますが、昨今の節電対策のため、本会場では照明の数を減らしております。

→ 雖然我想您應該知曉，近來為了配合實施省電，本會場內縮減了燈光的照明。

## 27 ご承知いただいていると思いますが 中 我方應該有確實予以告知且得到您的理解～

例 ご承知いただいていると思いますが、230度までのご使用なら何ら問題はございません。

→ 我方應該有確實予以告知且得到您的理解，使用時只要不超過230度的話就不會有任何問題。

## 28 判然としない点もございます

**中 還是有些地方找不出原因**

例 ご指摘いただいた商品の不備について調査いたしましたが、なお、判然 としない点もございます。→ 關於您為我們指點提醒之商品缺陷的部分雖已進行調查，但還是有些地方找不出原因。

## 29 誤解なされているように思いますので

**中 因為我想您似乎是誤會了的樣子～**

例 大変恐縮ですが、誤解なされているように思いますので、改めて事情を述べさせていただきます。→ 雖然覺得萬分惶恐，但因為我想您似乎是誤會了的樣子，因此重新為您詳述內容。

## 30 ～いたしましたのは、○○のためです 中 ○○的理由是因為～

例 配送が遅延いたしましたのは、大雪による交通障害のためです。

→ 延誤寄送的理由是因為大雪所致的交通混亂。

# 正式場合

## 01 腑に落ちない部分も多々あります

中 還是有很多地方令人覺得納悶不解

例 ご説明していただきましたが、腑に落ちない部分も多々ありますので再度お尋いたします。

→ 雖然聽了您的說明，還是有很多地方令人覺得納悶不解，所以希望您能再說明一次。

## 02 ～次第です　中 因為～因此～

例 貴社の新型工場を見学させていただきたく、お電話をした次第です。

→ 因為希望能參觀貴公司的新型工廠，因此致電詢問。

## 03 お分かりと存じますが

中 我想～您知道～

例 取り扱い説明書をご覧いただければお分かりと存じます が、230度までのご使用なら何ら問題はございません。

→ 我想，在閱讀過操作說明書之後您就會知道，在使用上只要不超過230度就不會有任何問題。

## 04 やむなく～に至った次第でございます　中 由於～只好～

例 資金繰りも限界に達し、誠に不本意ながらやむなく廃業に至った次第でございます。

→ 資金的周轉籌措也已到了界限，雖非所願，卻也只好決定停止營業。

## 05 改めて釈明申しあげます

中 在此為您重新闡明～

例 配送の遅延について、改めて釈 明申しあげます。

→ 在此為您重新闡明關於發送延遲之事。

## 06 ご説明が不十分だった点もあるかと存じますので　中 因為我想有些點也許不夠詳細想先行說明～

例 ご説明が不十分だった点もあるかと存じますので、もう一度ご説明申し上げます。

→ 因為我想有些點也許不夠詳細想先行說明，因此再一次為您說明。

## 07 お聞き及びのこととは存じますが　中 雖然我想您應該早已耳聞～

例 お聞き及びのこととは存じますが、念のためもう一度ご連絡申し上げます。

→ 雖然我想您應該早已耳聞，但為了慎重起見，因此再度致以通知聯繫。

**08 僭越ながら** 中 雖為僭越之舉～

例 僭越ながら、個人的な意見を申しあげます。➜ 雖為僭越之舉，尚請容我表達個人意見。

**09 承服いたしかねます**
中 無法信服

**10 ご説明が不十分だったこともあるかと存じますので**
中 因為我想先前的說明也許不夠詳細～

例 ご説明が不十分だったこともあるかと存じますので、改めて事情を述べさせていただきます。
➜ 因為我想先前的說明也許不夠詳細，為此讓我重新為您詳述內容。

## ★結語★

### 一般場合

**01 引き続きよろしくお願いいたします** 中 今後仍望惠顧關照

**02 以上、よろしくお願いします**
中 以上，還請多多指教

**03 ご回答をいただければ助かります**
中 若能得到您的解答將幫了我的大忙

例 恐縮ですが、ご回答をいただければ助かります。➜ 雖感冒昧，但若能得到您的解答將幫了我大忙。

**04 なにとぞよろしくお願い申し上げます** 中 祈請多多指教

例 ご協力のほど、なにとぞよろしくお願い申し上げます。
➜ 祈請撥冗協助，多多指教。

**05 今後ともよろしくお願いいたします** 中 今後也請多指教

**06 よろしくお願いいたします**
中 多多指教

例 どうぞよろしくお願いいたします。➜ 請多多指教。

**07 ご検討ください** 中 請研究討論

例 お手数ですが、ご検討ください。➜ 還請勞煩您研究討論。

**08 まずは○○申し上げます**
中 總之先致以○○～

例 まずは謹んでご連絡申し上げます。➜ 總之先致以通知。

**01 今後とも変わらぬご指導のほど、よろしくお願い申し上げます** 中 今後還請繼續予以指教

例 今後とも変わらぬご指導のほど、よろしくお願い申し上げます。➔ 今後還請繼續予以指教。

## 簡略說法

**01 まずは○○かたがた○○まで**
中 在此向您致○○並○○

例 まずはご説明かたがた依頼まで。
➔ 在此向您致以說明並請託。

**02 まずは○○まで** 中 總之先○○～

例 まずは回答まで。
➔ 總之先致以回答。

**03 まずは取り急ぎご○○まで**
中 總之先緊急致以○○～

例 まずは取り急ぎご連絡まで。
➔ 總之先緊急致以通知。

**04 取り急ぎ○○の○○まで**
中 總之先緊急致以○○～

例 取り急ぎお申し出の件の回答まで。
➔ 總之先緊急致以申請一事的回覆。

## 客套說法

**01 今後とも変わらぬご厚誼とご指導のほど、よろしくお願い申し上げます**
中 今後還請繼續給予厚愛和指教

**02 今後とも、ご指導ご鞭撻のほど、よろしくお願い申し上げます** 中 還請多多指教與勉勵

# Unit 14 招呼

為維持商業間和諧友好的關係，而通知關係親密的人及工作上的相關人士發生在自己身上的異動、變更等內容所寫的通知書。

明確寫出要件，同時在以禮貌的辭彙傳達平日以來的感謝時，也不要忘記書寫今後的抱負以及對對方不變的支持來增添好印象。

## 結構

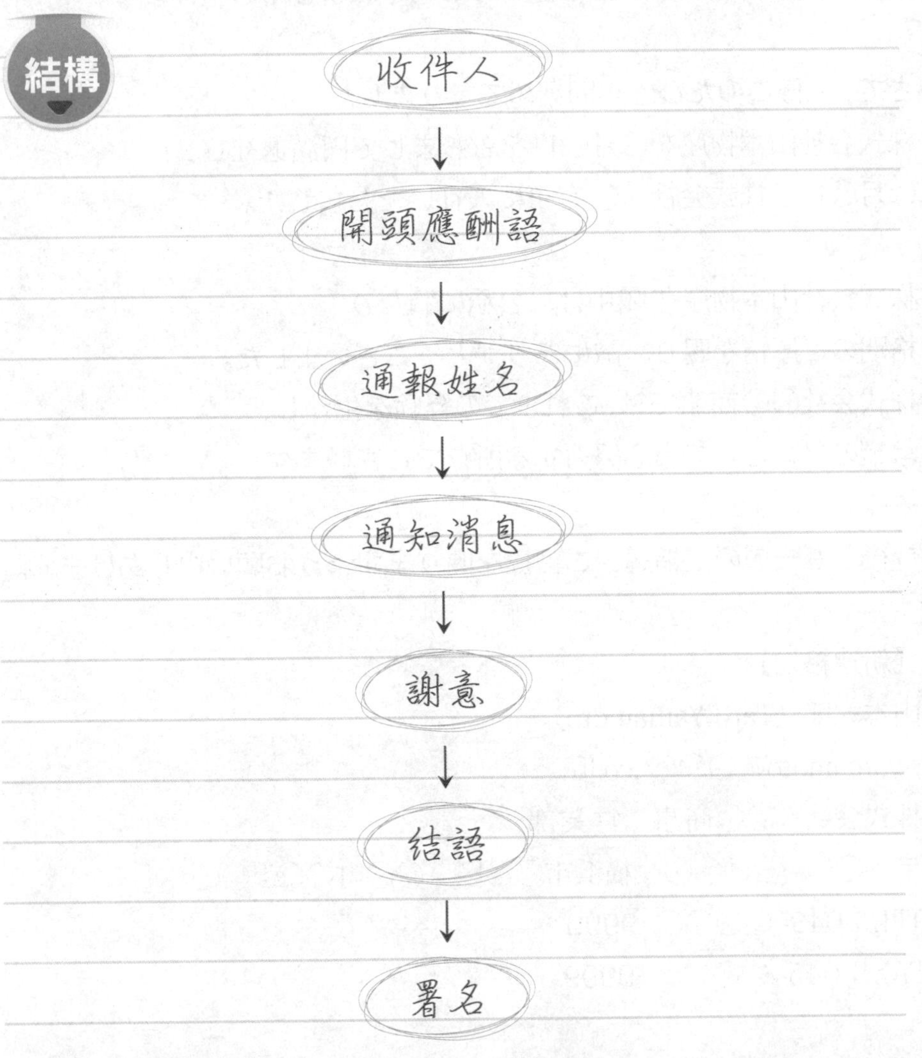

## 14-1 轉職確定時的招呼問候

正文

### 件名：転職のご挨拶

○○○株式会社
○○様

陽春の候、皆様いよいよご健勝のこととお喜び申し上げます。

さて、私儀このたび○年間勤めて参りました
株式会社山本物産を○月○日をもちまして円満退社し、
○月○日、株式会社○○商事に入社いたしました。

株式会社山本物産在職中は、公私にわたり
格別のご厚情を賜り、誠にありがとうございました。
株式会社○○商事では、これまでの経験を生かし、
営業のプロとして専心努力する所存でございます。

今後とも一層のご指導、ご鞭撻を賜りますようお願い申しあげます。

---

【新連絡先】
山本太郎（Taro Yamamoto）
t-yamamoto@ ○○○ .co.jp
株式会社　○○商事　営業部
〒○○○ - ○○○○　横浜市○○区　○○町○○ - ○○
TEL：045- ○○○○ -9999
FAX：045- ○○○○ -9999

---

譯文

## 標題：換工作之招呼問候

○○○股份有限公司
○○敬啟

春意盎然之時、祝各位日益茁壯。

首先，本人於○月○日由工作了○年的山本物產股份有限公司已圓滿結束，並於○月○日進入股份有限公司○○商事。

任職於山本物產股份有限公司期間，感謝公事和私事方面皆受到您特別的愛顧。而我也打算在○○商事股份有限公司裡活用至今為止的經歷，並以營業的專業人致力努力。

謹此祈請今後繼續賜予更上一層的指導及鞭策。

---

【新連絡先】
山本太郎（Taro Yamamoto）
t-yamamoto@ooo.co.jp
股份有限公司　○○商事　營業部
〒○○○ - ○○○○
橫濱市○○區○○町○○ - ○○
TEL：045- ○○○○ -9999
FAX：045- ○○○○ -9999

---

單字

**転職**（てんしょく） 中 換工作

**健勝**（けんしょう） 中 康健

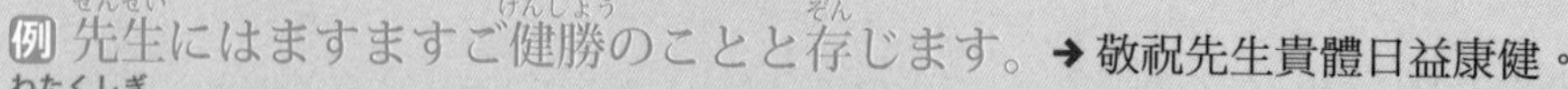

例 先生（せんせい）にはますますご健勝（けんしょう）のことと存（ぞん）じます。→ 敬祝先生貴體日益康健。

**私儀**（わたくしぎ） 中 我

例 私儀（わたくしぎ）この度（たび）退職致（たいしょくいた）しました。→ 我這次離職了。

**退社**（たいしゃ） 中 辭職

**入社**（にゅうしゃ） 中 進公司

**賜る**（たまわる） 中 賜

例 勲章（くんしょう）を賜（たまわ）る。→ 賜予勛章。

**プロ** 中 專家

**所存**（しょぞん） 中 打算

例 来月帰国（らいげつきこく）する所存（しょぞん）です。→ 打算下個月回國。

**鞭撻**（べんたつ） 中 鞭策

例 大（おお）いに自（みずか）ら鞭撻（べんたつ）して将来（しょうらい）の大成（たいせい）を期（き）する。
→ 極力鞭策自己，以期將來有大的成就。

**POINT**

將下述的項目寫進郵件中為佳。

1. 在郵件的開頭記述簡略的季節問候。
2. 正式異動的日期。
3. 新的任職地點。
4. 表達受對方照料的謝意。
5. 對於新生活的抱負。
6. 祈求雙方往後持續不變的聯繫。
7. 新的聯絡方式。

## 14-2 負責人更迭之際的招呼問候

正文

### 件名：担当者交代のご挨拶

○○○株式会社　営業部
○○様

いつもお世話になっております。
株式会社山本物産、営業部の山本太郎でございます。

担当者変更のお知らせをさせていただきます。
4月の人事異動で、5月1日より同じ課の△△が私に代わり
新たに貴社を担当させていただくことになりました。

△△は入社2年目で、食料品部門を担当して参りました。
近日中に、私と△△とで、ご挨拶にお伺いしたいと存じます。

私は輸出部に異動となります。
今まで○○様には大変お世話になり、本当に感謝しております。

今後も変わらぬご指導のほど、なにとぞよろしくお願い申し上げます。

---

山本太郎（Taro Yamamoto）
株式会社　山本物産　営業部　t-yamamoto@ooo.co.jp
〒○○○ -9999　横浜市○○区○○町○ - ○
TEL：045- ○○○○ -9999
FAX：045- ○○○○ -9999

---

譯文

## 標題：負責人交接的招呼

〇〇〇股份有限公司　營業部
〇〇敬啟

感謝您平日的愛戴。
我是山本物產股份有限公司營業部的山本太郎。

於此致上負責人更動之通知。
由於 4 月的人事異動，5 月 1 日起將由同一課的△△來接替我擔任貴公司合作之負責人。

△△進入公司為第 2 年，至今為止為負責食品區部門。
近日內，我將偕同△△前往貴公司拜訪問候。

而我則將轉調至出口部。
至今為止長期受到〇〇（先生／小姐）的厚愛及關照，誠心地感謝您。

祈請今後也一如既往地繼續賜予指導。

---

山本太郎（Taro Yamamoto）
t-yamamoto@ooo.co.jp
股份有限公司　山本物產　營業部
〒〇〇〇 -9999
橫濱市〇〇區〇〇町〇 - 〇
TEL：045- 〇〇〇〇 -9999
FAX：045- 〇〇〇〇 -9999

---

**担当者(たんとうしゃ)** 中 負責人

**参る(まい)** 中 去／來的謙讓語

例 いままでずっと夢中(むちゅう)で働(はたら)いて参(まい)りました。→ 至今一直忘我地工作。

**伺う(うかが)** 中 登門

例 ご挨拶(あいさつ)に伺(うかが)う。→ 登門拜訪。

**世話(せわ)になる** 中 承蒙關照

例 ひとかたならぬ世話(せわ)になる。→ 承蒙格外關照。

**ほど** 中（委婉）

例 ご寛容(かんよう)のほど願(ねが)います。→ 請予寬恕。

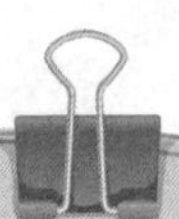

**POINT**

針對繼任者做些簡單的介紹與說明以避免對方感覺不安為佳。

將下述的項目寫入郵件中為佳。

1. 表達受對方照料的謝意。
2. 正式異動日期。
3. 新任負責人的名字。
4. 新的異動地點。
5. 祈求雙方往後持續不變的聯繫。

# 14-3 新分店設立的招呼通知

正文

## 件名：新店舗開店のご挨拶

〇〇〇株式会社
〇〇様

いつもお世話になっております。
株式会社山本物産の山本太郎でございます。

さてこの度、下記の通り、
業務拡張に伴い平成〇年〇月〇日（月）、△△区に新店舗を開店致しました。

△△店開店につきましては、皆様からの温かいご支援、ご協力を賜り、
心からお礼申し上げます。

これを機に、社員一同より一層業務に邁進いたす所存でございますので、
何卒倍旧のご指導ご鞭撻を賜りますようお願い申し上げます。

まずは取り急ぎご挨拶させていただきます。

---

新店舗住所　〒〇〇〇 - 〇〇〇〇　横浜市〇〇区〇 - 〇〇
新店舗連絡先　TEL 045- 〇〇〇〇 - 〇〇〇〇　FAX 045- 〇〇〇〇 - 〇〇〇〇
業務開始日　平成〇年〇月〇日（月）より

---

山本太郎（Taro Yamamoto）

t-yamamoto@ooo.co.jp

株式会社　山本物産　代表取締役社長

〒○○○ -9999

横浜市○○区○○町○ - ○

TEL：045- ○○○○ -9999

FAX：045- ○○○○ -9999

**伴う** 中 伴隨

例 冬山登山には危険が伴う。➔ 冬季登山伴隨著很大的危險。

**賜る** 中 賜　例 勲章を賜る。➔ 賜予勛章。

**一層** 中 更加　例 なお一層の努力を望む。➔ 希望今後更加努力。

**邁進** 中 邁進

**所存** 中 打算　例 来月帰国する所存です。➔ 打算下月回國。

**倍旧** 中 加倍　例 倍旧の努力をする。➔ 加倍努力。

**鞭撻** 中 鞭策

例 大いに自ら鞭撻して将来の大成を期する。➔ 極力鞭策自己，以期將來有大成就。

**取り急ぎ** 中 匆忙　例 取り急ぎお願いまで。➔ 匆忙懇求如上。

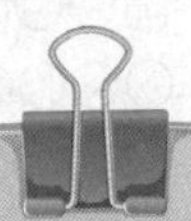

**POINT**

關於新店鋪的住址等應該知會的必要事項須明確記述。

譯文

## 標題：新分店開店的招呼

〇〇〇股份有限公司
〇〇敬啟

感謝您平日的愛戴。
我是山本物產股份有限公司的山本太郎。

首先此次，將如下所述，
伴隨著業務的擴張，於平成〇年〇月〇日（週一），於△△區正式開幕新店鋪。

關於△△店之開幕，受到來自各位溫馨的支援與協助，
由衷地致以謝意。

以此為契機，全體員工也將努力更進一步地邁向拓寬業務，
祈請今後能加倍地繼續賜予指導及鞭策。

總之先致以問候。

---

新店鋪住址〒〇〇〇 - 〇〇〇〇　橫濱市〇〇區〇 - 〇〇
新店鋪聯絡方式 TEL 045- 〇〇〇〇 - 〇〇〇〇　FAX 045- 〇〇〇〇 - 〇〇〇〇
營業開張日　自平成〇年〇月〇日（週一）起

---

山本太郎（Taro Yamamoto）
t-yamamoto@ooo.co.jp
股份有限公司　山本物產　代表董事社長
〒〇〇〇 -9999
橫濱市〇〇區〇〇町〇 - 〇
TEL：045- 〇〇〇〇 -9999
FAX：045- 〇〇〇〇 -9999

---

# 14-4 公司名稱變更之通知

正文

## 件名：社名変更の挨拶を申し上げます

○○○株式会社　総務部
○○様

いつもお世話になっております。
株式会社山本物産、総務部の山本太郎です。

さて、弊社は平成○年○月○日をもちまして
社名を「株式会社ヤマモトプロダクツ」と変更いたしました。

つきましては、更なる社業発展のために一層の努力をいたす所存でございます。
今後とも、ご指導ご鞭撻を賜りたく、お願い申し上げます。

まずは、取り急ぎメールにてご連絡いたします。

---

山本太郎（Taro Yamamoto）
t-yamamoto@ooo.co.jp
株式会社　ヤマモトプロダクツ　総務部
〒○○○ -9999
横浜市○○区○○町○ - ○
TEL：045- ○○○○ -9999
FAX：045- ○○○○ -9999

---

譯文

## 標題：致以公司名稱變更之通知

○○○股份有限公司　總務部
○○敬啟

感謝您平日的愛戴。
我是山本物產股份有限公司總務部的山本太郎。

首先，敝公司於平成○年○月○日起，
將公司名稱變更為「山本產品股份有限公司」。

為此，我們將更進一步地為公司業務拓展而更加努力。
祈請今後也一如既往地繼續賜予指導及鞭策。

總之先以郵件致以通知。

---

山本太郎（Taro Yamamoto）
t-yamamoto@ooo.co.jp
股份有限公司　山本產品　總務部
〒○○○ -9999
橫濱市○○區○○町○ - ○
TEL：045- ○○○○ -9999
FAX：045- ○○○○ -9999

---

**ついては** 中 因此

例 ついては先日ご依頼の件ですが…。→ 因此前日您囑咐的事。

**更なる** 中 更加

例 なお更なる努力を望む。→ 希望今後更加努力。

**一層** 中 更加

例 なお一層の努力を望む。→ 希望今後更加努力。

**所存** 中 打算

例 来月帰国する所存です。→ 打算下個月回國。

**鞭撻** 中 鞭策

例 大いに自ら鞭撻して将来の大成を期する。→ 極力鞭策自己，以期將來有大成就。

**賜る** 中 賜

例 勲章を賜る。→ 賜予勛章。

**先ず** 中 先

例 まずは乾杯しよう 。→ 先乾一杯吧。

**POINT**

站在合作對象的立場來看的話，請款書、貨物憑單等商業填單上的住址、商品寄達處等所有項目都必須進行更改。

因此必須注意最慢也要在一個月前就通知對方。

## 14-5 公司地點遷移之通知

正文

### 件名：社屋移転のお知らせ

〇〇〇株式会社
〇〇様

いつもお世話になっております。
株式会社山本物産、総務部の山本太郎です。

このたび、弊社では業務拡張ならびに人員増大に伴い、
本社機構を下記の通り移転することになりましたのでご案内申し上げます。

本社新住所：〒111-〇〇〇〇　東京都〇〇区〇-〇〇
本社新連絡先：TEL 03-〇〇〇〇-〇〇〇〇　FAX 03-〇〇〇〇-〇〇〇〇
業務開始日：平成〇年〇月〇日（月）より

以上、よろしくお願いします。

山本太郎（Taro Yamamoto）
株式会社　山本物産　総務部　t-yamamoto@ooo.co.jp
〒〇〇〇-9999　横浜市〇〇区〇〇町〇-〇
TEL：045-〇〇〇〇-9999　FAX：045-〇〇〇〇-9999

**POINT**

站在合作對象的立場來看，請款書、貨物憑單等商業填單上的住址、商品寄達處等所有項目都須進行更改。因此最慢也要在一個月前就通知對方。

譯文

## 標題：公司地點遷移之通知

○○○股份有限公司
○○敬啟

感謝您平日的愛戴。
我是山本物產股份有限公司總務部的山本太郎。

此次，由於敝公司的業務拓展及員工之增加，
本公司之業務地點將遷移至下列所記地址，因而於此致上通知。

本公司新住址：〒 111- ○○○○　東京都○○區○ - ○○
本公司新聯絡方式：TEL 03- ○○○○ - ○○○○　FAX 03- ○○○○ - ○○○○
營業開張日：　自平成○年○月○日（週一）起

以上，還請多多指教。

山本太郎（Taro Yamamoto）
股份有限公司　山本物產　總務部　t-yamamoto@ooo.co.jp
〒○○○ -9999　橫濱市○○區○○町○ - ○
TEL：045- ○○○○ -9999　FAX：045- ○○○○ -9999

**社屋**（しゃおく） 中 公司辦公處

**伴う**（ともなう） 中 伴隨

例 冬山登山（ふゆやまとざん）には危険（きけん）が伴（ともな）う。→ 冬季登山伴隨著很大的危險。

**ことになる** 中 必然

例 理屈（りくつ）からいうとどうしてもこういうことになる。→ 從道理上講，必然如此。

## 14-6 新年年初之問候

正文

### 件名：年頭のご挨拶

○○○株式会社
○○様

明けましておめでとうございます。

株式会社山本物産、総務部の山本太郎です。
昨年は、大変お世話になりありがとうございました。

本年も社員一同、皆様にご満足頂けるサービスを心がける所存でございますので、
何とぞ昨年同様のご愛顧を賜わりますよう、お願い申し上げます。
皆様のご健勝と貴社の益々のご発展を心よりお祈り致します。
本年もどうぞ宜しくお願い申し上げます。

新年は○月○日から平常営業とさせて頂きます。
平成○○年　元旦

---

山本太郎（Taro Yamamoto）
t-yamamoto@ooo.co.jp
株式会社　山本物産　総務部
〒○○○ -9999　横浜市○○区○○町○ - ○
TEL：045- ○○○○ -9999
FAX：045- ○○○○ -9999

---

譯文

## 標題：新年年初之問候

〇〇〇股份有限公司
〇〇敬啟

新年快樂。

我是山本物產股份有限公司總務部的山本太郎。
感謝您去年多方的愛戴。

本公司全體員工在新的一年將致力於各項服務以達到令各位滿意，
因此祈請與去年一樣繼續予以關照與愛護。
於此祝福各位的茁壯以及貴公司的日益興隆。
今年也請多多指教。

新年將於〇月〇日起恢復正常營業。
平成〇〇年　元旦

---

山本太郎（Taro Yamamoto）
t-yamamoto@ooo.co.jp
股份有限公司　山本物產　總務部
〒〇〇〇 -9999
橫濱市〇〇區〇〇町〇 - 〇
TEL：045- 〇〇〇〇 -9999
FAX：045- 〇〇〇〇 -9999

---

## 單字

**年頭**（ねんとう） 中 年初

**世話になる**（せわ） 中 承蒙關照

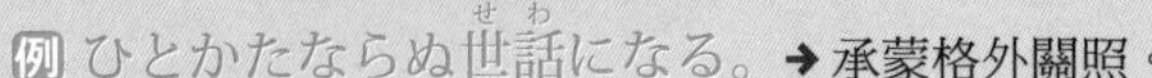
例 ひとかたならぬ世話（せわ）になる。→ 承蒙格外關照。

**サービス** 中 服務

**心がける**（こころ） 中 注意

例 防火（ぼうか）を心（こころ）がける。→ 注意防火。

**所存**（しょぞん） 中 打算

例 来月（らいげつ）帰国（きこく）する所存（しょぞん）です。→ 打算下個月回國。

**賜る**（たまわ） 中 賜

例 勲章（くんしょう）を賜（たまわ）る。→ 賜予勛章。

**健勝**（けんしょう） 中 康健

例 先生（せんせい）にはますますご健勝（けんしょう）のことと存（ぞん）じます。→ 敬祝先生貴體日益康健。

**益々**（ますます） 中 越來越

**POINT**

因為新年是值得慶賀的事，因此在信件中注意不要使用「去年」等字面上含有忌諱意味的用詞，而是以使用「舊年」「昨年」等用詞為佳。並添加記述前一年的感謝及新年的積極態度為佳。

## 14-7 年末時節之問候

正文

### 件名：年末のご挨拶

○○○株式会社
○○様

いつもお世話になっております。
株式会社山本物産、総務部の山本太郎です。

貴社におかれましてはますますご清栄のこととお慶び申し上げます。
今年も残すところ、あとわずかとなりました。
本年は格別のご愛顧を賜り、厚くお礼申し上げます。

来年も○○を始め、少しでもサービスの向上を図るよう、誠心誠意努力する所存ですので、
より一層のご支援を賜りますよう、従業員一同心よりお願い申し上げます。

尚、当社の年末年始の休業期間は下記の通りです。

〔年末年始休業期間〕　12月○日（火）～1月○日（日）
新年は1月○日（月）9：00より営業開始となります。

時節柄、ご多忙のことと存じます。
くれぐれもお身体にはご自愛くださいませ。
来年も相変わらぬご愛顧を頂けますようお願い申し上げて、
歳末のご挨拶とさせて頂きます。

山本太郎（Taro Yamamoto）
株式会社　山本物産　総務部　t-yamamoto@ooo.co.jp
〒○○○ -9999　横浜市○○区○○町○ - ○
TEL：045- ○○○○ -9999　FAX：045- ○○○○ -9999

**ますます** 中 越來越
**清栄** 中 康泰
**わずか** 中 很少
**世話になる** 中 承蒙關照　例 ひとかたならぬ世話になる。➔ 承蒙格外關照。
**賜る** 中 賜　例 勲章を賜る。➔ 賜予勛章。
**厚く** 中 深致
**サービス** 中 服務
**誠心誠意** 中 全心全意
**所存** 中 打算　例 来月帰国する所存です。➔ 打算下個月回國。
**一層** 中 更加　例 なお一層の努力を望む。➔ 希望今後更加努力。
**時節柄** 中 這種季節
例 時節柄お体をたいせつに。➔ 目前這種季節，請多保重。
**多忙** 中 百忙
例 ご多忙のところをおじゃましてすみません。➔ 在您百忙之中來打擾，很抱歉。
**くれぐれも** 中 千萬
例 くれぐれも油断なさらぬよう。➔ 請注意千萬不要大意。
**自愛** 中 保重身體　例 炎暑の候，ご自愛ください。➔ 盛夏之季，請保重身體。

譯文

## 標題：年末時節之問候

〇〇〇股份有限公司
〇〇敬啟

感謝您平日的愛戴。
我是山本物產股份有限公司總務部的山本太郎。

祝貴公司日益興隆。
距離今年的尾聲，也剩沒多少天了。
今年受到您特別地關照，於此致上深厚的謝意。

明年也將為多少能夠提高服務品質，開始〇〇以誠心誠意地努力，
因此於此祈請賜以更多的關照與支援，全體員工於此致上請託。

此外，本公司於過年時節的休息期間如下。

〔過年時節休息期間〕　12 月〇日（週二）～ 1 月〇日（週日）
新的一年將於 1 月〇日（週一）9：00 起開始營業。

於此時節，想必您是百般繁忙。
但懇切地祈請您好好保重身體。
明年也請一如既往地賜予關照與愛戴，
於此作為年底歲末之問候。

山本太郎（Taro Yamamoto）
股份有限公司　山本物產　總務部　t-yamamoto@ooo.co.jp
〒〇〇〇 -9999　橫濱市〇〇區〇〇町〇 - 〇
TEL：045- 〇〇〇〇 -9999　FAX：045- 〇〇〇〇 -9999

**POINT**

因為也有年底提早放假的人，因此注意要在工作進入尾聲的一個禮拜前寄出通知。

# 關於「招呼」信函的好用句

## ★開頭語★

**01 いつもお世話になりありがとうございます**

**中 感謝您一直以來的照顧**

例 いつもお世話になりありがとうございます。

➔ 感謝您一直以來的照顧。

**02 ご無沙汰しておりますが、いかがお過ごしですか**

**中 久疏問候，過得如何？**

例 ご無沙汰しておりますが、お変わりなくお過ごしのことと存じます。

➔ 久疏問候，想必一切與往常無異。

**03 お世話になっております**

**中 承蒙關照**

例 日頃は大変お世話になっております。チェリー株式会社の山本です。➔ 平日承蒙您的諸多關照了。我是櫻桃股份有限公司的山本。

**04 お久しぶりです**　**中 好久不見**

例 昨年のセミナーでお会いして以来でしょうか。お久しぶりです。➔ 最後一次相見是在去年的研討會了吧。好久不見。

**05 ご無沙汰しております**

**中 好久不見／久疏問候**

例 日々雑事におわれ、ご無沙汰しております。

➔ 因每日雜務繁忙，以致久疏問候。

**06 いつもお世話になっております**

**中 感謝您一直以來的照顧**

例 いつもお世話になっております。

➔ 感謝您一直以來的照顧。

**07 いつも大変お世話になっております**　**中 感謝您一直以來的照顧**

例 いつも大変お世話になっております。➔ 感謝您一直以來的照顧。

**08 さっそくお返事をいただき、うれしく思います**

**中 收到您快速的回覆，我感到高興**

例 ご多忙のところ早速メールをいただき、とてもうれしく存じました。➜ 在您百忙之中仍即刻地收到您的郵件，感到非常地開心。

**09 ご連絡ありがとうございます**

中 謝謝您的聯繫

例 さっそくご返信、ありがとうございます。➜ 謝謝您的即刻回信。

**10 突然のメールで失礼いたします**

中 唐突致信打擾了

例 突然のメールで失礼いたします。貴社のウエブサイトを拝見してご連絡させていただきました。➜ 唐突致信打擾了。因為瀏覽了貴公司的網站，所以冒昧地聯繫貴公司。

**11 はじめてご連絡いたします**

中 初次與您聯繫

例 はじめてご連絡いたします。チェリー株式会社で輸出を担当しております山本と申します。

➜ 初次與您聯繫。我是在櫻桃股份有限公司裡負責出口的山本。

**12 はじめまして** 中 初次見面，您好

例 はじめまして、チェリー株式会社輸出部の山本です。

➜ 初次見面，您好。我是櫻桃股份有限公司出口部的山本。

## 正式場合

**01 いつもお引き立ていただき誠にありがとうございます**

中 感謝您一直以來的惠顧

**02 いつもお心遣いいただき、まことにありがとうございます**

中 總是受到您的細心掛念，衷心地感謝

例 いつも温かいお心遣いをいただき、まことにありがとうございます。➜ 總是受到您溫馨的細心掛念，衷心地感謝。

**03 いつもお心にかけていただき、深く感謝申し上げます** 中 總是受到您的關懷，謹此致以深深的謝意

例 平素よりなにかとお心にかけていただき、まことにありがたく存じます。➜ 平日便受到您的諸多關懷，衷心覺得感謝。

**04 いつも格別のご協力をいただきありがとうございます**

中 謝謝您一直以來的合作

**01 平素はご愛顧を賜り厚くお礼申しあげます**

中 感謝您一直以來的愛顧

**02 貴社ますますご清栄のこととお慶び申し上げます**

中 祝貴司日益興隆

## ★正文★

**01 〇〇をもちまして〇〇させていただきます** 中 確定將於〇〇時～

例 名古屋支店は３月末日をもちまして閉店させていただきます。

➔ 名古屋分店確定將於3月的最後一天停止營業。

**02 今後のことにつきましては未定ですが**

中 關於今後的動靜雖然還是未定～

例 今後のことにつきましては未定ですが、決まり次第、改めてご報告いたします。

➔ 關於今後的走向雖然還是未定，但只要一有決定，會再重新向各位報告。

**03 ～へ転出いたしました**

中 轉調往～

例 このたび、私こと、人事異動にて神戸支店へ転出いたしました。➔ 此次，因私人因素，將人事異動轉調到神戸分店。

**04 ～勤務を命じられ、このほど着任いたしました**

中 因受派工作，最近上任～

例 私、このたび、神戸支社勤務を命じられ、このほど着任いたしました。

➔ 此次，我受派到神戶分店的工作，最近剛上任。

**05 〇〇より△△となりました**

中 從〇〇變成了△△

例 このたび、私こと、人事異動にて本社営業本部より神戸営業所勤務となりました。

➔ 此次，因私人因素，我將人事異動從總公司總部轉調為神戶營業機關。

**06 私こと○○が勤めさせていただきます** 中 將由○○我來接任職務

例 私こと山本が勤めさせていただきます。

→ 將由山本我來接任職務。

**07 私こと○○が担当させていただくことになりました** 中 已由○○我接下負責人之職

例 営業は、私こと山本が担当させていただくことになりました。

→ 營業方面已由山本我接下負責人一職。

**08 後任として○○が貴社を担当させていただくことになりましたので** 中 因為繼任者○○將接手負責接洽貴公司～

例 後任として山本が貴社を担当させていただくことになりましたので、私同様よろしくお引き立てのほど、お願いいたします。

→ 繼任者是敝公司的山本將接手負責接洽貴公司，還祈請您能像之前一樣繼續給予愛戴。

**09 後任には○○が就任いたしました** 中 接任者則由○○來接手

例 なお、後任には山本が就任いたしました。私同様ご指導、ご鞭撻のほどお願い申しあげます。

→ 接下來，接任者已由山本來接手。還祈請您能既如往常地給予指教及鞭策。

**10 株式会社○○の△△に就任いたしました** 中 赴任成為股份有限公司○○的△△

例 私、このたび、山本太郎の後任として株式会社チェリーの代表取締役社長に就任いたしました。

→ 此次，我以山本太郎的繼任者之姿接任成為櫻桃股份有限公司的董事長。

**11 ○○に選出されました** 中 被選為～

例 5月30日の総会において、不肖、私が理事長に選出されました。→ 在5月30日的全體大會中，不才的我被選為理事長。

**12 このたび○○会社を円満退社いたし、△△会社に入社いたしました** 中 此次我自○○公司功成身退，成為△△公司的職員

例 このたびプラム株式会社を円満退社いたし、チェリー株式会社会社に入社いたしました。

→ 此次我自李子股份有限公司功成身退，成為櫻桃股份有限公司的職員。

**13 このたび○○株式会社を○月○日付けで退社することになりました** 中 此次，確定於○月○日辭去○○股份有限公司的職務

例 このたびプラム株式会社を１２月２５日付けで退社することになりました。➔ 此次確定於 12 月 25 日辭去在李子股份有限公司的工作。

## 14 ～に配属されました

中 被分配到～

例 このたび、私こと、人事異動にて輸出３課に配属されました。

➔ 此次，因私人因素，人事異動被分配到出口部3課。

## 15 このたび都合により

中 此次因應～原因

例 このたび都合により名古屋支店を閉店させていただきます。

➔ 此次因應（例：公司政策），將停止名古屋分店之營業。

## 16 今後しばらくは休養の予定ですが

中 雖然近期預定靜養一段時間～

例 今後しばらくは休養の予定ですが、落ち着きましたら活動を再開する予定です。

➔ 雖然近期預定靜養休息一段時間，但待情況穩定之後預計恢復活動。

## 17 念願叶いまして

中 長久以來的願望實現～

例 念願叶いまして、デザイナーとして独立するこになりました。

➔ 實現了長久以來的願望，以設計師的身分自立門戶。

## 18 かねてからの念願でした

中 曾是長久以來的心願

例 私このたび、かねてからの念願でした会社を設立する運びとなりました。

➔ 我於此次，開始進行成立長久以來夢想已久的公司。

## 19 新会社を設立、開業させていただくことになりました

中 設立了新公司然後開始營業

例 このたび、私どもは、IPS細胞事業化を行う新会社を設立、開業させて いただくことになりました。

➔ 此次，我們設立了進行IPS人工多能性幹細胞企業化的新公司，然後開始營業。

## 20 新会社を設立いたしました

中 設立了新公司

例 プラム株式会社を円満退社し、かねてより念願の新会社を設立いたしました。

➔ 自李子股份有限公司功成身退，自行創業設立了夢想以久的新公司。

## 21 [閉店／廃業] させていただきます

中 請讓～ 停業／歇業

例 この度３月末日をもちまして閉店させて頂きます。 長い間ご愛顧いただきました皆々様に心から厚く御礼申し上げます。

➔ 此次，決定將於三月最後一天停止營業。對於各位長久以來的愛戴，謹此誠心致以深深的謝意。

**22 ○○は解散し、廃業いたします**

**中 ○○將解散並停止營業**

例 チェリー株式会社は３月末日をもって解散し、廃業いたします。➔ 櫻桃股份有限公司將於 3 月最後一天解散並停止營業。

**23 ○月○日をもって閉鎖いたします　中 將於○月 ○日歇業**

例 弊社はこれまで 10 年間にわたり、皆様のご厚情によりまして営業してまいりましたが、３月末日をもって閉鎖いたします。

➔ 承蒙各位厚愛，敝公司迄今營業逾10年歲月，將於3月最後一天停止營業。

**24 ○月○日をもって閉鎖することに決定いたしました**

**中 決定於○月○日停止營業**

例 弊社はこれまで 10 年間にわたり、皆様のご厚情によりまして営業してまいりましたが、３月末日をもって閉鎖することに決定いたしました。

➔ 承蒙各位厚愛，敝公司迄今營業逾10年歲月，決定於3月最後一天停止營業。

**25 このたび、○○することとなりました　中 謹此通知**

例 このたび、転居することとなりましたのでお知らせいたします。

➔ 因為搬到了新的住處，特謹此通知。

**26 恐縮しております　中 過意不去**

例 今般はなみなみならぬご指導をいただきまして恐縮しております。

➔ 這次受您細心的指導，感到過意不去。

**27 お忙しいところ恐れ入りますが**

**中 在您很忙的時候打擾了**

例 お忙しいところ恐れ入りますが、ご確認のほどよろしくお願いいたします。➔ 在您很忙的時候打擾了，但請您確認一下。

**28 恐れ多いことと　中 實在不敢當**

例 わざわざ当社まで出向いていただき、恐れ多いことと感謝しております。

➔ 讓您特意前來敝社，實在不敢當，我們深表感謝。

**29 このたび一身上の都合により、○○株式会社を辞職いたしました　中 此次，因個人因素，已辭去○○股份有限公司的工作**

例 このたび一身上の都合により、プラム株式会社を辞職いたしました。

→ 此次，因個人因素所致，已辭去李子股份有限公司的工作。

**30 今後の方針はまだ決定しておりませんが**

中 今後的策略／方向雖然還尚未決定～

例 今後の方針はまだ決定しておりませんが、じっくり考えて新しい職場を探したいと思っております。

→ 今後的方向雖然還尚未決定，但我打算仔細地思考一番後再開始找新公司。

## 正 式 場 合

**01 ○○を担うこととなりました**

中 揹負／扛起 ○○

例 不肖、私が山本太郎の後を受けて、理事長の重責を担うこととなりました。

→ 不才的我繼承山本太郎之後，揹負了身為理事長的重責大任。

**02 今後は、新しい会社において全力を尽くしていきたいと存じております**

中 從現在開始，打算盡全力地為新公司付出心血

例 今後は、新しい会社において全力を尽くしていきたいと存じております。→ 從現在開始，打算盡全力地為新公司付出心血。

**03 今後は、これまでの経験を生かして、一層の精進を重ねてまいる所存でございます**

中 今後我想要活用到目前為止的經歷，然後追求更上一層樓的磨練

例 今後は、これまでの経験を生かして、一層の精進を重ねてまいる所存でございます。

→ 今後我想要活用到目前為止的經歷，然後追求更上一層樓的磨練。

**04 在職中は絶大なるご支援と心温まるご指導を賜りまして**

中 任職期間承蒙莫大的支援以及暖人心懷的指教～

例 在職中は絶大なるご支援と心温まるご指導を賜りまして、誠にありがとうございました。

→ 衷心地感激任職期間承蒙您莫大的支援以及暖人心懷的指教。

**05 在職中は公私にわたり格別のご厚情を賜り、厚くお礼申しあげます**

中 任職期間於公於私皆承蒙您特別地厚愛照料，謹此致以深深的謝意

例 在職中は公私にわたりまして格別のご厚情を賜り、厚くお礼申しあげます。

➜ 任職期間於公於私皆承蒙您特別地厚愛與照料，謹此致以深深的謝意。

### 06 在職中はひとかたならぬお世話をいただきまして

中 任職時承蒙萬般照顧～

例 在職中はひとかたならぬお世話をいただきまして、誠にありがとうございました。

➜ 任職期間承蒙您萬般照顧，誠心地表達謝意。

### 07 このたび諸般の事情により

中 此次因種種緣由～

例 諸般の事情により来る３月末日をもちまして廃業いたすことになりました。

➜ 因種種緣由，確定將於即將來到的3月的最後一天停止營業。

### 08 ○月○日をもって△△勤務を命じられ、同日赴任いたしました

中 我於○月○日受派△△職務，並於同日上任

例 私、このたび、４月１日付けをもって神戸営業所勤務を命じられ、同日赴任いたしました。

➜ 此次，我於4月1日受派至神戶營業機關的職務，並於同日上任。

### 09 ○○の役を仰せつかりました

中 受命做○○的職務

例 不肖、私が理事長の役を仰せつかりました。

➜ 不才的我受命擔任理事長的職務。

### 10 浅学非才の身にございますが

中 雖然我尚為才智淺薄之身～

例 浅学非才の身にございますが、全力で進んでまいりたいと存じます。➜ 雖然我尚為才智淺薄之身，但我會盡全力去做。

### 11 このたび、○○する運びと相成りました

中 此次，正式確定○○～

例 このたび、お陰様にて横浜支店を開設することとなりました。

➜ 此次，託各位的福，正式確定設立橫濱分店。

### 12 恐縮至極に存じます

中 過意不去

例 お心遣い恐縮至極に存じます。

➜ 受到您百般顧慮照拂，實為過意不去。

### 13 今後は、新しい職場で心機一転、業務に精励する所存でございます

中 從現在開始，打算轉換想法在新公司好好地認真工作

**14 私こと○○がご用命を承ることになりました**

**㊥ ○○我，於此接下達成工作的囑咐**

例 私こと山本がご用命を承ることになりました。

➔ 山本我，於此接下達成工作的囑咐。

**15 新会社を発足する運びとなりました** **㊥ 開始了新公司的運作**

例 4 月 1 日に新会社を発足する運びとなりました。

➔ 4月1日起正式開始了新公司的運作。

**16 ○月○日をもって閉鎖することに相成りました**

**㊥ 確定將於○月 ○日停止營業**

例 弊社はこれまで 10 年間にわたり、皆様のご厚情によりまして営業してまいりましたが、3 月末日をもって閉鎖することに相成りました。➔ 承蒙各位厚愛，敝公司迄今營業逾 10 年歲月，確定將於 3 月最後一天停止營業。

## 客套說法

**01 私同様ご指導、ご鞭撻のほどお願い申しあげます** **㊥ 謹此祈請一如既往地繼續賜予指導及鞭策**

例 後任として山本が貴社を担当させていただくことになりました。私同様ご指導、ご鞭撻のほどお願い申しあげます。

➔ 敝公司的山本將繼任接手負責接洽貴公司。謹此祈請一如既往地繼續賜予指導及鞭策。

**02 私同様よろしくお引き立てのほど、お願いいたします** **㊥ 謹此祈請既如往常地繼續支持給予愛戴**

例 なお、後任には山本が就任いたしました。私同様よろしくお引き立てのほど、お願いいたします。

➔ 接下來，接任者已由山本來接手。謹此祈請您能既如往常地繼續支持給予愛戴。

## ★結語★

### 一般場合

**01 よろしくお願いいたします**

中 多多指教

例 どうぞよろしくお願いいたします。➜請多多指教。

**02 なにとぞよろしくお願い申し上げます** 中 祈請多多指教

例 ご協力のほど、なにとぞよろしくお願い申し上げます。

➜祈請撥冗協助，多多指教。

**03 以上、よろしくお願いします**

中 就這些，請多多指教

**04 引き続きよろしくお願いいたします** 中 今後仍望惠顧關照

**05 今後ともよろしくお願いいたします** 中 今後也請多指教

**06 まずは○○申し上げます**

中 總之先致以○○～

例 まずは謹んでご挨拶申し上げます。

➜總之先致以問候。

### 正式場合

**01 今後とも変わらぬご指導のほど、よろしくお願い申し上げます** 中 今後還請繼續予以指教

**02 皆様のますますのご発展を心よりお祈り申し上げます**

中 一路順風

**03 今後ともよろしくご指導くださいますようお願い申し上げます**

中 還請多指教

**04 皆様の一層のご活動をご期待申し上げます** 中 一路順風

**05 皆様のますますのご活躍を心よりお祈り申し上げます**

中 一路順風

**06 皆様の一層のご健康を心よりお祈り申し上げます**

中 敬祝大家身體健康

**07 まずは○○かたがた○○まで**

中 在此向您致○○並○○

例 まずはお礼(れい)かたがたご挨拶(あいさつ)まで。

→ 在此向您致道謝並問候。

## 簡略說法

**01 まずは取(と)り急(いそ)ぎご○○まで**

中 總之先致以○○~

例 まずは取(と)り急(いそ)ぎご挨拶(あいさつ)まで。

→ 總之先致以問候。

**02 まずは○○まで**

中 總之先○○~

例 まずはご挨拶(あいさつ)まで。

→ 總之先致以問候。

**03 取(と)り急(いそ)ぎ○○の○○まで**

中 總之先致以○○~

例 取(と)り急(いそ)ぎ転職(てんしょく)のご挨拶(あいさつ)まで。

→ 總之先致以工作轉職的問候。

## 客套說法

**01 今後(こんご)とも変(か)わらぬご厚誼(こうぎ)とご指導(しどう)のほど、よろしくお願(ねが)い申(もう)し上(あ)げます**

中 今後還請繼續予以厚愛和指教

例 今後(こんご)とも変(か)わらぬご厚誼(こうぎ)とご指導(しどう)のほど、よろしくお願(ねが)い申(もう)し上(あ)げます。

→ 今後還請繼續予以厚愛和指教。

**02 今後(こんご)とも、ご指導(しどう)ご鞭撻(べんたつ)のほど、よろしくお願(ねが)い申(もう)し上(あ)げます**

中 還請多多指教與勉勵

例 今後(こんご)とも、ご指導(しどう)ご鞭撻(べんたつ)のほど、よろしくお願(ねが)い申(もう)し上(あ)げます。

→ 還請多多指教與勉勵。

# Unit 15 致謝

為傳達感激之情，寄信給對方的時間點相當重要。最好是在當天、最慢也要在隔天之中寄出郵件。

此外，對受到照顧或體會到對方的深厚情誼而表示感謝時，率直地直接表達感激之情會更容易傳達給對方。

## 結構

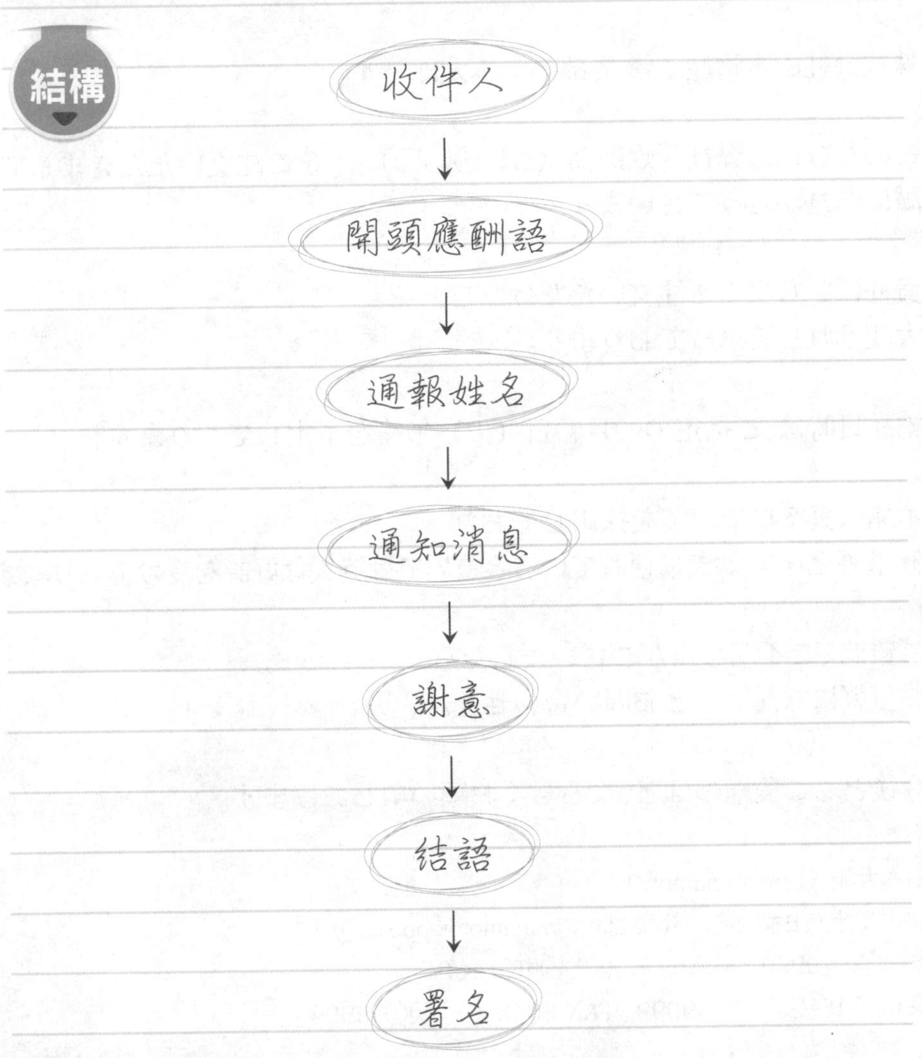

# 15-1 訂單承接後向訂貨人表示謝意

正文

## 件名：「炊飯器」ご注文のお礼

○○○株式会社
○○様

いつもお世話になっております。

株式会社山本物産、営業部の山本太郎です。

このたびは、弊社「炊飯器（SH- ○○○）」をご注文いただきまして、
誠にありがとうございます。

貴社にいち早くご注文いただけたことを、
大変うれしく思っております。

納品日時は、ご指定の○月○日（火）午後を予定しております。

本品は真空構造の釜を採用しており、
軽量性と圧力炊きに優れていると業界では絶大な好評を受けております。

ご質問、ご不明な点がございましたら
お気軽になんなりとお問い合わせください。

今後ともご愛顧のほど、よろしくお願い申しあげます。

---

山本太郎（Taro Yamamoto）
株式会社　山本物産　営業部　t-yamamoto@ooo.co.jp
〒○○○ -9999　横浜市○○区○○町○ - ○
TEL：045- ○○○○ -9999　FAX：045- ○○○○ -9999

---

譯文

## 標題：感謝您訂購「飯鍋」

〇〇〇股份有限公司
〇〇敬啟

感謝您平日的愛戴。
我是山本物產股份有限公司營業部的山本太郎。

此次，您下訂敝公司的「飯鍋（SH-〇〇〇）」，
衷心地非常感謝您。

能這麼快地收到貴公司的訂單，
我方感到非常地高興。
到貨日已預定為您指定的〇月〇日（週二）下午。

本製品採用真空構造的內鍋，
於輕質性及壓力蒸煮上也極為優秀，這點也廣受業界的讚賞好評。

如有任何疑問、不明之處，
不管是什麼都請隨時歡迎詢問。

祈請今後也繼續賜予愛戴。

---

山本太郎（Taro Yamamoto）
t-yamamoto@ooo.co.jp
股份有限公司　山本物產　營業部
〒〇〇〇 -9999
橫濱市〇〇區〇〇町〇 - 〇
TEL：045- 〇〇〇〇 -9999
FAX：045- 〇〇〇〇 -9999

---

單字

**注文**（ちゅうもん） 中 訂貨

**世話になる**（せわになる） 中 承蒙關照

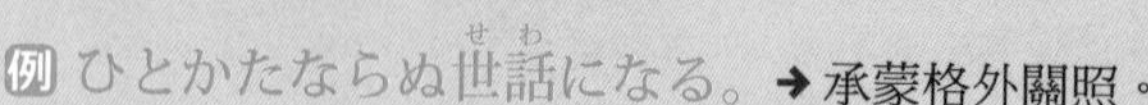
例 ひとかたならぬ世話（せわ）になる。→ 承蒙格外關照。

**納品**（のうひん） 中 交貨

**指定**（してい） 中 指定

**好評**（こうひょう） 中 好評

例 初出演（はつしゅつえん）は好評（こうひょう）を得（え）た。→ 首次演出博得好評。

**不明**（ふめい） 中 不清楚

例 本態（ほんたい）はいまだに不明（ふめい）だ。→ 本來的面目至今還不清楚。

**気軽**（きがる） 中 隨便

例 いつでも気軽（きがる）にお立（た）ち寄（よ）りください。→ 隨時請隨便來坐一坐。

**なんなり** 中 不管什麼

例 なんなりとご用命（ようめい）ください。→ 不管什麼，您儘管吩咐。

**POINT**

1. 不僅是成功取得訂單後向對方致謝，還可以藉此提升公司形象或公司致力於的形象和重點發展的營業項目也盡可能地傳達給對方。
2. 因為今後在工作合作上的信賴關係很重要，因此給予對方積極的印象是很重要的。

## 15-2 合作交易成立後向對方表示謝意



### 件名：お取引のご快諾ありがとうございました

○○○株式会社
○○様

取り急ぎ、お礼のメールを差し上げます。
株式会社山本物産、総務部の山本太郎です。

このたびは、新規お取引をご快諾いただき、
誠にありがとうございました。
貴社のご高配に、弊社社長　△△も、感謝しております。

誠実に対応させていただき、
貴社のご厚情にお応えしたいと存じます。
今後とも、末永くご愛顧を賜りますようお願い申し上げます。

まずは、メールにて失礼ですが、心よりお礼申し上げます。

---

山本太郎（Taro Yamamoto）
t-yamamoto@ooo.co.jp
株式会社　山本物産　営業部
〒○○○ -9999
横浜市○○区○○町○ - ○
TEL：045- ○○○○ -9999
FAX：045- ○○○○ -9999

---

譯文

## 標題：感謝欣然允諾合作一事

〇〇〇股份有限公司
〇〇敬啟

匆促之中，總之先致以道謝之郵件。
我是山本物產股份有限公司總務部的山本太郎。

此次，您欣然同意與我方進行初次合作，
衷心地非常感謝您。
對於貴公司的關懷，敝公司的社長△△也深感銘謝。

我們將以誠實懇切的態度，
來回應貴公司的厚愛。
祈請今後也能繼續長久地賜予愛戴。

總之，透過郵件雖然感到失禮，但於此誠心地致上謝意。

---

山本太郎（Taro Yamamoto）
t-yamamoto@ooo.co.jp
股份有限公司　山本物產　營業部
〒〇〇〇 -9999
橫濱市〇〇區〇〇町〇 - 〇
TEL：045- 〇〇〇〇 -9999
FAX：045- 〇〇〇〇 -9999

---

## 單字

**快諾** 中 欣然同意

例 原作者の快諾を得て日本語に訳して出版した。
→ 取得作者的欣然同意，譯成日語出版了。

**取り急ぎ** 中 匆忙

例 取り急ぎお願いまで。→ 匆忙懇求如上。

**差し上げる** 中 奉上

**取引** 中 交易

**高配** 中 關照

例 ご高配にあずかりまして恐れ入ります。→ 承蒙您的關照，不勝感激。

**存ずる** 中 想

例 お元気でお過ごしのことと存じます。→ 我想您一定很健康。

**賜る** 中 賜

例 勲章を賜る。→ 賜予勳章。

## POINT

1. 不僅是成功取得訂單後向對方致謝，還可以藉此提升公司形象或公司致力於的形象和重點發展的營業項目也要盡可能地傳達給對方。
2. 因為今後在工作合作上的信賴關係很重要，因此給予對方積極的印象是很重要的。

# 15-3 資料寄達後向對方表示謝意

正文

## 件名：「炊飯器・○年度版カタログ」拝受いたしました

○○○株式会社
○○様

いつもお世話になっております。
株式会社山本物産、営業部の山本太郎です。

先般お願いいたしました貴社の「炊飯器・○年度版カタログ」拝受いたしました。
早速のお手配、感謝申し上げます。

おかげさまで、来年度の購入計画を作成することができました。
改めて、発注の際には利用させていただきます。
その際には、お手数をおかけすると存じますが、
どうぞよろしくお願い申し上げます。

近々、改めてご挨拶に伺いますが、
取り急ぎ、メールにてご報告かたがたお礼申し上げます。

---

山本太郎（Taro Yamamoto）
株式会社　山本物産　営業部　t-yamamoto@ooo.co.jp
〒○○○ -9999　横浜市○○区○○町○ - ○
TEL：045- ○○○○ -9999　FAX：045- ○○○○ -9999

---

譯文

## 標題：「飯鍋・〇年度版本型錄」已收達

〇〇〇股份有限公司
〇〇敬啟

感謝您平日的愛戴。
我是山本物產股份有限公司營業部的山本太郎。

先前向您委託的貴公司之「飯鍋・〇年度版本型錄」已收到。
對於您快速的安排，於此致以謝意。

託您的福，也才能進行明年度的訂購計畫。
此型錄我方也將於訂購之際再次使用。
到時候雖然會向您添上麻煩，
還請多多指教。

近日之內，將重新再次前訪拜訪問候，
匆促之間，總之先透過郵件致以報告及謝意。

---

山本太郎（Taro Yamamoto）
t-yamamoto@ooo.co.jp
股份有限公司　山本物產　營業部
〒〇〇〇 -9999
橫濱市〇〇區〇〇町〇 - 〇
TEL：045- 〇〇〇〇 -9999
FAX：045- 〇〇〇〇 -9999

---

單字

**カタログ** 中 目錄

**拝受** 中 接到

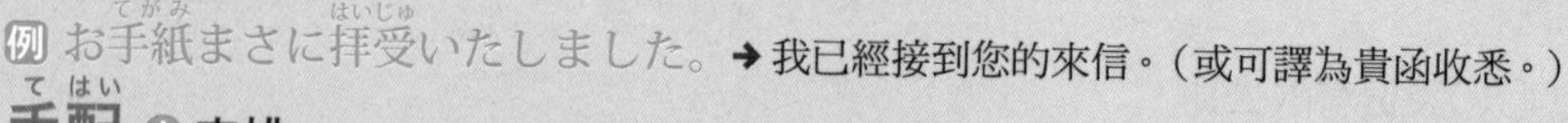

例 お手紙まさに拝受いたしました。➔ 我已經接到您的來信。（或可譯為貴函收悉。）

**手配** 中 安排

例 ホテルの手配はいたしました。➔ 旅館已經安排了。

**発注** 中 訂貨

**手数** 中 麻煩

例 ご多用中お手数をかけてすみません。➔ 在您百忙中來麻煩您，真對不起。

**伺う** 中 登門

例 ご挨拶に伺う。➔ 登門拜訪。

**かたがた** 中 順便

例 映画を見るかたがた友人を訪問した。➔ 看電影，順便去看朋友。

**POINT**

1. 型錄資料等的寄送本為對方的工作之一，因此沒有必要特地致謝。但是一般在特地請對方寄給原本就不對外不公開的資料文件等特別的情況時，對於對方的親切回應，應以書信回以感謝，才不會失禮。
2. 透過添加記述將如何活用對方的資料文件加以說明，也能讓對方理解並增加往後也能給予我方協助的機率。

## 15-4 下訂商品送達後向對方表示謝意



件名：納品ありがとうございました

○○○株式会社
○○様

いつもお世話になっております。
株式会社山本物産、総務部の山本太郎です。

急な発注にもかかわらず、迅速なご対応をしていただき、ありがとうございました。

心よりお礼申し上げます。

販売開始後、想定外の商品不足が生じ、困惑しておりましたが、
おかげさまでスタッフ一同、安堵することができました。

今後は、このようなご迷惑がかからないよう、余裕のある発注をしていきたい所存です。

取り急ぎ、お礼申し上げます。

---

山本太郎（Taro Yamamoto）
株式会社　山本物産　営業部　t-yamamoto@ooo.co.jp
〒○○○ -9999　横浜市○○区○○町○ - ○
TEL：045- ○○○○ -9999　FAX：045- ○○○○ -9999

---

譯文

## 標題：感謝商品之送達

○○○股份有限公司
○○敬啟

感謝您平日的愛戴。
我是山本物產股份有限公司總務部的山本太郎。

雖為匆促之中的下訂，您還是盡速地予以安排回應，非常地感謝您。
誠心地向您致上謝意。

銷售開始後，意料之外竟發生商品存貨不足的狀況，為此感到相當地困擾，
但託您的福與協助，我方全體員工也才能夠放下心。

今後我方將為不再對您造成類似的困擾，好好地做好事前準備，再向您下訂單。

總之先致以感謝。

---

山本太郎（Taro Yamamoto）
t-yamamoto@ooo.co.jp
股份有限公司　山本物產　營業部
〒○○○ -9999
橫濱市○○區○○町○ - ○
TEL：045- ○○○○ -9999
FAX：045- ○○○○ -9999

---

**納品**（のうひん） 中 交貨

**発注**（はっちゅう） 中 訂貨

**想定外**（そうていがい） 中 意料之外

**困惑**（こんわく） 中 不知所措

例 先行き（さきゆ）がはっきりせず困惑（こんわく）する。➜ 前途茫然不知所措。

**スタッフ** 中 員工

**一同**（いちどう） 中 全體

**安堵**（あんど） 中 放心

例 安堵（あんど）の胸（むね）をなでおろす。➜ 放下了心。

**迷惑**（めいわく） 中 多餘的

例 ご迷惑（めいわく）をおかけして誠（まこと）にすみません。➜ 給您添麻煩實在對不起。

**余裕**（よゆう） 中 餘裕

例 忙（いそが）しくて時間（じかん）の余裕（よゆう）がない。➜ 忙得沒有多餘的時間。

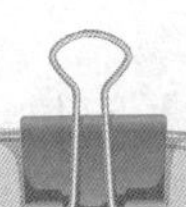

**POINT**

1. 一般而言，在訂單下訂後到出貨為止的日常作業的一環順利完成後會致以感謝，為純粹表示謝意，是極為簡單的郵件。
2. 但是倘若在下訂單到出貨的期間發生了許多曲折，並且是在添了對方些許不便的狀況下，不僅是對對方的致謝，還有致歉、慰勞等內容也應當記述於郵件中，並盡量將所有細節都設想周全。

## 15-5 收到店舗開幕祝賀後表示謝意

正文

### 件名：お越しいただき、ありがとうございます

○○○株式会社
○○様

いつもお世話になっております。

株式会社山本物産、総務部の山本太郎です。

この度、○○店の開店祝いにおいでいただき、ありがとうございました。

○○様のご祝辞、スタッフ一同嬉しく拝聴いたしました。

この○○店は、東急沿線での事業展開におけるサテライト店として位置づけており、その成果が大いに期待されています。

これからは、店長の△△を筆頭に邁進してまいりますので、

今後ともよろしくご指導、ご鞭撻してくださいますようにお願い申し上げます。

取り急ぎ、お礼申し上げます。

---

山本太郎（Taro Yamamoto）
株式会社　山本物産　営業部　t-yamamoto@ooo.co.jp
〒○○○ -9999　横浜市○○区○○町○ - ○
TEL：045- ○○○○ -9999　FAX：045- ○○○○ -9999

---

譯文

## 標題：感謝特此來訪

〇〇〇股份有限公司
〇〇敬啟

感謝您平日的愛戴。
我是山本物產股份有限公司總務部的山本太郎。

此次，感謝您特地前來並給予我方〇〇店的開幕祝賀。
我方全體員工皆非常高興地傾聽〇〇（先生／小姐）的祝賀詞。

這間〇〇店是在東急沿線之業務拓展中，以宣傳輔助店為其主要的使命，
而其成果也背負著眾人的期待。

此後將以店長△△作為先鋒向前邁進，
祈請今後也繼續賜予指導及鞭策。

總之先致以感謝。

---

山本太郎（Taro Yamamoto）
t-yamamoto@ooo.co.jp
股份有限公司　山本物產　營業部
〒〇〇〇 -9999
橫濱市〇〇區〇〇町〇 - 〇
TEL：045- 〇〇〇〇 -9999
FAX：045- 〇〇〇〇 -9999

---

**お越し** 中 光臨

例 お越しをお待ちしております。➔ 恭候光臨。

**おいで** 中 來

**スタッフ** 中 員工

**拝聴** 中 恭聽

例 ご高話を拝聴する。➔ 恭聽您的講話。

**サテライト店** 中 實驗性的店鋪

例 実験店。➔ 實驗性的店鋪。

**筆頭** 中 第一位

**邁進** 中 邁進

**鞭撻** 中 鞭策

例 大いに自ら鞭撻して将来の大成を期する。
➔ 極力鞭策自己，以期將來有大的成就。

**取り急ぎ** 中 匆忙

例 取り急ぎお願いまで。➔ 匆忙懇求如上。

**POINT**

對於收到祝賀時不只是致謝，以積極的態度敘述今後的決心以及抱負，並在感謝對方平日以來的支持與往來的同時，也要記得添加上期望對方今後也能繼續支持自己的抱負並給予支援等內容為佳。

## 15-6 向聚會出席者表示謝意



### 件名：交流会ご参加のお礼

○○○株式会社
○○様

いつもお世話になっております。
山本物産の山本太郎でございます。

さて先日は、私どもの企画いたしました異業種交流会にご参加いただき、ありがとうございました。

毎年開催している交流会ではございますが、今回は業種幅を広げたこともあり、
早速その場で商談が始まるなど大変盛り上がった会合になりました。

今後も、皆様からのご意見を頂戴しながら、交流会を運営してまいりますので、
引き続きお力添えを賜りますようお願い申し上げます。

なお、何かお気づきの点がおありでしたら遠慮なくお知らせください。
また、皆様とお目にかかれることを楽しみにしております。

取り急ぎ、メールにてお礼申し上げます。

---

山本太郎（Taro Yamamoto）
株式会社　山本物産　営業部　t-yamamoto@ooo.co.jp
〒○○○ -9999　横浜市○○区○○町○ - ○
TEL：045- ○○○○ -9999　FAX：045- ○○○○ -9999

---

譯文

## 標題：感謝撥冗出席交流會

〇〇〇股份有限公司
〇〇敬啟

感謝您平日的愛戴。
我是山本物產的山本太郎。

首先，前些日子感謝您參加由我方策劃的各類業界之交流會。

雖然是每年都固定舉辦的交流會，但也由於此次的職業種類的範圍拓寬，
來賓們迅速地當場開始了商務談話，使得交流會氣氛十分地熱絡。

今後也將一邊聽取各位的意見，持續地舉辦交流會，還請各位繼續予以協助支持。

此外，如有任何建議或須改進的地方，敬請通知我方。
另外，也期待能再度與各位相聚會面。

匆忙之中，總之先透過郵件致以謝意。

---

山本太郎（Taro Yamamoto）
t-yamamoto@ooo.co.jp
股份有限公司　山本物產　營業部
〒〇〇〇 -9999
橫濱市〇〇區〇〇町〇 - 〇
TEL：045- 〇〇〇〇 -9999
FAX：045- 〇〇〇〇 -9999

---

**交流**（こうりゅう） 中 交流

**盛り上がる**（もりあがる） 中 熱烈起來

**頂戴する**（ちょうだいする） 中 接受

**力添え**（ちからぞえ） 中 支援

例 お力添え（ちからぞえ）をお願（ねが）いいたします。➔ 請您支援一下。

**遠慮**（えんりょ） 中 客氣

例 どうぞご遠慮（えんりょ）なく召（め）しあがってください。➔ 請不要客氣吃一點兒吧。

**お目にかかる**（おめにかかる） 中 看

例 ひとめお目（め）にかかるだけで結構（けっこう）です。➔ 只看一眼就行。

**POINT**

1. 回覆謝意的郵件以盡早寄出為佳。
2. 向對方致上挪出時間予以出席之事的感謝，同時為了能使其成為持續性的會面，詢問出席者的意見也是好的。

# 15-7 參訪工廠後向對方表示謝意

正文

## 件名：工場見学のお礼

○○株式会社
○○様

いつもお世話になっております。
株式会社　山本物産の山本太郎でございます。

さて、先日は貴社、組み立て工場を見学させていただき、誠にありがとうございました。
お忙しい中にもかかわらず、大変親切なご案内、ご説明をいただき、
心より感謝申し上げます。

この度の見学で学ばせていただいたことを、
弊社の販売活動にも十分に活かしていきたく存じます。
また、同行いたしました営業の者も、いかに製品が作られているか理解できたので、
自信を持ってお客様に勧めることができると申しておりました。

工場長の△△様、ご案内いただきました□□様に、
くれぐれもよろしくお伝えください。

今後とも、どうぞよろしくお願い申し上げます。

取り急ぎ、メールにてお礼申し上げます。

山本太郎（やまもとたろう）（Taro Yamamoto）
株式会社（かぶしきがいしゃ）　山本物産（やまもとぶっさん）　営業部（えいぎょうぶ）
〒○○○ -9999　横浜市（よこはまし）○○区（く）○○町（まち）○ - ○
TEL：045- ○○○○ -9999　FAX：045- ○○○○ -9999

**單字**

**見学（けんがく）** 中 參觀

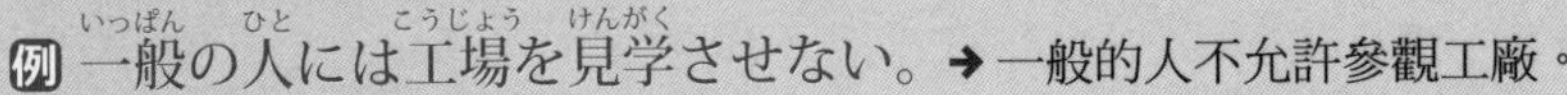
例 一般（いっぱん）の人（ひと）には工場（こうじょう）を見学（けんがく）させない。→ 一般的人不允許參觀工廠。

**組み立て（くみたて）** 中 裝配

**存（ぞん）ずる** 中 想　例 お元気（げんき）でお過（す）ごしのことと存（ぞん）じます。→ 我想您一定很健康。

**同行（どうこう）** 中 一起走

**くれぐれも** 中 千萬

例 くれぐれも油断（ゆだん）なさらぬよう。→ 請注意千萬不要大意。

**取り急ぎ（とりいそぎ）** 中 匆忙　例 取（と）り急（いそ）ぎお願（ねが）いまで。→ 匆忙懇求如上。

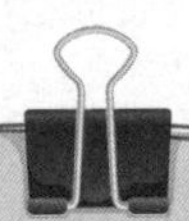

**POINT**

回覆謝意的郵件以盡早寄出為佳。

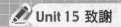

除了向對方致上騰出時間同意參觀的謝意以外，對於此次參訪的主旨，特別是在致謝的部分中增添（「寶貴的意見、資訊等幫助我很多」）等內容的文句也能讓對方感覺有辦此活動的價值。

譯文

## 標題：感謝允諾予以參訪工廠

〇〇〇股份有限公司
〇〇敬啟

感謝您平日的愛戴。
我是山本物產股份有限公司的山本太郎。

首先，前些日子貴公司讓我方參訪組裝工廠一事，實為感激不盡。
即使是在您百忙之中，仍萬分親切地為我方介紹、說明，由衷地向您致上謝意。

於此次的參訪中所學到的知識，
我方將充分活用於敝公司的銷售活動。
另外，同行前訪的營業的職員也表示理解了如何製作製品的過程，並學會了如何帶著自信向客人推薦商品。

衷心地祈請您向工廠長的△△（先生／小姐），以及招待我們並予以介紹的□□（先生／小姐）問候。

於此致上請託祈請今後也能多多指教。

匆促之中，謹以郵件致上謝意。

---

山本太郎（Taro Yamamoto）
t-yamamoto@ooo.co.jp
股份有限公司　山本物產　營業部
〒〇〇〇 -9999
橫濱市〇〇區〇〇町〇 - 〇
TEL：045- 〇〇〇〇 -9999
FAX：045- 〇〇〇〇 -9999

---

# 15-8 對於受災慰問之電郵表示謝意

正文

## 件名：お見舞いへのお礼

○○株式会社
○○様

いつもお世話になっております。
株式会社山本物産の山本　太郎です。

さて、去る○月○日の震災に際しましては、ご丁寧にお見舞いを頂戴いたしまして、誠にありがとうございました。

現在では、電気や通信などもおおむね復旧しております。
弊社も一部の倉庫が倒壊するなどの被害を受けましたが、幸い大事には至らず、○月○日には業務を再開することができました。

今後とも完全復旧に向けて、皆様のあたたかい励ましにお応えできるよう、社員一同努力しております。
しばらくは何かとご不便をおかけすることもあるかと存じますが、何とぞよろしくお願い申し上げます。

まずは取り急ぎ、お礼申し上げます。

---

山本太郎（Taro Yamamoto）
株式会社　山本物産　営業部　t-yamamoto@ooo.co.jp
〒○○○ -9999　横浜市○○区○○町○ - ○
TEL：045- ○○○○ -9999　FAX：045- ○○○○ -9999

---

譯文

## 標題：感謝您的慰問

〇〇〇股份有限公司
〇〇敬啟

感謝您平日的愛戴。
我是山本物產股份有限公司的山本太郎。

首先，在之前〇月〇日發生震災之際，對於您的關心慰問，誠心地感謝。

現在，電力、通訊等大致上都已恢復。
敝公司也受到了部分倉庫倒塌毀壞等災害，幸運的是災況不算太嚴重，
並於〇月〇日重新恢復了業務的運作。

今後也將朝著完全復原的方向，為能回應各位溫暖的激勵，
全體員工都正在努力著。
我想由於會有一段時間會造成您的不便等情事，因此於此祈請您多多關照指教。

匆忙之中，總之先向您致上謝意。

---

山本太郎（Taro Yamamoto）
t-yamamoto@ooo.co.jp
股份有限公司　山本物產　營業部
〒〇〇〇 -9999
橫濱市〇〇區〇〇町〇 - 〇
TEL：045- 〇〇〇〇 -9999
FAX：045- 〇〇〇〇 -9999

---

## 單字

**見舞い(みまい)** 中 慰問

**頂戴する(ちょうだいする)** 中 接受

**おおむね** 中 大部分

**大事に至る(だいじにいたる)** 中 釀成大禍

**一同(いちどう)** 中 大家

**不便(ふべん)** 中 不方便

例 右手(みぎて)が使(つか)えなくて不便(ふべん)だ。➔ 右手不能動，很不方便。

**なにとぞ** 中 請多

例 ご無礼(ぶれい)なにとぞお許(ゆる)しください。➔ 我很失禮，請多原諒。

**先ず(まず)** 中 先

例 まずは乾杯(かんぱい)しよう。➔ 先乾一杯吧。

**取り急ぎ(といそぎ)** 中 匆忙

例 取(と)り急(いそ)ぎお願(ねが)いまで。➔ 匆忙懇求如上。

### POINT

致謝函以莫要錯失重要時機為關鍵。

雖然電視等媒體報導易偏向著墨於受災情況嚴重，所以，回覆時有必要將現場的狀況具體描述，這樣比較能夠讓對方安心。

# 關於「致謝」信函的好用句

**01 いつもお世話になっております**
中 感謝您一直以來的照顧

**02 ご連絡ありがとうございます**
中 謝謝您的聯繫

例 さっそくご返信、ありがとうございます。➜ 謝謝您的即刻回信。

**03 お世話になっております**
中 承蒙關照

例 日頃は大変お世話になっております。チェリー株式会社の山本です。➜ 平日承蒙您的諸多關照了。我是櫻桃股份有限公司的山本。

**04 いつも大変お世話になっております** 中 感謝您一直以來的照顧

**05 いつもお世話になりありがとうございます**
中 感謝您一直以來的照顧

**01 いつもお心にかけていただき、深く感謝申し上げます** 中 總是受到您的關懷，謹此致以深深的謝意

例 平素よりなにかとお心にかけていただき、まことにありがたく存じます。
➜ 平日便受到您的諸多關懷，衷心感謝。

**02 いつもお引き立ていただき誠にありがとうございます**
中 感謝您一直以來的惠顧

**03 いつも格別のご協力をいただきありがとうございます**
中 謝謝您一直以來的合作

**04 いつもお心遣いいただき、まことにありがとうございます**
中 總是受到您的細心掛念，衷心感謝

例 いつも温かいお心遣いをいただき、まことにありがとうございます。➜ 總是受到您溫馨的細心掛念，衷心地感謝。

**01 日頃よりご愛顧を賜わり、厚くお礼申し上げます**

中 感謝您一直以來的愛顧

**02 貴社ますますご清栄のこととお慶び申し上げます**

中 祝貴司日益興隆

## ★正 文★

**01 心苦しいほどです** 中 感到很高興

例 こんなに親切にしていただきまして、心苦しいほどです。

→ 您對我那麼好，我感到很高興。

**02 感心しております** 中 不勝感佩

例 貴方の発想の豊かさには日頃から注目、感心しております。

→ 我平日便相當關注於您豐富的構思而不勝感佩。

**03 恐れ入る思いです** 中 佩服

例 貴殿の的確なご判断には、恐れ入る思いです。

→ 您精確的判斷令我佩服。

**04 頭が下がる思いです**

中 讓人非常佩服

例 まだまだお元気でご活躍とのこと頭が下がる思いです。

→ 聽說您仍非常有活力地活躍著讓我非常佩服。

**05 感銘を受けました** 中 深受感動

例 深い感動と感銘を受けました。

→ 我深受感動，刻骨銘心。

**06 おかげさまをもちまして**

中 託各位的鴻福～

例 おかげさまをもちまして完売致しました。

→ 託各位的鴻福，商品已完售。

**07 心を打たれる思いです**

中 感動不已

例 山本様の意義深いお話には、心を打たれる思いです。

→ 山本先生充滿深奧意義的演說讓我感動不已。

**08 かたじけなく思います** 中 非常感謝

例 お心遣いかたじけなく思います。➔ 非常感謝您的好意。

**09 私にはもったいないことと** 中 對我而言實在承擔不起

例 いつも応援していただき、私にはもったいないことと感謝の気持ちで一杯です。➔ 對於您平時總是予以支持，對我而言實在承擔不起。

**10 おかげさまで** 中 託各位的福～

例 おかげさまで、無事完了いたしました。➔ 託各位的福，順利地完成了。

**11 痛み入ります** 中 不敢當

例 ご親切、痛み入ります。
➔ 您的親切讓我不敢當。

**12 感謝しております** 中 感謝

例 輸出部一同、深く感謝しております。
➔ 出口部門全體員工，深深地感謝各位。

**13 恐縮しております** 中 過意不去

例 今般はなみなみならぬご指導をいただきまして恐縮しております。
➔ 這次受您仔細的指導，感到過意不去。

**14 恐れ入ります** 中 真對不起

例 ご心配をおかけして、恐れ入ります。
➔ 讓您擔心了，真對不起。

**15 恐れ多いことと** 中 實在不敢當

例 わざわざ当社まで出向いていただき、恐れ多いことと感謝しております。
➔ 讓您特意前來敝社，實在不敢當，我們深表感謝。

**16 いつもお心にかけていただき、まことにありがとうございます** 中 誠心地謝謝您總是在為我著想

例 いつもお心にかけていただき、まことにありがとうございます。ご期待に沿えますよう、全力で努めてまいります。
➔ 誠心地謝謝您總是在為我著想。為了能不負您的期望，我會用全力去努力的。

**17 ありがとうございます** 中 謝謝

例 ご協力いただき、ありがとうございます。➔ 謝謝您的協助。

**18 胸がいっぱいになりました** 中 胸口溢滿了～

例 私は感激の気持ちで、胸がいっぱいになりました。
➔ 胸口溢滿了感謝的心情。

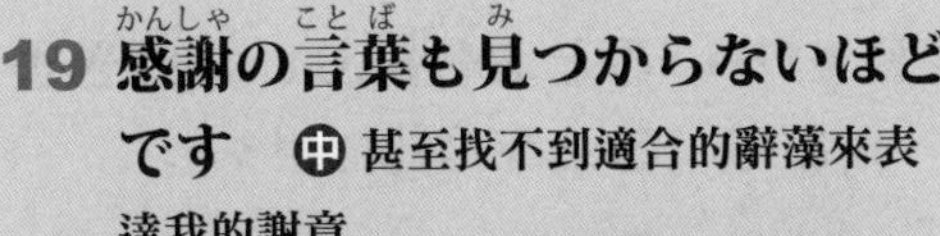

**19 感謝の言葉も見つからないほどです** ㊥ **甚至找不到適合的辭藻來表達我的謝意**

例 中山部長をはじめ会場スタッフのみなさんの献身的な協力には感謝の言葉も見つからないほどです。

➔ 對於中山部長以及會場員工各位奮不顧己的協助，我感謝地甚至找不到適合的辭藻來表達我的謝意。

**20 感激しております**

㊥ **感到十分感激**

例 久々の再開に感激しております。

➔ 隔了許久終於恢復讓我十分感激。

**21 何とお礼を申し上げればよいか、言葉もありません**

㊥ **感激得已經不知道該說什麼才能表達我的謝意了**

例 このたびはひとかたならぬご尽力をしていただき、何とお礼を申し上げればよいか、言葉もありません。➔ 此次受到各方人士大力協助，感激得已經不知道該說什麼才能表達我的謝意了。

**22 恩に着ます** ㊥ **我會記得您的恩惠**

例 お力添え、一生恩に着ます。

➔ 受您的大力幫助，我會一輩子記得您的恩惠。

**23 ただただ感謝の気持ちでいっぱいです** ㊥ **只有感謝的心情滿溢著**

例 本当にここまで支えてくださったお客様はじめ、たくさんの方にただただ感謝の気持ちでいっぱいです。

➔ 對於支持我們直到現在的客人們，以及其他各方人士，真的是只有感謝的心情滿溢著。

**24 ご迷惑をおかけしました**

㊥ **造成了您的困擾了**

例 無理をお願いしてご迷惑をおかけしました。とても助かりました。

➔ 硬是請求您，造成了您的困擾了。真的是得救了。

**25 お手数をおかけしました**

㊥ **讓您費心了**

例 ウエブサイト開設の件では、大変お手数をおかけしました。

➔ 在設立網站的時候，真的是費了您很多心思。

**26 お世話になりました**

㊥ **受了您照顧，謝謝**

例 大変お世話になりました。

➔ 受了您很多照顧，謝謝。

**27 お気遣いありがとうございます**

㊥ **謝謝您的顧慮**

例 いつもなにかとお気遣いいただき、ありがとうございます。

→ 謝謝您總是顧慮到我。

## 28 お礼申し上げます 中 致上謝意

例 日頃はひとかたならぬお引立てにあずかり厚くお礼申し上げます。

→ 平日承蒙各位的多方愛戴，謹此致上深深的謝意。

## 29 いろいろとお骨折りいただきまして 中 您為了我做了很多～

例 この度は色々とお骨折り頂きまして誠にありがとうございました。

→ 衷心地感謝您這次為了我做了很多。

## 30 ご恩は一生忘れません

中 我一輩子都不會忘記您的恩惠

例 このご恩は一生忘れません。

→ 我一輩子都不會忘記您的恩惠。

## 01 感謝してやみません

中 無法抑制感謝之情

例 これも皆様方のお力添えのおかげと感謝してやみません。

→ 多虧了各位的幫忙，我的感謝之情無法抑制。

## 02 感じ入っております

中 不勝感佩

例 皆様方のご協力とご指導があったればこそと、その恩義を強く感じ入っております。

→ 因為有大家的幫助和指導，才能成功。這個恩情令我不勝感佩。

## 03 ～は敬服の至りに存じます

中 令人感到萬般欽佩

例 御提案のあまりの素晴らしさは敬服の至りに存じます。

→ 您絕佳的提議令我感到萬般欽佩。

## 04 ～と感服いたしております

中 我佩服～

例 貴社ご一同様のご努力ご精進の賜物と感服いたしております。

→ 是貴公司大家專心致志的結果，我非常佩服。

## 05 恐 縮 至極に存じます

中 過意不去

例 お 心遣い 恐 縮 至極に存じます。

→ 受到您百般顧慮照拂，實為過意不去。

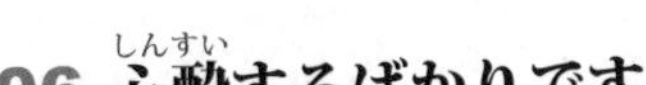

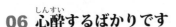

### 06 心酔するばかりです
**中 令人深深地迷醉**

例 山本教授のすばらしいご講演には心酔するばかりです。

→ 山本教授精彩的演講令人深深地迷醉。

### 07 ご配慮いただきありがとうございます　中 謝謝您的關照

例 会場設営ではいろいろとご配慮いただきありがとうございました。→ 謝謝您在設置會場的時候給予很多關照。

### 08 お礼の言葉もございません
**中 感激不盡**

例 このたびは大変おせわになり、お礼の言葉もございません。

→ 這次受了您很多照顧，真的是感激不盡。

### 09 うれしく存じました
**中 我感到很高興**

例 お心遣いうれしく存じました。

→ 您的心意讓我感到很高興。

### 10 身に余る光栄と　中 無上光榮

例 身に余る光栄と、心から感謝しております。

→ 這是無上光榮，我衷心地感謝。

### 11 〇〇様のお力添えのおかげで
**中 幸虧了有〇〇 先生／小姐 的援助～**

例 山本様のお力添えのおかげで、どうにか完成する事ができました。まことにありがとうございました。

→ 幸虧有山本先生／小姐的援助，總算可以說是完成了。真的非常地謝謝您。

### 12 感謝の意を表します
**中 致以謝意**

例 中山教授、ジョンソン教授をはじめ、ご協力いただいた諸氏に感謝の意を表します。

→ 我要向中山教授、強森教授、以及這之中給予我許多協助的各位致以謝意。

### 13 感謝の限りです　中 無限感激

例 いつも様々なお知恵を頂いて感謝の限りです。

→ 總是受教於您各式各樣的知識，我無限感激。

### 14 深謝いたします　中 深深地感謝～

例 このたびのおとりはからい、深謝いたします。

→ 深深地感謝您此次的安排。

### 15 感謝の念を禁じえません
**中 無法抑制感謝的心情**

例 ひとかたならぬご支援をいただき、今さらながら感謝の念を禁じえません。➔ 受到各方人士的支援，至今仍無法抑制感謝的心情。

**16 感謝申しあげます**

中 謹此獻上我的謝意

例 この一年間のご支援に厚く感謝申しあげます。➔ 對您這一年來的支援，謹此獻上我隆重的謝意。

**17 お礼の申し上げようもありません** 中 感動到連聲謝都無法好好說

例 ご親切にはお礼の申し上げようもありません。➔ 您的親切讓我感動到連聲謝都無法好好說。

## ★結 語★

### 一般場合

**01 まずは○○申し上げます**

中 總之先致以○○~

例 まずは謹んでお礼申し上げます。

➔ 總之先致以道謝。

**02 引き続きよろしくお願いいたします** 中 今後仍望惠顧關照

**03 今後ともよろしくお願いいたします** 中 今後也請多指教

### 正式場合

**01 今後ともよろしくご指導くださいますようお願い申し上げます**

中 還請多指教

**02 皆様の一層のご活動をご期待申し上げます** 中 一路順風

**03 皆様のますますのご発展を心よりお祈り申し上げます**

中 一路順風

**04 皆様のますますのご活躍を心よりお祈り申し上げます**

中 一路順風

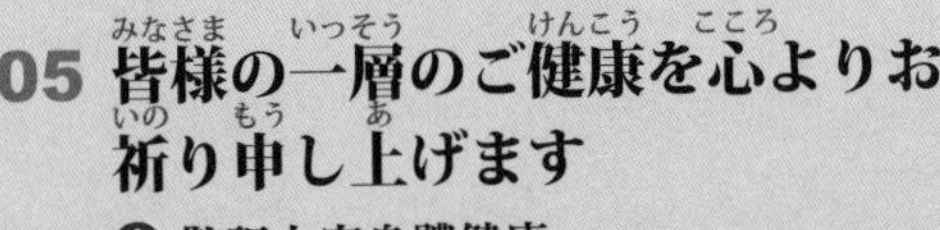
**05 皆様の一層のご健康を心よりお祈り申し上げます**
中 敬祝大家身體健康

**06 今後とも変わらぬご指導のほど、よろしくお願い申し上げます**
中 今後還請繼續予以指教

**01 まずは○○まで** 中 總之先○○～

例 まずはお礼まで。
➔ 總之先跟您道一聲謝。

**02 取り急ぎ○○の○○まで**
中 總之先致以○○～

例 取り急ぎ御礼のご挨拶まで。
➔ 總之先致以感謝。

**03 まずは取り急ぎご○○まで**
中 總之先致以○○～

例 まずは取り急ぎお礼まで。
➔ 總之先向您道一聲謝。

**04 まずは○○かたがた○○まで**
中 在此向您致○○並○○

例 まずはお礼かたがたご挨拶まで。
➔ 在此向您致以感謝與問候。

**01 今後とも、ご指導ご鞭撻のほど、よろしくお願い申し上げます** 中 還請多多指教與勉勵

**02 これまで同様お引立てくださいますようお願い申し上げます**
中 今後仍望惠顧關照

# Unit 16 致歉

這是為了平息對方怒氣進而改善雙方關係而寫的文書。

問題發生時須立即調查其事實真相，當失誤為我方所致之情況時，注意必須以誠懇的態度承認失誤並表示歉意以及說明相關的處理對策為佳。

## 結構

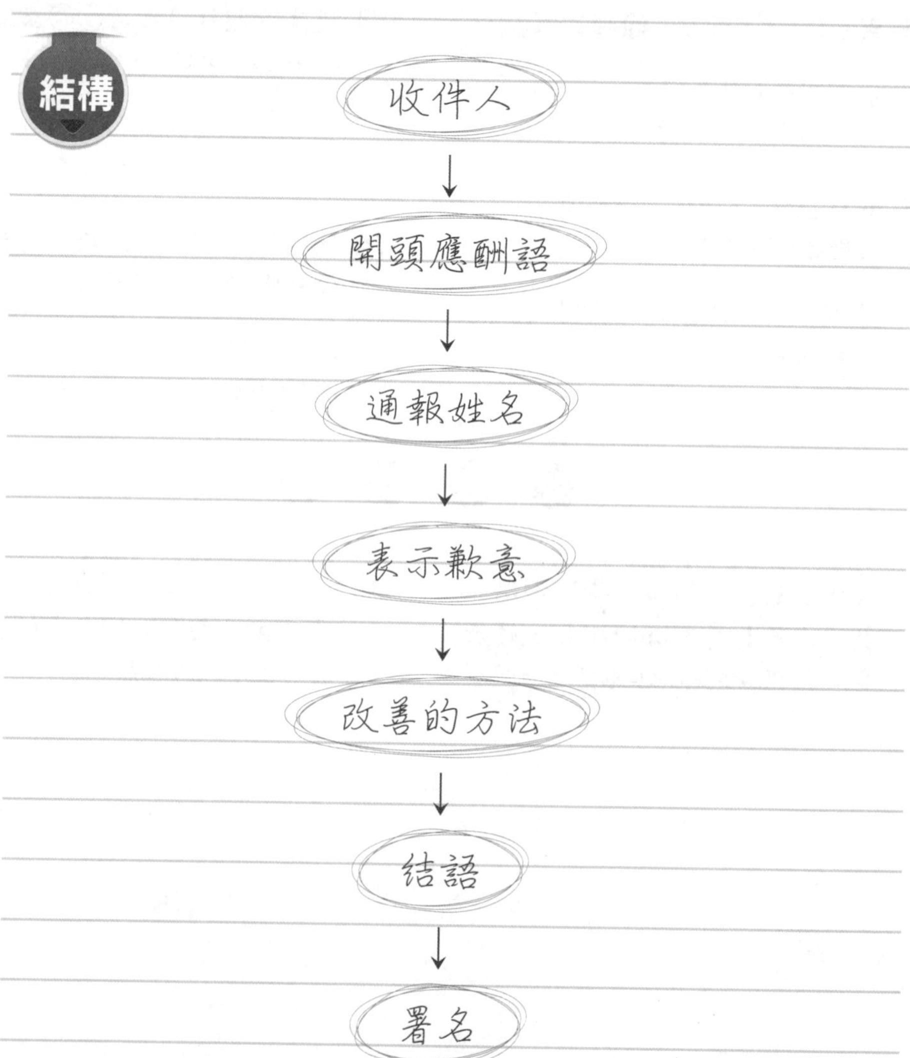

# 16-1 對交貨日延滯之事表示歉意

正文

## 件名：「炊飯器」納期遅延のお詫び

○○○株式会社　購買部
○○様

いつもお世話になっております。
株式会社山本物産、営業部の山本太郎です。

さて、○日付のメールにてお問い合わせいただきました「炊飯器」についてですが、
納期が遅れておりまして誠に申し訳ございません。
御社に多大なご迷惑をおかけしておりますことを、
心よりお詫び申し上げます。

震災の影響で、予定していた部品調達が遅れ、
その結果納期遅れを発生させてしまいました。

現在、弊社ではフル稼働で生産にあたっている次第でございます。

御社には遅くとも○月○日（水）までにお届けできる予定です。
確実な配送スケジュールがわかり次第、改めてご連絡申し上げます。

メールにて恐縮ですが、取り急ぎお詫び申し上げます。

---

山本太郎（Taro Yamamoto）
株式会社　山本物産　営業部　t-yamamoto@ooo.co.jp
〒○○○ -9999　横浜市○○区○○町○ - ○
TEL：045- ○○○○ -9999　FAX：045- ○○○○ -9999

---

譯文

## 標題：對「飯鍋」交貨期限延滯致以歉意

〇〇〇股份有限公司　採購部
〇〇敬啟

感謝您平日的愛戴。
我是山本物產股份有限公司營業部的山本太郎。

首先，於〇日寄出的郵件中，關於您詢問的「飯鍋」一事，交貨期限延遲，由衷地感到非常抱歉。
對於造成貴公司偌大的困擾一事，
於此誠心地向您致上歉意。

由於地震災害的影響，導致原先已預定的零件調貨延宕，
也致使交貨期限必須延遲的狀況發生。

目前，敝公司正以所有機台全時運作來加快生產的速度。

貴公司的訂單最慢預計於〇月〇日（週三）截止前寄出。
待完整確實的寄貨行程確定後，將立即重新致以聯繫通知。

透過郵件誠感惶恐，但總之先緊急致以歉意。

山本太郎（Taro Yamamoto）
t-yamamoto@ooo.co.jp
股份有限公司　山本物產　營業部
〒〇〇〇 -9999
橫濱市〇〇區〇〇町〇 - 〇
TEL：045- 〇〇〇〇 -9999
FAX：045- 〇〇〇〇 -9999

## 單字

**納期（のうき）** 中 交貨期

**問（と）い合（あ）わせ** 中 詢問

例 お問（と）い合（あ）わせの件（けん）、次（つぎ）の通（とお）りお答（こた）えします。➔ 您所詢問之事，謹答覆如下。

**申（もう）し訳（わけ）ない** 中 對不起

例 申（もう）しわけございませんが，全（すべ）て売（う）れてしまいました。➔ 對不起，已全部賣光了。

**調達（ちょうたつ）** 中 募集

**迷惑（めいわく）** 中 麻煩

例 ご迷惑（めいわく）をおかけして誠（まこと）にすみません。➔ 給您添麻煩實在對不起。

**フル稼働（かどう）** 中 全部運轉

**次第（しだい）** 中 情況

例 このような次第（しだい）でまことに申（もう）し訳（わけ）ありません。
➔ 由於這種情況，實在對不起。

**お届（とど）け** 中 送上　例 着荷次第（ちゃっかしだい）お届（とど）け致（いた）します。➔ 貨到即送上。

**スケジュール** 中 日程

**恐縮（きょうしゅく）** 中 不敢當

例 お忙（いそが）しい中（なか）をわざわざおいでいただいて恐縮（きょうしゅく）です。
➔ 您在百忙之中特地光臨，真不敢當。

### POINT

就算不是自己公司的問題，但出貨延遲仍舊是造成了對方的不便。與致歉的內容一樣必須將延遲的理由，以及今後會嚴加控管注意之概要的決心記述於郵件中為佳。

## 16-2 對於商品毀損、瑕疵品表示歉意

正文

### 件名：炊飯器の内ぶたキズのお詫び

○○○株式会社
○○様

いつもお世話になっております。
株式会社山本物産、営業部の山本太郎です。

このたびは弊社の検品不備により、
お届けした炊飯器の内ぶたに傷があったことを陳謝いたします。

お取り替えの品は、私が責任をもって検品し、本日出荷いたしましたので、明日の午後にはお届けできる予定でございます。
なにとぞ、今しばらくご猶予を賜りますようお願いいたします。

今後は、同様のミスを繰り返すことがないよう
現在、各工程、出荷前の点検システムの見直しを徹底的に行っております。

どうか今後とも変わらぬお引き立てのほど、よろしくお願い申し上げます。

後日、改めてご挨拶に伺いたいと存じますが、
取り急ぎ、メールにてお詫び申し上げます。

---

山本太郎（Taro Yamamoto）

t-yamamoto@ooo.co.jp

株式会社　山本物産　営業部

〒○○○ -9999

横浜市○○区○○町○ - ○

TEL：045- ○○○○ -9999

FAX：045- ○○○○ -9999

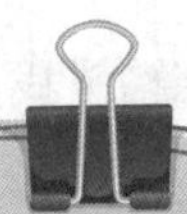

**POINT**

1. 當發現產生有瑕疵、或不良品等時必須立即回應處理。
2. 一旦錯失了當下的時機就會顯得我方缺乏誠意。
3. 另外，自我辯解是禁忌。
4. 得當且合宜的緊急處置也有可能逆轉並增加顧客滿意度，因此在寫致歉函時須隨時以顧客至上的立場來展現我方的誠意。
5. 必要的時候也須明確記述瑕疵品的退還寄送方式。
6. 因瑕疵品使對方在物質上產生損害時，是否給予賠償、以及賠償的話將以何種方式進行賠償等內容也要具體記述。
7. 與致歉的內容一樣必須將今後會嚴加控管注意之概要的決心記述於郵件中為佳。

譯文

## 標題：飯鍋內蓋瑕疵之歉意

○○○股份有限公司
○○敬啟

感謝您平日的愛戴。
我是山本物產股份有限公司營業部的山本太郎。

此次由於敝公司檢測商品時的疏忽，
對於寄出的飯鍋的內蓋上有刮痕一事表示歉意。

予以更換的商品，已由我負責檢測商品後，於今日寄出，商品預計將於明日的下午左右寄達。
目前還請您給予我方些許緩衝時間。

也為今後不再重複同樣的失誤，
目前正徹底地進行對各工程、出貨前的商品檢測系統的檢查。

今後仍望繼續不變地予以惠顧關照。

改天將重新前往拜訪問候，
總之先緊急以郵件致以歉意。

---

山本太郎（Taro Yamamoto）
t-yamamoto@ooo.co.jp
股份有限公司　山本物產　營業部
〒○○○ -9999
橫濱市○○區○○町○ - ○
TEL：045- ○○○○ -9999
FAX：045- ○○○○ -9999

---

**内(うち)ぶた** 中 内蓋

**傷(きず)** 中 缺陷

**不備(ふび)** 中 不夠完善

**お届(とど)け** 中 送上

例 着荷次第(ちゃっかしだい)お届(とど)け致(いた)します。→ 貨到即送上。

**陳謝(ちんしゃ)** 中 道歉

例 陳謝(ちんしゃ)の手紙(てがみ)。→ 致歉意的信。

**取(と)り換(か)え** 中 換

**出荷(しゅっか)** 中 出貨

例 出荷案内(しゅっかあんない)。→ 出貨通知。

**猶予(ゆうよ)** 中 緩期

例 3週間(しゅうかん)の猶予(ゆうよ)を与(あた)える。→ 准許緩期三週。

**ミス** 中 失誤

**繰(く)り返(かえ)す** 中 反覆

**システム** 中 系統

例 会社(かいしゃ)の指揮(しき)のシステムはうまくまとまっている。→ 公司指揮系統很健全。

**見直(みなお)し** 中 重新考慮

例 あらゆる面(めん)から見直(みなお)しが必要(ひつよう)だ。→ 有必要從各方面重新考慮。

**取(と)り急(いそ)ぎ** 中 匆忙

例 取(と)り急(いそ)ぎお願(ねが)いまで。→ 匆忙懇求如上。

**引(ひ)き立(た)て** 中 關照

例 毎度(まいど)お引(ひ)き立(た)てをたまわりありがとう存(ぞん)じます。
→ 平日承蒙您的關照，深為感謝。

**伺(うかが)う** 中 登門

例 ご挨拶(あいさつ)に伺(うかが)う。→ 登門拜訪。

## 16-3 對誤寄商品之事表示歉意

正文

### 件名：商品違いのお詫び

○○○株式会社
○○様

いつもお世話になっております。
株式会社山本物産、営業部の山本太郎です。

このたび、お届けした商品に間違いがありましたことを、心よりお詫び申し上げます。

ご迷惑をおかけして、本当に申し訳ございませんでした。

原因について、社内調査をいたしましたところ、係の入力ミスであることが判明いたしました。
私どもの不手際で多大なご迷惑をおかけしてしまい、
弁解のしようもなく、恐縮しております。

ご注文の商品「炊飯器」 100 台は、本日夕方○時までに貴社にお届けに伺います。
その際、間違ってお届けした 「圧力鍋」を引き取らせていただきたく存じます。

今後は二度とこのような不手際がないよう、
社員一同気を引き締めて、確認を周知徹底いたします。
どうか、変わらぬお引き立てのほど、よろしくお願い申し上げます。

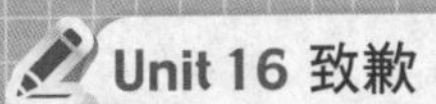


メールにて恐縮ですが、取り急ぎ、ご報告とお詫びを申し上げます。

---

山本太郎（Taro Yamamoto）

t-yamamoto@ooo.co.jp

株式会社　山本物産　営業部

〒○○○ -9999

横浜市○○区○○町○ - ○

TEL：045- ○○○○ -9999

FAX：045- ○○○○ -9999

---

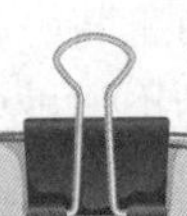

**POINT**

1. 如果真是我方的疏失或失誤就要乾脆地承認，並想辦法致歉，讓對方對我方留下誠實且真摯、負責的好印象。
2. 商品的寄送日或誤送的商品之退回方法須正確地記述，並表示其改善方法等方式來努力挽回信譽為宜。

譯文

## 標題：商品誤寄之歉意

○○○股份有限公司
○○敬啟

感謝您平日的愛戴。
我是山本物產股份有限公司營業部的山本太郎。

此次，寄出之商品中出現失誤一事，於此打從心底向您致上歉意。
造成您的不便，真的非常地抱歉。

針對原因，在我方進行公司內部調查後，發現此為股長打字失誤所導致。
由於我方的不夠謹慎造成您莫大的困擾，
我方毫無辯解之餘地而感到萬分惶恐。

而您所訂購的商品「飯鍋」100 台將由我方於午後○點以前親自送達貴公司。
到時候，將會把誤寄的「壓力鍋」更換取回。

為今後不再發生類似失誤發生，
我方全體員工將好好地收心，並公告所有員工徹底確認。
祈請今後仍不變地予以惠顧關照。

透過郵件誠感惶恐，匆促中先緊急予以報告並致上歉意。

---

山本太郎（Taro Yamamoto）
t-yamamoto@ooo.co.jp
股份有限公司　山本物產　營業部
〒○○○ -9999
橫濱市○○區○○町○ - ○
TEL：045- ○○○○ -9999
FAX：045- ○○○○ -9999

---

## 單字

**迷惑**（めいわく） 中 麻煩

例 ご迷惑（めいわく）をおかけして誠（まこと）にすみません。➔ 給您添麻煩實在對不起。

**申し訳ない**（もうしわけない） 中 對不起

例 申（もう）しわけございませんが，全（すべ）て売（う）れてしまいました。
➔ 對不起，已全部賣光了。

**入力**（にゅうりょく） 中 打字、key in

**ミス** 中 失誤

**不手際**（ふてぎわ） 中 不恰當

例 わたしの不手際（ふてぎわ）をお許（ゆる）しください。➔ 不恰當的措施。

**しよう** 中 辦法

例 どうにもしようがない。➔ 簡直毫無辦法。

**恐縮**（きょうしゅく） 中 不敢當

例 お忙（いそが）しい中（なか）をわざわざおいでいただいて恐縮（きょうしゅく）です。
➔ 您在百忙之中特地光臨，真不敢當。

**注文**（ちゅうもん） 中 訂貨

**お届け**（とどけ） 中 送上

例 着荷次第（ちゃっかしだい）お届（とど）け致（いた）します。➔ 貨到即送上。

**伺う**（うかがう） 中 登門

例 ご挨拶（あいさつ）に伺（うかが）う。➔ 登門拜訪。

**引き取る**（ひきとる） 中 領取

例 荷（に）を引（ひ）き取（と）る。➔ 領取貨物。

**一同**（いちどう） 中 全體

**引き立て**（ひきたて） 中 關照

例 毎度（まいど）お引（ひ）き立（た）てをたまわりありがとう存（ぞん）じます。
➔ 平日承蒙您關照，深為感謝。

## 16-4 對於員工粗心失誤之事表示歉意

正文

### 件名：弊社社員の非礼に対するお詫び

○○○株式会社
○○様

いつもお世話になっております。
株式会社山本物産、営業部の山本太郎です。

このたびは、弊社の社員の応対が大変失礼な態度であったとのこと、
心よりお詫び申し上げます。
すぐに△△に詳細を報告させましたが、
ひとえに上司である私の監督不行き届きであり、弁解のしようもございません。
ご親切にご指摘いただき、誠にありがとうございました。

平素から、お客様に対してはくれぐれも失礼のないようにと厳しく申し聞かせておりますが、
このたびの件は全く申し開きのできないことでございました。
私からも改めて厳しく注意いたしましたところ、
本人も今回のようなことは二度と繰り返さないと深く反省いたしております。
どうかお許しのほど、お願い申しあげます。

今後はこのような不始末のないよう、社員教育を徹底して参る所存でございますので、
これからも変わらぬご指導、ご鞭撻を賜りますよう重ねてお願い申し上

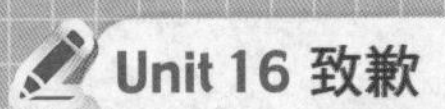


げます。

後日、改めてご挨拶に伺いたいと存じますが、
取り急ぎ、メールにてお詫び申し上げます。

---

山本太郎（Taro Yamamoto）

t-yamamoto@ooo.co.jp
株式会社　山本物産　営業部

〒○○○ -9999
横浜市○○区○○町○ - ○
TEL：045- ○○○○ -9999
FAX：045- ○○○○ -9999

---

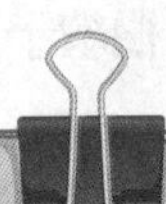

**POINT**

1. 首先針對被客訴、抱怨的缺失一事向對方致謝後，再說明敘述事後的補救措施。
2. 緊接著禮貌地表達不會再犯相同的失誤之要旨。

譯文

## 標題：對於敝公司員工之態度不佳致以歉意

○○○股份有限公司
○○敬啟

感謝您平日的愛戴。
我是山本物產股份有限公司營業部的山本太郎。

此次，為避免公司員工的應對態度不佳之事，
於此誠心致上歉意。
雖已立即讓△△報告其詳細內容經過，
但由於身為上司的我監督得不夠周到，因此我毫無任何辯解之餘地。
而對於您親切地予以告知，真的非常地感謝。

敝公司平時就再三地嚴格要求員工們面對客人時不得失禮，
但此次的事件為我方完全無法申辯之事。
而我也重新嚴重地警告該名員工後，
本人也為不再重犯本次事件而深深地反省著。
於此還祈請您能夠予以原諒。

為了今後不再有類似的不規矩之行為發生，我方也將徹底執行員工教育，
往後也還請繼續予以指教與勉勵。

改天將重新親自拜訪問候，
總之先緊急以郵件致以歉意。

---

山本太郎（Taro Yamamoto）
t-yamamoto@ooo.co.jp
股份有限公司　山本物產　營業部
〒○○○ -9999　橫濱市○○區○○町○ - ○
TEL：045- ○○○○ -9999
FAX：045- ○○○○ -9999

---

**非礼（ひれい）** 中 無禮

**ひとえに** 中 完全

例 それはひとえに私（わたし）の過（あやま）ちです。→ 這完全是我自己的錯。

**不行き届き（ふゆきとどき）** 中 不周到

例 お客様（きゃくさま）に不行き届き（ふゆきとど）きのないように注意（ちゅうい）なさい。→ 注意要對客人服務周到。

**しよう** 中 辦法

例 どうにもしようがない。→ 簡直毫無辦法。

**申し聞かせる（もうしきかせる）** 中 說

例 よく申（もう）し聞（き）かせておきます。→ 我將好好說他一頓。

**申し開き（もうしひらき）** 中 申辯

例 あわてて申（もう）し開（ひら）きをする。→ 慌忙申辯。

**繰り返す（くりかえす）** 中 反覆

**不始末（ふしまつ）** 中 不檢點

例 不始末（ふしまつ）を深謝（しんしゃ）する。→ 對不檢點深表歉意。

**徹底（てってい）** 中 貫徹下去

例 命令（めいれい）が徹底（てってい）しなかった。→ 命令沒有貫徹下去。

**参る（まいる）** 中 去／來的謙讓語

例 いままでずっと夢中（むちゅう）で働（はたら）いて参（まい）りました。→ 至今一直忘我地工作。

**所存（しょぞん）** 中 打算

例 来月（らいげつ）帰国（きこく）する所存（しょぞん）です。→ 打算下個月回國。

**鞭撻（べんたつ）** 中 鞭策

例 大（おお）いに自（みずか）ら鞭撻（べんたつ）して将来（しょうらい）の大成（たいせい）を期（き）する。
→ 極力鞭策自己，以期將來有大的成就。

# 16-5 對臨時緊急取消之事表示歉意

正文

## 件名：商品説明会欠席のお詫び

○○○株式会社
○○様

いつもお世話になっております。
株式会社山本物産 、営業部の山本太郎でございます。

さて、昨日（○月○日）は御社にて商品説明会が予定されていたにも関わらず、間際になって参加できず大変失礼をいたしました。

参加の予定をしておりましたが、当日になってどうしてもはずせない急用ができ、欠席せざるを得ませんでした。

非常に興味を持っていた新商品の説明会でしたので、本当に残念に存じます。

○○様のご都合がよい時に、またあらためてお伺いに参りますが、
今回の不参加につきましては、どうぞお許しのほどお願い申し上げます。

取り急ぎ、お詫び申し上げます。

---

山本太郎（Taro Yamamoto）
株式会社　山本物産　営業部　t-yamamoto@ooo.co.jp
〒○○○ -9999　横浜市○○区○○町○ - ○
TEL：045- ○○○○ -9999　FAX：045- ○○○○ -9999

---

譯文

## 標題：商品說明會之缺席予以致歉

○○○股份有限公司
○○敬啟

感謝您平日的愛戴。
我是山本物產股份有限公司營業部的山本太郎。

首先，雖早先便預定昨天（○月○日）將參加貴公司舉行商品說明會，
卻在舉辦開始的前一刻臨時無法參加，實屬萬分失禮之事。

原先雖然預定參加，但到了當天由於突然出現無法排開的急事，
不得已只好缺席。

因為是非常感興趣的新商品的說明會，而真心深感遺憾。

在○○（先生／小姐）時間方便之時，會在重新前往拜訪，
關於此次的缺席，還祈請您多多見諒。

總之先致以道歉。

---

山本太郎（Taro Yamamoto）
t-yamamoto@ooo.co.jp
股份有限公司　山本物產　營業部
〒○○○ -9999
橫濱市○○區○○町○ - ○
TEL：045- ○○○○ -9999
FAX：045- ○○○○ -9999

---

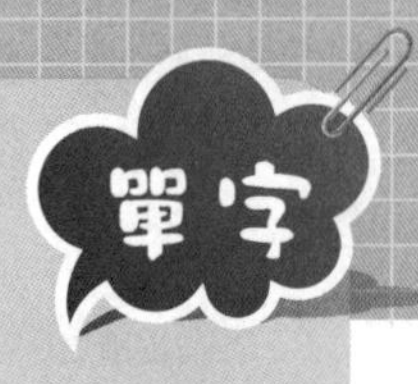


**間際(まぎわ)** 中 到……迫在眉睫時

例 試験間際(しけんまぎわ)になってあわてる。→ 到考試迫在眉睫時。

**はずす** 中 離開

例 座(ざ)をはずす。→ 離開座位。

**残念(ざんねん)** 中 遺憾

例 若(わか)い時(とき)によく勉強(べんきょう)しなかったのが残念(ざんねん)だ。
→ 年輕的時候沒有好好學習，真是遺憾。

**存(ぞん)ずる** 中 想

例 お元気(げんき)でお過(す)ごしのことと存(ぞん)じます。→ 我想您一定很健康。

**都合(つごう)** 中 關係

例 仕事(しごと)の都合(つごう)で出張(しゅっちょう)を見合(みあ)わせた。→ 由於工作關係，不出差了。

**伺(うかが)う** 中 登門

例 ご挨拶(あいさつ)に伺(うかが)う。→ 登門拜訪。

**POINT**

清楚地表達謝罪的心情，直接說明為何不得不取消的理由為宜。並且清楚說明相應措施或改善方法。

## 16-6 對款項支付延滯之事表示歉意



### 件名：「炊飯器」支払いに関する遅れについて

○○○株式会社
○○様

いつもお世話になっております。
株式会社山本物産　経理部の山本太郎でございます。

さて、貴社から○月○日付で発行されました請求書（M-○○○○）に対するお支払いが、
私どもの手違いから遅延しておりました。
誠に申し訳なく、心よりお詫び申し上げます。

本日、遅ればせながらお振り込みをいたしました。
お手数ですが入金をご確認いただければ幸いです。

また、弊社が確認すべきところ、貴社からご指摘を受けたことにもお詫びを申し上げます。

今後は、お支払いの確認を一層厳密にいたし、
二度と今回のようなことがないよう努めてまいります。
何とぞご容赦くださいますようお願い申し上げます、

まずは、お詫びとご返事まで申し上げます。
今後ともよろしくお願いいたします。

---

山本太郎（Taro Yamamoto）

株式会社　山本物産　経理部　t-yamamoto@ooo.co.jp
〒○○○ -9999　横浜市○○区○○町○ - ○
TEL：045- ○○○○ -9999　FAX：045- ○○○○ -9999

## 單字

**請求書** 中 請款單

**手違い** 中 疏失　例 手違いが生じた。➔ 產生疏失。

**申し訳ない** 中 對不起

例 申しわけございませんが，全て売れてしまいました。
➔ 對不起，已全部賣光了。

**遅ればせながら** 中 雖然略晚

例 遅ればせながら以上ご報告申しあげます。➔ 雖然略晚，仍特此奉告。

**振り込む** 中 存入

例 彼の名義の銀行口座に100万円振り込みする。
➔ 把一百萬日圓存入他名下的銀行帳戶。

**入金** 中 款項匯入

**容赦** 中 原諒　例 今回だけはご容赦ください。➔ 請原諒我這一回吧。

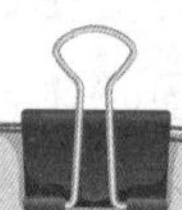

## POINT

延遲付款在商業合作上，是買賣雙方信賴關係中最為忌諱的行為之一。即使是在不小心的情況下，一旦發生了，就要採取以比平時更為禮貌的態度，誠懇謙卑地致歉。首先要誠心地致歉，並表明不會再犯相同的錯誤以挽回並修補雙方的信賴關係。

譯文

## 標題：有關「飯鍋」付款之延宕

〇〇〇股份有限公司
〇〇敬啟

感謝您平日的愛戴。
我是山本物產股份有限公司會計部的山本太郎。

首先，關於貴公司於〇月〇日發出的請款單（M- 〇〇〇〇）之款項支付一事，由於我方的出錯導致延遲。
真的很抱歉，於此誠心地向您致上歉意。

延遲款項今日已完成匯款。
給您添了麻煩但還請確認其匯款記錄。

另外，關於本該由敝公司自行確認的地方，卻讓貴公司來告知我方一事也要向您致上歉意。

今後將加倍嚴謹地確認款項的支付，
將不再有類似情事的發生而努力。
於此祈請您能予以原諒寬恕。

總之先致以道歉以及回覆。
今後也請多多指教。

---

山本太郎（Taro Yamamoto）
t-yamamoto@ooo.co.jp
股份有限公司　山本物產　會計部
〒〇〇〇 -9999　橫濱市〇〇區〇〇町〇 - 〇
TEL：045- 〇〇〇〇 -9999
FAX：045- 〇〇〇〇 -9999

---

# 關於「致歉」信函的好用句

## ★開頭語★

**01 はじめまして** 中 初次見面，您好

例 はじめまして、チェリー株式会社輸出部の山本です。

➔ 初次見面，您好。我是櫻桃股份有限公司出口部的山本。

**02 お世話になっております**

中 承蒙關照

例 日頃は大変お世話になっております。チェリー株式会社の山本です。➔ 平日承蒙您的諸多關照了。我是櫻桃股份有限公司的山本。

**03 ご連絡ありがとうございます**

中 謝謝您的聯繫

例 さっそくご返信、ありがとうございます。➔ 謝謝您的即刻回信。

**04 いつもお世話になっております**

中 感謝您一直以來的照顧

**05 いつもお世話になりありがとうございます**

中 感謝您一直以來的照顧

**06 いつも大変お世話になっております** 中 感謝您一直以來的照顧

**07 はじめてご連絡いたします**

中 初次與您聯繫

例 はじめてご連絡いたします。チェリー株式会社で輸出を担当しております山本と申します。

➔ 初次與您聯繫。我是在櫻桃股份有限公司裡負責出口的山本。

**01 いつも格別のご協力をいただきありがとうございます**

中 謝謝您一直以來的合作

**02 いつもお心遣いいただき、まことにありがとうございます**

中 總是受到您的細心掛念，衷心地感謝

例 いつも温かいお心遣いをいただき、まことにありがとうございます。➜ 總是受到您溫馨的細心掛念，衷心地感謝。

**03 いつもお引き立ていただき誠にありがとうございます**
中 感謝您一直以來的惠顧

**01 貴社ますますご清栄のこととお慶び申し上げます**
中 祝貴司日益興隆

**02 平素は格別のお引き立てにあずかり誠にありがとうございます**
中 感謝您一直以來的惠顧

**01 大変申し訳ございませんでした**
中 真對不起

例 度重なる失礼、大変申し訳ございませんでした。
➜ 接二連三的失禮，真對不起。

**02 このようなことになり**
中 結果變成這樣

例 説明不足でこのようなことになり、ご迷惑をおかけしたこと申し訳なく思っています。
➜ 因我的説明不夠充分，結果變成這樣，我很抱歉給您帶來不便。

**03 心得違いで** 中 都是我的不是

例 こちらの心得違いで、別の商品をお届けしてしまい申し訳ありませんでした。➜ 我們送錯誤的產品，都是我們的不是。真對不起。

**04 うかつにも** 中 疏忽沒注意

例 うかつにも気がつきませんでした。➜ 竟然疏忽沒注意到。

**05 とんだ不始末をしでかしまして**
中 闖了禍

例 当社のパート社員がとんだ不始末をしでかしまして、誠に申し訳ありませんでした。
➜ 我公司的約聘員工闖了禍，很抱歉。

**06 失礼いたしました** 中 失禮了

例 お返事が遅れて、失礼いたしました。

➔ 因延遲回覆，向您說聲失禮了。

**07 二度とこのようなことはいたしません** 中 我不會再做出這樣的事情

例 今後は十分に注意し、二度とこのようなことはいたしません。

➔ 以後我會謹慎注意，不會再做出這樣的事情。

**08 大変ご迷惑をおかけいたしました** 中 給您添了許多麻煩

例 災害による操業停止期間中は、大変ご迷惑をおかけいたしました。

➔ 因災害致使作業停止的這段期間給您們添了許多麻煩。

**09 謝罪いたします** 中 道歉

例 誤解を与えたようでしたら、謝罪いたします。

➔ 如果我讓您有所誤解，那麼我要向您道歉。

**10 大変ご心配をおかけいたしました** 中 讓您非常擔驚受怕

例 この度の水害では、皆様に大変ご心配をおかけいたしました。

➔ 由於這一次的水災，讓大家非常擔驚受怕。

**11 申し訳ありませんでした** 中 非常地抱歉

例 度重なる失礼、本当に申し訳ありませんでした。

➔ 多次反覆地冒犯，真的非常地抱歉。

**12 深く反省しております** 中 深深反省

例 今回の ような不始末が生じ深く反省しております。

➔ 發生這種情況，我們深深反省。

**13 不注意で** 中 因為～的疏忽～

例 弊社の不注意でこのようなことになり、本当に申し訳ありません。➔ 因為敝公司的疏忽導致這樣的情形，真的是萬分抱歉。

**14 お詫びの申しあげようもありません** 中 不知怎樣道歉才好

例 心待ちにしていてくださった皆様にはお詫びの申しあげようもありません。➔ 不能滿足大家的期望，不知怎樣道歉才好。

**15 弁解のしようもありません** 中 無法辯解

例 遅延の連絡をしなかったことは確かで、弁解のしようもありません。➔ 關於延遲沒有聯繫是事實，我們無從辯解。

### 16 私の力不足です

中 …我的力量不足

例 結果を出せなかったのは、ひとえに私の力不足です。

→ 無法達到目標是由於我的力量不足。

### 17 以後、気をつけます

中 此後，會多加注意

例 このようなことを繰り返さないように、以後、気をつけます。

→ 為了不再重蹈覆轍，此後會多加注意。

### 18 お恥ずかしいかぎりです

中 感到無比慚愧

例 私の指導不足が原因であり、まことにお恥ずかしいかぎりです。→ 因為我的督促不周促使此次疏失，在此感到無比慚愧。

### 19 すみませんでした　中 很抱歉

例 お返事が遅れてすみませんでした。→ 很抱歉回覆延遲了。

### 20 まさにおっしゃるとおりでございます　中 您說得很對

例 ご指摘の点、まさにおっしゃるとおりでございます。

→ 您指出的地方，說得很對。

### 21 考えが及びませんでした

中 沒仔細想到

例 そこまでは考えが及びませんでした。→ 沒仔細想到細節。

### 22 あってはならないことです

中 不能發生～

例 製造日を誤記するなど、あってはならないことでした。

→ 不能發生寫錯製造日期的事。

### 23 とんでもないことでした

中 一件糟糕的事

例 データを流出させるなど、とんでもないことでした。

→ 數據外洩是一件糟糕的事。

### 24 お許しください　中 請原諒我

例 もってのほかとは承知の上ですが、どうぞわがままをお許しください。→ 我雖然也認為這是荒謬的，但請原諒我的任性。

### 25 ご勘弁願えませんでしょうか

中 請您原諒

例 商品はすぐにお取り換えいたしますので、ご勘弁願えませんでしょうか。

→ 我們會立即更換產品，請您原諒。

### 26 ご勘弁願います　中 請您原諒

例 当日のキャンセルは、ご勘弁願います。→ 那天的取消，請您原諒。

**27 お詫び申し上げます** 中 致上歉意

例 皆様には大変ご迷惑おかけしました事を深くお詫び申し上げます。➔ 對於造成各位諸多困擾之事，謹此致上深深的歉意。

**28 お詫びの申しあげようもございません** 中 不知怎樣道歉才好

例 多大なるご迷惑をおかけして、お詫びの申しあげようもございません。➔ 給您添了麻煩，讓我不知道怎樣道歉才好。

**29 お詫びの言葉もありません**
中 不知道怎樣道歉才好

例 ご迷惑をおかけした皆様には、本当にお詫びの言葉もありません。

➔ 給您們大家添了麻煩，我真的是不知這怎樣道歉才好。

**30 肝に銘じます** 中 銘記在心

例 ご忠告、肝に銘じます。

➔ 您的忠告，我會銘記在心。

**31 もってのほかでございます**
中 令人不能容忍

例 納期遅れの事後連絡など、もってのほかでございました。

➔ 交貨延遲並在事後才通知實為令人無法容忍。

**32 自責の念にかられております**
中 自責不已

例 配慮が行き届かなかったと、自責の念にかられております。

➔ 沒有足夠妥當的顧慮到，讓我自責不已。

## 正 式 場 合

**01 ご容赦くださいませ** 中 請原諒

例 商品の性質上、お客様ご都合による返品・交換は何卒ご容赦くださいませ。

➔ 由於產品的性質，恕本公司無法讓客戶退換。

**02 多大なご迷惑をおかけして、心から申し訳なく存じます**
中 給您添了很多麻煩由衷地向您致歉

例 この度は、多大なご迷惑をおかけして、心から申し訳なく、深くお詫びいたします。

➔ 這次給您添了很多麻煩由衷地向您致歉。

**03 陳謝いたします** 中 向您賠罪

例 今回の件を厳粛に受け止め、陳謝いたします。

➔ 我會謹記此次教訓，於此向您賠罪。

**04 不行き届きでした**

中 監督不夠嚴密

例 管理者として、監督不行き届きでした。

➔ 作為管理員，監督不夠嚴密 。

**05 申し開きのできないことです**

中 沒有任何藉口

例 このたびの件はまったく申し開きのできないことでございました。➔ 關於這個事件，沒有任何藉口。

**06 弁解の余地もございません**

中 沒有辯解的餘地

例 ご返済遅れの不手際は弁解の余地もございません。

➔ 在延遲還款的不謹慎上我們沒有辯解的餘地。

**07 面目次第もございません**

中 無臉面對人

例 今回の件は，ひとえに私の不徳の致すところであり面目次第もございません。

➔ 關於此次的事，全是我的作為偏差所致，令我羞愧得無地置容。

**08 お詫びの言葉に苦しんでおります** 中 不知怎樣道歉才好

例 とんだ不始末をしでかしまして、お詫びの言葉に苦しんでおります。

➔ 我闖禍了，不知怎樣道歉才好。

**09 私の不徳の致すところです**

中 …是由於我的能力不足所致

例 システム障害を予測できなかったことは、私の不徳の致すところです。➔ 沒能事前預測到系統故障是由於我能力不足所致。

**10 とんだ失態を演じてしまいまして** 中 不小心捅了大簍子

例 とんだ失態を演じてしまいまして、まことにお恥ずかしい限りです。

➔ 不小心捅了大簍子，慚愧極了。

**11 無礼千万なことと** 中 冒犯之至

例 無礼千万なことと、謹んでお詫びを申しあげます。

➔ 實屬冒犯之至，謹此向您致上歉意。

**12 大変ご不愉快の念をおかけしました** 中 讓您感到非常不愉快

例 ご案内に不手際があり、大変ご不快の念をおかけしました。

➔ 在介紹時不夠謹慎，讓您感到非常不愉快。

**13 私の至らなさが招いた結果です**

中 …是由於我做得不夠周到所導致

例 今回の件は、私の至らなさが招いた結果です。➔ 這次事件是由於我做得不夠周到而導致的。

**14 不覚にも** 中 意外的疏忽…

例 不覚にも、御社に迷惑をかけることになり、誠に申し訳ありません。➔ 意外的疏忽給貴公司添麻煩，我由衷地表示歉意。

**15 ご容赦くださいますよう、お願い申し上げます** 中 請原諒

例 このたびの不手際の件、なにとぞご容赦くださいますよう、お願い申し上げる次第でございます。➔ 此次的缺失，請您原諒我。

**16 非礼このうえないことと**

中 非常沒有禮貌

例 非礼このうえないことと、謹んでお詫びを申し上げます。

➔ 我做出非常沒有禮貌的行為，向您表示歉意。

**17 猛省しております**

中 我深深地自我反省

例 私の不徳のいたすところと、猛省しております。➔ 由於我的能力不足所致，我深深地自我反省。

## ★結 語★

合

**01 よろしくお願いいたします**

中 多多指教

例 どうぞよろしくお願いいたします。➔ 請多多指教。

**02 引き続きよろしくお願いいたします** 中 今後仍望惠顧關照

**03 今後ともよろしくお願いいたします** 中 今後也請多指教

**04 まずは〇〇申し上げます**

中 總之先致以〇〇～

例 まずは謹んでお詫び申し上げます。➔ 總之先致以道歉。

**01 今後とも変わらぬご指導のほど、よろしくお願い申し上げます** 中 今後還請繼續予以指教

**02 今後ともよろしくご指導くださいますようお願い申し上げます** 中 還請多指教

**01 まずは取り急ぎご○○まで**

中 總之先致以○○～

例 まずは取り急ぎお詫びまで。

→ 總之先致以道歉。

**02 まずは○○まで** 中 總之先○○～

例 まずはお詫びまで。

→ 總之先致以道歉。

**03 まずは○○かたがた○○まで**

中 在此向您致○○並○○

例 まずはお詫びかたがたご説明まで。→ 在此向您致以道歉並解釋。

**04 取り急ぎ○○の○○まで**

中 總之先致以○○～

例 取り急ぎ遅延のお詫びまで。

→ 總之先致以對於延遲的道歉。

**01 これからもなにとぞご指導ご鞭撻を賜りたく、お願い申しあげます** 中 還請多多指教與勉勵

**02 今後とも、ご指導ご鞭撻のほど、よろしくお願い申し上げます** 中 還請多多指教與勉勵

# Unit 17 抱怨

針對因對方而承受被害或利益的損失時要求其處理對策、問題的解決、謝罪等情況，或者是想表達抗議、客訴、催促時寄給對方的郵件。

書寫這類信函時還要顧及雙方的情誼及信賴關係，因此須事先多方設想郵件寄出後會發生的結果，留心用字遣詞並小心書寫為佳。

## 結構

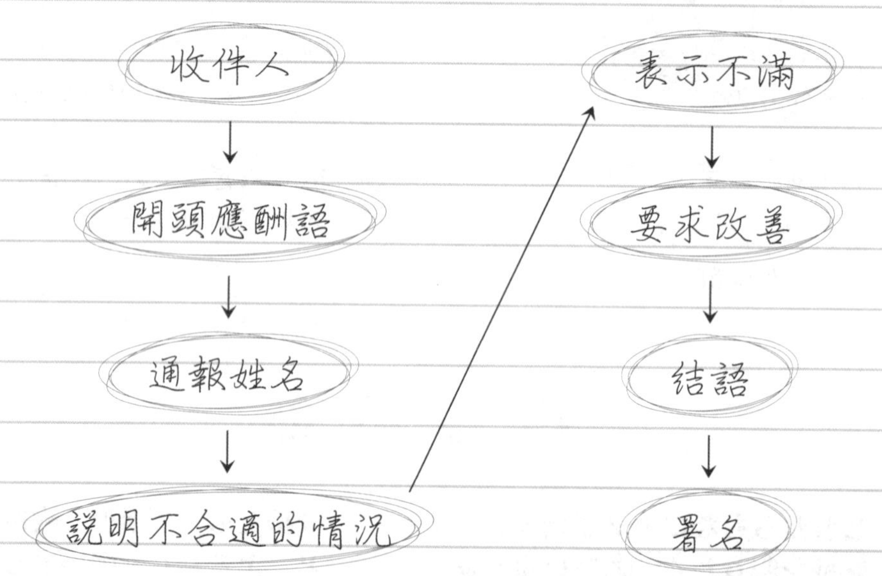

# 17-1 對寄達商品之申訴

正文

## 件名：炊飯器破損

○○○株式会社
○○様

いつもお世話になっております。
○月○日に納入された炊飯器についてのご連絡です。

商品100台のうち6台に破損がありましたので、
納入直後にご担当の△△様に連絡をいたしました。
△△様によりますと、出荷時の検品では破損は確認されていないため、
まずは配送会社に確認するとのお答えをいただきました。

その後○日経ちましたが、△△様からはご連絡がありません。

業務に支障をきたしておりますので、
本日（○月○日）中にご回答をいただきますようお願いいたします。

---

山本太郎（Taro Yamamoto）
株式会社　山本物産　購買部　t-yamamoto@ooo.co.jp
〒○○○-9999　横浜市○○区○○町○-○
TEL：045-○○○○-9999　FAX：045-○○○○-9999

---

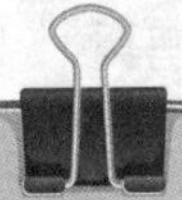

**POINT**

具體描述商品故障的情況，以及對方處理的情形後，再請求對方予以退貨或換貨。

譯文

## 標題：飯鍋損傷

〇〇〇股份有限公司
〇〇敬啟

感謝您平日的愛戴。
此為關於於〇月〇日送達的飯鍋之聯繫。

由於 100 台的商品之中有 6 台是有損傷，
因此在進貨後便立即聯繫了負責人的△△（先生／小姐）。
根據△△（先生／小姐）之說法，由於在出貨時的商品檢測階段並未發現有損傷，
因此對方回覆了要先向宅配公司確認。

但在那之後過了〇天，卻仍無來自於△△（先生／小姐）的聯繫。

由於此事已造成我方業務上的不便，
於此祈請您於今天（〇月〇日）之內予以我方回覆。

---

山本太郎（Taro Yamamoto）
股份有限公司　山本物產　採購部　t-yamamoto@ooo.co.jp
〒〇〇〇 -9999　橫濱市〇〇區〇〇町〇 - 〇
TEL：045- 〇〇〇〇 -9999　FAX：045- 〇〇〇〇 -9999

---

**納入**（のうにゅう） 中 進貨

**出荷**（しゅっか） 中 出貨　例 出荷案内（しゅっかあんない）。→出貨通知。

**支障**（ししょう） 中 障礙、阻礙　例 停電（ていでん）で工事（こうじ）に支障（ししょう）をきたす。→停電給工程帶來阻礙。

**きたす** 中 引起　例 恐慌（きょうこう）をきたす。→引起恐慌。

# 17-2 對營業負責窗口之客訴

正文

## 件名：担当者変更についてのお願い

○○○株式会社
○○様

いつもお世話になっております。
株式会社　山本物産の山本太郎です。

さて、大変申し上げにくいのですが、ご担当者の変更をしていただくようご相談申し上げます。

実は、○○さんのご対応によりいささか業務に支障がでております。
○月○日に○○の見積もりを○○さんにお願いしたたのですが、
「すぐに回答します」とのご返事。
その日になっても返事がなく督促をしましたところ
「折り返し返事します」とおっしゃったままで電話をいただけませんでした。
当方も急いでおりましたので、しかたなく他の方にお答えしていただいた次第です。
○○さんにはメールを送っても返事がないことが度々ございます。
ご多忙な事情がお有りなのかもしれませんが、
このままでは御社以外から仕入れせざるを得ないかなとも思っています。

弊社とのお取引は、今後も継続したく考えておりますので、
ご担当の方の変更をお願いいたします。

ご検討のほど、よろしくお願いいたします。

山本太郎（Taro Yamamoto）
株式会社　山本物産　購買部　t-yamamoto@ooo.co.jp
〒○○○ -9999　横浜市○○区○○町○ - ○
TEL：045- ○○○○ -9999　FAX：045- ○○○○ -9999

---

**担当者** 中 負責人（窗口）

**相談** 中 商量

例 それできょうは少し相談があって参ったのです。
➔ 因此，今天特來跟您商量一件事。

**いささか** 中 有點　例 いささか失望する。➔ 有點失望。

**支障** 中 阻礙　例 停電で工事に支障をきたす。➔ 停電給工程帶來阻礙。

**折り返し** 中 立即　例 折り返し返事をする。➔ 立即回覆。

**次第** 中 經過　例 事の次第はこうです。➔ 事情經過是這樣。

**多忙** 中 百忙

例 ご多忙のところをおじゃましてすみません。➔ 在您百忙之中來打擾，很抱歉。

**検討** 中 研究　例 細目にわたって検討する。➔ 詳細入微地審查研究。

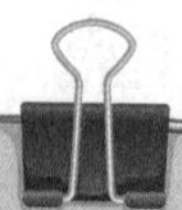

**POINT**

注意內容敘述以我方的想法、發生了什麼故障或阻礙、期望對方做出什麼樣的改善等以簡潔且適切禮貌的詞語明確地敘述為佳。為了維持雙方的合作的關係，可適時表示針對該陳述問題以外皆很滿意的心情。

## 標題：關於更換負責人之請託

〇〇〇股份有限公司
〇〇敬啟

感謝您平日的愛戴。
我是山本物產股份有限公司的山本太郎。

首先，雖然很難啟齒，但由於想請託您更換業務負責人，因此想和您商量。

其實是由於〇〇（先生／小姐）的對應致使業務上產生了些許障礙。
於〇月〇日時向〇〇（先生／小姐）委託了關於〇〇的報價一事，
而我方則得到了「立即回覆您」的回答。
但到了那一天卻仍毫無回音，因此再度催促後
對方僅說了「稍後將回覆」後卻再也沒有接到回覆的電話。
由於我方也相當地急迫，最後只好詢問其他人以求得回覆。
寄信給〇〇（先生／小姐）也沒有回音的情況也偶爾會發生。
雖然也許有其他相當之繁忙的事務，
但在這樣下去我方可能只好不得不改向貴公司之外的其他公司尋求合作。

由於我方仍希望與貴公司之間的合作今後也能繼續持續下去，
因此希望能更換業務負責人。

關於此事還請多多予以評估討論。

---

山本太郎（Taro Yamamoto）
t-yamamoto@ooo.co.jp
股份有限公司　山本物產　採購部
〒〇〇〇 -9999
橫濱市〇〇區〇〇町〇 - 〇
TEL：045- 〇〇〇〇 -9999
FAX：045- 〇〇〇〇 -9999

---

正文

## 件名：炊飯器の納品日について

○○○株式会社
○○様

いつもお世話になっております。
株式会社　山本物産の山本太郎です。

○月○日に納入された炊飯器について、ご連絡させていただきます。

品番 SH- ○○○、100 台のうち 15 台に破損があり、
納入直後にご担当の△△さんに連絡をいたしました。

△△さんの説明によりますと、出荷時の検品では破損は確認されていないため、配送の際に破損があったのかもしれないので調べてみるとのことでした。

配送会社に確認をとってから、代替品を発送いただけるとのことで、
こちらも了承したのですが、
1 週間経った本日もまだ代替品が届かず、また△△さんからのご連絡もありません。
確認に手間取られているかと拝察いたしますが、いささかお時間がかかっているようです。

当方も業務に支障をきたしておりますので、
早急に代替品をお送りいただきたく存じます。

確実な納品日について、本日中にご回答いただきますようお願いいたします。

山本太郎（Taro Yamamoto）
株式会社　山本物産　購買部　t-yamamoto@ooo.co.jp
〒○○○ -9999　横浜市○○区○○町○ - ○
TEL：045- ○○○○ -9999　FAX：045- ○○○○ -9999

## 單字

**納入** 中 進貨

**発送** 中 發貨

例 商品を発送する。➔ 發貨。

**手間取る** 中 費很多時間

例 思わぬことで手間取ってしまった。➔ 在意想不到的地方，費了很多時間。

**拝察** 中 理解　例 ご苦労のほど拝察いたします。➔ 我理解您很辛苦。

**支障** 中 障礙、阻礙　例 停電で工事に支障をきたす。➔ 停電給工程帶來阻礙。

**きたす** 中 引起　例 恐慌をきたす。➔ 引起恐慌。

**納品** 中 交貨

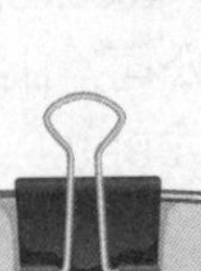

## POINT

注意內容敘述以我方是怎麼想的、發生了什麼樣的故障或阻礙、期望對方做出什麼樣的改善……等以適切有禮的用詞明確地陳述為佳。

譯文

## 標題：關於飯鍋的交貨日

〇〇〇股份有限公司
〇〇敬啟

感謝您平日的愛戴。
我是山本物產股份有限公司的山本太郎。

關於於〇月〇日寄達之飯鍋，在此向您聯繫。

商品編號 SH- 〇〇〇，100 台之中有 15 台有損傷，因此在進貨後便立即聯繫了負責人的△△（先生／小姐）。
根據△△（先生／小姐）之說法，由於在出貨時的商品檢測階段並未發現有損傷，因此我方被告知貴公司將會先調查是否是在寄送的過程中受到損傷。

貴公司在向宅配公司確認後，表示將與我方更換代替品，我方也給予理解了，但在一週過去的今天，替代品仍尚未寄達，另外也尚無來自△△（先生／小姐）的聯繫。
我方也考量到也許是在確認上需要一點時間，但似乎有點太久了。

由於此事已造成我方在業務上的障礙，為此請盡速將替代品寄予我方。

而關於確切的到貨日，還煩請於今天之內予以回覆。

---

山本太郎（Taro Yamamoto）
t-yamamoto@ooo.co.jp
股份有限公司　山本物產　採購部
〒〇〇〇 -9999
橫濱市〇〇區〇〇町〇 - 〇
TEL：045- 〇〇〇〇 -9999
FAX：045- 〇〇〇〇 -9999

---

# 關於「抱怨」信函的好用句

## ★開頭語★

### 01 お世話になっております
中 承蒙關照

例 日頃は大変お世話になっております。チェリー株式会社の山本です。➔ 平日承蒙您的諸多關照了。我是櫻桃股份有限公司的山本。

### 02 何度も申し訳ございません
中 不好意思百般打擾

例 何度も申し訳ございません。先ほどお伝えし忘れましたが、納期は 1 ヶ月かかります。

➔ 不好意思百般打擾了。剛才忘了告知您，交貨期限需要一個月。

### 03 突然のメールで失礼いたします
中 唐突致信打擾了

例 突然のメールで失礼いたします。貴社のウエブサイトを拝見してご連絡させていただきました。

➔ 唐突致信打擾了。因為瀏覽了貴公司的網站，所以冒昧地聯繫貴公司。

### 04 はじめてご連絡いたします
中 初次與您聯繫

例 はじめてご連絡いたします。チェリー株式会社で輸出を担当しております山本と申します。

➔ 初次與您聯繫。我是在櫻桃股份有限公司裡負責出口的山本。

### 05 はじめまして　中 初次見面，您好

例 はじめまして、チェリー株式会社輸出部の山本です。

➔ 初次見面，您好。我是櫻桃股份有限公司出口部的山本。

### 06 いつもお世話になりありがとうございます
中 感謝您一直以來的照顧

### 07 いつも大変お世話になっております　中 感謝您一直以來的照顧

### 08 いつもお世話になっております
中 感謝您一直以來的照顧

## 正式場合

**01 いつも格別（かくべつ）のご協力（きょうりょく）をいただきありがとうございます**

中 謝謝您一直以來的合作

**02 失礼（しつれい）ながら重（かさ）ねて申（もう）し上（あ）げます**

中 雖感冒昧，但仍重覆陳述提醒

例 失礼（しつれい）ながら重（かさ）ねて申（もう）し上（あ）げます。お見積（みつも）りの提出（ていしゅつ）を早急（さっきゅう）にお願（ねが）いいたします。

→ 雖感冒昧，但仍重覆陳述提醒。祈請盡速提交估價單。

**03 いつもお引（ひ）き立（た）ていただき誠（まこと）にありがとうございます**

中 感謝您一直以來的惠顧

**01 平素（へいそ）は格別（かくべつ）のお引（ひ）き立（た）てにあずかり誠（まこと）にありがとうございます**

中 感謝您一直以來的惠顧

**02 貴社（きしゃ）ますますご清栄（せいえい）のこととお慶（よろこ）び申（もう）し上（あ）げます**

中 祝貴司日益興隆

## ★正 文★

**01 不備（ふび）が見（み）つかりました**

中 發現缺失

例 不備（ふび）が見（み）つかりました。

→ 發現缺失。

**02 支障（ししょう）がでております**

中 出現阻礙

例 業務（ぎょうむ）に支障（ししょう）がでております。

→ 業務上出現阻礙。

正式場合

**01 早急な善処をお願いいたします**

中 希望盡快採取應對行動

**02 困惑いたしております**

中 感到不知所措

**03 当惑しております**

中 我們正感到困惑

## ★結語★

一般場合

**01 よろしくお願いいたします**

中 多多指教

例 どうぞよろしくお願いいたします。➔請多多指教。

**02 まずは○○申し上げます**

中 總之先致以○○～

例 まずは謹んでご連絡申し上げます。➔總之先致以通知。

**03 ご検討ください** 中 請研究討論

例 お手数ですが、ご検討ください。➔還請勞煩您研究討論。

**04 なにとぞよろしくお願い申し上げます** 中 祈請多多指教

例 ご協力のほど、なにとぞよろしくお願い申し上げます。

➔祈請撥冗協助，多多指教。

**05 ご回答をいただければ助かります**

中 若能得到您的解答將幫了我的大忙

例 恐縮ですが、ご回答をいただければ助かります。➔雖感冒昧，但若能得到您的解答將幫了我大忙。

**06 以上、よろしくお願いします**

中 就這些，請多多指教

## 簡略說法

**01 まずは○○まで** 中 總之先○○～

例 まずはお知(し)らせまで。
➔ 總之先致以通知。

**02 まずは○○かたがた○○まで**
中 在此向您致○○並○○

例 まずは連絡(れんらく)かたがた依頼(いらい)まで
➔ 在此向您致以通知並請求。

**03 取(と)り急(いそ)ぎ○○の○○まで**
中 總之先致以○○～

例 取(と)り急(いそ)ぎ現状(げんじょう)のご報告(ほうこく)まで。
➔ 總之先致以現狀的報告。

**04 まずは取(と)り急(いそ)ぎご○○まで**
中 總之先致以○○～

例 まずは取(と)り急(いそ)ぎご連絡(れんらく)まで。
➔ 總之先致以通知。

## 客套說法

**01 今後(こんご)とも、ご指導(しどう)ご鞭撻(べんたつ)のほど、よろしくお願(ねが)い申(もう)し上(あ)げます** 中 還請多多指教與勉勵

**02 これからもなにとぞご指導(しどう)ご鞭撻(べんたつ)を賜(たまわ)りたく、お願(ねが)い申(もう)しあげます** 中 還請多多指教與勉勵

# Unit 18 祝賀

書寫這一類的祝賀信最大的要點就是發送的時間點。

在對方最高興的時機寄出可說是誠意的表現。

此外，須注意盡量使用積極樂觀的辭彙，並留心絕對不能使用不吉利的禁語。

## 結構

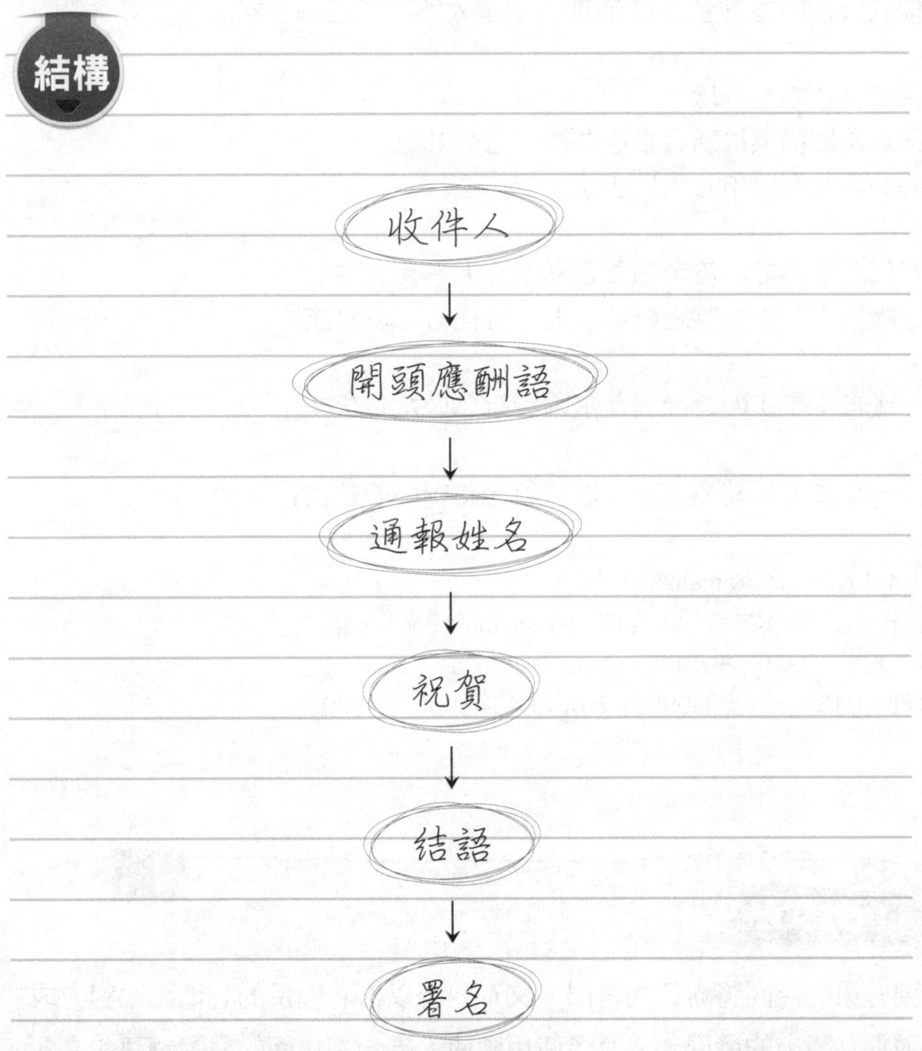

# 18-1 股份公司創立之祝賀

正文

## 件名：新会社設立のお祝い

○○○株式会社
○○様

いつもお世話になっております。
株式会社山本物産、営業部の山本太郎でございます。

さて、このたびは
あらたに横浜に新会社をご設立とのこと、
心からお祝い申し上げます。

時代が求めている業種だと私どもも考えますし、
かならずや大発展されることと確信しております。

今後ますますのご発展と飛躍を祈念いたします。

メールにて恐縮ですが、取り急ぎお祝いのご挨拶まで。

---

山本太郎（Taro Yamamoto）
株式会社　山本物産　営業部　t-yamamoto@ooo.co.jp
〒○○○-9999　横浜市○○区○○町○-○
TEL：045-○○○○-9999　FAX：045-○○○○-9999

---

**POINT**

要在第一時間將祝賀函寄出。文章內容以帶著愉悅的心情祝福對方成功並期許對方的發展。要避免使用會使人聯想到負面的忌諱詞語和文句。

譯文

## 標題：新公司創立之祝賀

〇〇〇股份有限公司
〇〇敬啟

感謝您平日的愛戴。
我是山本物產股份有限公司營業部的山本太郎。

首先，此次聽聞您於橫濱新設立了新公司一事，
誠心向您致上恭賀。

我方也認為此既為目前時代所追求的職業類別，
並確信一定會有極大的發展。

也期許並祝福貴公司日益發展騰達。

以郵件雖感失禮，總之先致以祝賀的問候。

---

山本太郎（Taro Yamamoto）
股份有限公司　山本物產　營業部　t-yamamoto@ooo.co.jp
〒〇〇〇 -9999　橫濱市〇〇區〇〇町〇 - 〇
TEL：045- 〇〇〇〇 -9999　FAX：045- 〇〇〇〇 -9999

---

**このたび** 中 此次

例 このたび退任(たいにん)することになった。➜ 決定此次卸任。

**あらたに** 中 重新　例 また新(あら)たに始(はじ)める。➜ 又重新開始。

**ますます** 中 越來越

**恐縮(きょうしゅく)** 中 不敢當

例 お忙(いそが)しい中(なか)をわざわざおいでいただいて恐縮(きょうしゅく)です。
➜ 您在百忙之中特地光臨，真不敢當。

**取(と)り急(いそ)ぎ** 中 匆忙　例 取(と)り急(いそ)ぎお願(ねが)いまで。➜ 匆忙懇求如上。

## 18-2 開店、開業之祝賀

正文

### 件名：「横浜」店開店のお祝い

○○○株式会社
○○様

いつもお世話になっております。
株式会社山本物産、営業部の山本太郎です。

さて、いよいよ横浜店がオープンされるとのこと、誠におめでとうございます。
オープン当日は私もお伺いし、微力ながらお手伝いさせていただく所存ですので、
私にできることがありましたら、ご遠慮なくお申し付けください。

ご準備でお忙しいことと存じますが、くれぐれもお体ご自愛くださいませ。

横浜店のご成功を、心よりお祈り申し上げます。

メールにて恐縮ですが、
取り急ぎ、お祝い申し上げます。

---

山本太郎（Taro Yamamoto）
t-yamamoto@ooo.co.jp
株式会社　山本物産　営業部
〒○○○ -9999　横浜市○○区○○町○ - ○
TEL：045- ○○○○ -9999
FAX：045- ○○○○ -9999

---

## 標題：「橫濱」店開幕之祝賀

○○○股份有限公司
○○敬啟

感謝您平日的愛戴。
我是山本物產股份有限公司營業部的山本太郎。

首先，聽聞您於橫濱的店鋪終於即將開幕一事，誠心地恭喜您。
而開幕當天我也打算前往拜訪，並獻上我些許微不足道的協助，
因此如果有任何我做得到的事，請不要客氣盡管告訴我。

我想您一定正為準備而繁忙著，但衷心地請您要好好保重身體。

誠心致上祝福預祝橫濱店營業成功。

以郵件雖感失禮，總之先致以祝賀的問候。

---

山本太郎（Taro Yamamoto）
t-yamamoto@ooo.co.jp
股份有限公司　山本物產　營業部
〒○○○ -9999
橫濱市○○區○○町○ - ○
TEL：045- ○○○○ -9999
FAX：045- ○○○○ -9999

---

單字

**オープン** 中 開業

**伺う**（うかが） 中 登門

例 ご挨拶に伺う。➔ 登門拜訪。

**所存**（しょぞん） 中 打算

例 来月帰国する所存です。➔ 打算下個月回國。

**申し付ける**（もうつ） 中 吩咐

例 お申しつけの段段，確かに承知いたしました。➔ 您吩咐的幾件事我都了解了。

**遠慮**（えんりょ） 中 客氣

例 どうぞご遠慮なく召しあがってください。➔ 請不要客氣吃一點兒吧。

**恐縮**（きょうしゅく） 中 不敢當

例 お忙しい中をわざわざおいでいただいて恐縮です。
➔ 您在百忙之中特地光臨，真不敢當。

**自愛**（じあい） 中 保重身體

例 炎暑の候，ご自愛ください。➔ 盛夏之季，請保重身體。

**POINT**

1. 注意不要錯失時機，要在第一時間將祝賀函寄出。
2. 文章內容以帶著愉悅的心情祝福對方成功並期許對方的發展。
3. 必須避免使用會令人聯想到負面的忌諱用詞與文句。

## 18-3 升遷、榮調之祝賀



### 件名：ご栄転のお祝い

○○○株式会社
○○様

いつもお世話になっております。
株式会社山本物産、営業部の山本太郎です。

さて、このたび横浜支店長にご栄転されましたとの由、
心からお祝い申し上げます。
これもひとえに、○○様の平素のご努力とご熱意の賜物と
改めて敬服いたしております。

一層のご活躍、ご発展を心よりお祈りいたすとともに、
これからも変わらぬご愛顧を賜りますよう、
よろしくお願い申しあげます。

取り急ぎ、略儀ながらメールにてお祝い申し上げます。

---

山本太郎（Taro Yamamoto）
t-yamamoto@ooo.co.jp
株式会社　山本物産　営業部
〒○○○ -9999　横浜市○○区○○町○ - ○
TEL：045- ○○○○ -9999
FAX：045- ○○○○ -9999

---

譯文

## 標題：榮調之祝賀

〇〇〇股份有限公司
〇〇敬啟

感謝您平日的愛戴。
我是山本物產股份有限公司營業部的山本太郎。

首先，此次聽聞您榮調至橫濱分店店長一職，
誠心地向您致上祝賀。
我想這也是〇〇（先生／小姐）您平日以來的努力與對工作的熱情而累積的成果，並為此感到佩服不已。

於此一方面誠心地祝福您更進一步的活躍與發展的同時，
也祈請您一如既往地予以愛戴，還請多多指教。

匆促之間，以簡略的郵件雖感失禮，總之先致以祝賀的問候。

---

山本太郎（Taro Yamamoto）
t-yamamoto@ooo.co.jp
股份有限公司　山本物產　營業部
〒〇〇〇 -9999
橫濱市〇〇區〇〇町〇 - 〇
TEL：045- 〇〇〇〇 -9999
FAX：045- 〇〇〇〇 -9999

---

**栄転**（えいてん） 中 榮升

例 このたびのご栄転（えいてん）おめでとうございます。➔ 祝賀您此次榮升。

**由**（よし） 中 聽說

例 男子（だんし）ご出生（しゅっせい）の由（よし）おめでとう存（ぞん）じます。➔ 聽說生了個男孩兒，恭喜恭喜。

**ひとえに** 中 完全

例 それはひとえに私（わたし）の過（あやま）ちです。➔ 這完全是我自己的錯。

**賜物**（たまもの） 中 成果

例 苦学力行（くがくりっこう）の賜物（たまもの）。➔ 苦學力行的成果。

**敬服**（けいふく） 中 欽佩

例 きみの着眼（ちゃくがん）の奇抜（きばつ）なことには敬服（けいふく）する。➔ 欽佩你眼力機警。

**一層**（いっそう） 中 更加

例 なお一層（いっそう）の努力（どりょく）を望（のぞ）む。➔ 希望今後更加努力。

**活躍**（かつやく） 中 積極活動

例 外交（がいこう）の舞台（ぶたい）で活躍（かつやく）する。➔ 在外交界積極活動。

**賜る**（たまわ） 中 賜

例 勲章（くんしょう）を賜（たまわ）る。➔ 賜予勛章。

**略儀**（りゃくぎ） 中 簡略方式

**POINT**

1. 注意不要錯失時機，要在第一時間將祝賀函寄出。
2. 先寫出表祝賀之意、讚賞之詞、敬佩之情等詞彙後，在針對對方的新工作予以勉勵後，最後再以期許雙方今後的友誼及支持做結束。

# 18-4 對董事就任之事的祝賀

正文

## 件名：取締役就任のお祝い

〇〇〇株式会社
〇〇様

いつもお世話になっております。
株式会社山本物産、営業部の山本太郎です。

この度の株主総会にて取締役に就任されたとのこと、
誠におめでとうございます。

本来でしたら直接お祝いを申し上げるべきところですが、
まずはお祝いの気持ちをお伝えしたくメールいたしました。
永い間お付き合い頂いております故、〇〇様が取締役になられ、
心から嬉しく思っております。

今後は、直接お仕事でお目にかかれることが少なくなるかと存じますが、
引き続きよろしくお願い申し上げます。

また、益々お忙しくなられるかと存じますが、
どうぞくれぐれもお身体を大切にご活躍ください。

---

山本太郎（Taro Yamamoto）
株式会社　山本物産　営業部　t-yamamoto@ooo.co.jp
〒〇〇〇 -9999　横浜市〇〇区〇〇町〇 - 〇
TEL：045- 〇〇〇〇 -9999　FAX：045- 〇〇〇〇 -9999

---

## 標題：董事就任之祝賀

〇〇〇股份有限公司
〇〇敬啟

感謝您平日的愛戴。
我是山本物產股份有限公司營業部的山本太郎。

聽聞您於此次股東大會上就任為董事一事，
誠心地恭喜您。

原本應該直接前往拜訪向您祝賀的，
但因為想先傳達此祝賀之意而先寄上郵件。
由於與您之間長期以來的往來，因此對於〇〇（先生／小姐）您就任為董事一事，
誠心地為您感到高興。

雖然我想今後直接在工作場面上見面的機會也將會減少，
但仍祈請您繼續予以指教。

另外，雖然知道您將會越來越忙碌，
但衷心地請您於活躍之際也要好好地保重身體。

---

山本太郎（Taro Yamamoto）
t-yamamoto@ooo.co.jp
股份有限公司　山本物產　營業部
〒〇〇〇 -9999
橫濱市〇〇區〇〇町〇 - 〇
TEL：045- 〇〇〇〇 -9999
FAX：045- 〇〇〇〇 -9999

---

**就任（しゅうにん）** 中 就任

**付き合い（つきあい）** 中 交往

例 インフォーマルな付き合い。➔ 非正式的交往。

**お目にかかる（おめにかかる）** 中 看

例 ひとめお目にかかるだけで結構（けっこう）です。➔ 只看一眼就行。

**益々（ますます）** 中 越來越

**活躍（かつやく）** 中 積極活動、大展身手

例 外交（がいこう）の舞台（ぶたい）で活躍（かつやく）する。➔ 在外交界積極活動。

**POINT**

*1.* 注意不要錯失時機，要在第一時間將祝賀函寄出。

*2.* 書寫內容要著重於平時受到對方照顧的致謝、祝賀對方就任、對於對方擔任重責的關懷與體諒、祈請今後的合作……等均能寫入郵件尤佳。

# 關於「祝賀」信函的好用句

## ★開頭語★

**01 いつも大変お世話になっております** 中 感謝您一直以來的照顧

**02 ご無沙汰しておりますが、いかがお過ごしですか**
中 久疏問候，過得如何？

例 ご無沙汰しておりますが、お変わりなくお過ごしのことと存じます。
➜ 久疏問候，想必一切與往常無異。

**03 いつもお世話になっております**
中 感謝您一直以來的照顧

**04 ご無沙汰しております**
中 好久不見／久疏問候

例 日々雑事におわれ、ご無沙汰しております。
➜ 因每日雜務繁忙，以致久疏問候。

**05 いつもお世話になりありがとうございます**
中 感謝您一直以來的照顧

**06 お世話になっております**
中 承蒙關照

例 日頃は大変お世話になっております。チェリー株式会社の山本です。
➜ 平日承蒙您的諸多關照了。我是櫻桃股份有限公司的山本。

**07 ご連絡ありがとうございます**
中 謝謝您的聯繫

例 さっそくご返信、ありがとうございます。
➜ 謝謝您的即刻回信。

**08 お久しぶりです** 中 好久不見

例 昨年のセミナーでお会いして以来でしょうか。お久しぶりです。
➜ 最後一次相見是在去年的研討會了吧。好久不見。

## 正式場合

**01 いつも格別のご協力をいただきありがとうございます**

中 謝謝您一直以來的合作

**02 いつもお引き立ていただき誠にありがとうございます**

中 感謝您一直以來的惠顧

**03 いつもお心にかけていただき、深く感謝申し上げます** 中 總是受到您的關懷，謹此致以深深的謝意

例 平素よりなにかとお心にかけていただき、まことにありがたく存じます。

➜ 平日便受到您的諸多關懷，衷心感謝。

**04 いつもお心遣いいただき、まことにありがとうございます**

中 總是受到您的細心掛念，衷心感謝

例 いつも温かいお心遣いをいただき、まことにありがとうございます。➜ 總是受到您溫馨的細心掛念，衷心感謝。

**01 日頃は一方ならぬご愛顧を賜り、心より御礼を申し上げます**

中 感謝您一直以來的愛顧

**02 貴社ますますご清栄のこととお慶び申し上げます**

中 祝貴司日益興隆

**03 平素はご愛顧を賜り厚くお礼申しあげます**

中 感謝您一直以來的愛顧

**04 平素は格別のお引き立てを賜り厚く御礼申し上げます**

中 感謝您一直以來的惠顧

**05 平素は格別のお引き立てにあずかり誠にありがとうございます**

中 感謝您一直以來的惠顧

## ★正 文★

**01 誠におめでとうございます**

**中 誠心地祝賀您**

例 このたびのご栄転、誠におめでとうございます。

→ 誠心地祝賀您此次高升。

**02 心からお祝い申し上げます**

**中 衷心的祝賀**

例 創立20周年を迎えられたとの由、心からお祝い申し上げます。

→ 欣聞貴公司創立即將迎接二十周年，我們衷心的祝賀。

**03 皆様もさぞお喜びのことでございましょう**

**中 想必各位一定也十分高興吧**

例 新社屋の完成、おめでとうございます。貴社の皆様もさぞお喜びのことでございましょう。

→ 恭喜貴公司的辦公大樓全新落成。想必貴公司的各位一定也十分高興吧。

**04 心からお喜び申し上げます**

**中 衷心的祝賀**

例 この記念日を一同、心からお喜び申し上げます。

→ 我們衷心祝賀這個紀念日。

**01 慶びにたえません　中 喜不自禁**

例 賞を受賞されましたこと、慶びにたえません。

→ 我聽說您獲獎，也跟著喜不自禁。

**02 心からご祝辞申し上げます**

**中 衷心的祝賀**

例 ご誕生、心からご祝辞申し上げます。

→ 我衷心祝賀您生日。

**03 謹んでお慶び申し上げます**

**中 致以衷心的祝福**

例 皆様にはますますご健勝のこととお喜び申し上げます。

→ 致以衷心的祝福大家日益康健。

**04 まことに大慶に存じます**

**中 謹致衷心的祝賀**

例 貴社ますますご盛栄の段まことに大慶に存じます。

➔ 謹致衷心的祝賀貴公司日益興隆。

**05 皆様の喜びもいかほどかと拝察申しあげております**

中 大家一定是很高興的吧

例 並々ならぬご苦労があったことと存じますが、それだけに皆様のお喜びもいかほどかと拝察申しあげております。

➔ 我想一定是經歷了許多辛苦。因此，大家一定是很高興吧。

**06 まことに悦ばしいおもいでございます** 中 真心感到高興

例 貴下には文化勲章受章の栄誉を得られましたとのこと、まことに悦ばしいおもいでございます。➔ 欣聞您取得文化勳章的榮耀，真心為您感到高興。

**07 めでたく～されました由**

中 欣聞您…

例 めでたくご結婚されました由、心よりお祝い申し上げます。

➔ 欣聞您結婚的消息，衷心地祝賀。

## ★結 語★

###    合

**01 まずは○○申し上げます**

中 總之先致以○○～

例 まずは謹んでお祝い申し上げます。➔ 總之先謹致以祝賀。

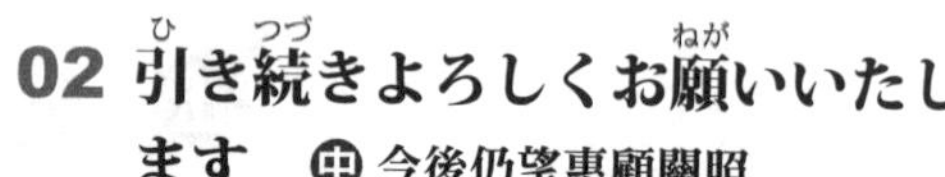

**02 引き続きよろしくお願いいたします** 中 今後仍望惠顧關照

**03 今後ともよろしくお願いいたします** 中 今後也請多指教

###    

**01 今後ともよろしくご指導くださいますようお願い申し上げます**

中 還請多指教

**02 皆様のますますのご発展を心よりお祈り申し上げます**

中 一路順風

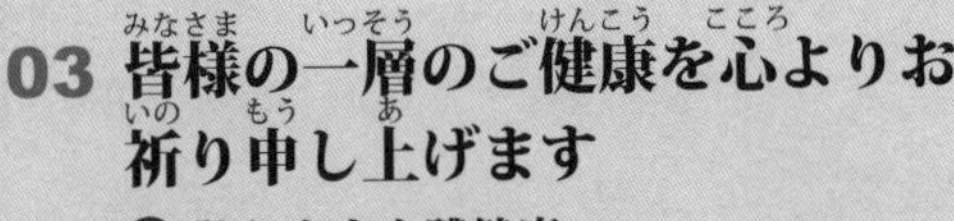

**03 皆様の一層のご健康を心よりお祈り申し上げます**
中 敬祝大家身體健康

**04 今後とも変わらぬご指導のほど、よろしくお願い申し上げます** 中 今後還請繼續予以指教

**05 皆様のますますのご活躍を心よりお祈り申し上げます**
中 一路順風

**06 皆様の一層のご活動をご期待申し上げます** 中 一路順風

## 簡略說法

**01 まずは○○かたがた○○まで**
中 在此向您致○○並○○

例 まずはお祝いかたがたご挨拶まで。
➜ 在此向您致以祝賀並問候。

**02 まずは○○まで** 中 總之先○○～

例 まずはお祝いまで。
➜ 總之先致以祝賀。

**03 まずは取り急ぎご○○まで**
中 總之先致以○○～

例 まずは取り急ぎお祝いまで。
➜ 總之先致以祝賀。

**04 取り急ぎ○○の○○まで**
中 總之先致以○○～

例 取り急ぎお祝いのご挨拶まで。
➜ 總之先致以祝賀。

## 客套說法

**01 今後とも、ご指導ご鞭撻のほど、よろしくお願い申し上げます** 中 還請多多指教與勉勵

**02 今後とも、ご愛顧を賜りますよう、お願い申し上げます**
中 今後仍望惠顧關照

# Unit 19 慰問

主要是書寫替對方著想、為對方加油打氣的心情。

省略季節的招呼語等開場白，以傳達寄出「緊急事項」的郵件的心情。

另外，避免提及事故的原因或責任歸屬問題等對方會在意的話題。同時，也要留意不要使用到不吉利的辭彙。

## 結構

收件人

↓

開頭應酬語

↓

通報姓名

↓

表示慰問

↓

表示援助的意思

↓

结語

↓

署名

## 19-1 給病人的慰問

正文

### 件名：お見舞い申し上げます

○○○株式会社
○○様

株式会社山本物産、営業部の山本太郎です。

ご入院されたと聞き、突然のことに大変驚いております。
その後のご病状はいかがでしょうか？
心からお見舞い申し上げます。

平素、仕事ひと筋にてお過ごしでいらっしゃったために、
ご心労も多々おありであろうかと拝察いたしておりますが、
一日も早くお元気になられますようにお祈りしており ます。

さっそくお見舞いにと思いましたが、かえってご迷惑をかけてはと思い、
心ばかりのお見舞いの品をお送りいたしました。
お納めくだされば、幸甚に存じます。
なお、ご返事はお気遣いないようお願いいたします。

メールにて恐縮ですが、取り急ぎお見舞い申し上げます。

---

山本太郎（Taro Yamamoto）
株式会社　山本物産　営業部　t-yamamoto@ooo.co.jp
〒○○○ -9999　横浜市○○区○○町○ - ○
TEL：045- ○○○○ -9999　FAX：045- ○○○○ -9999

---

譯文

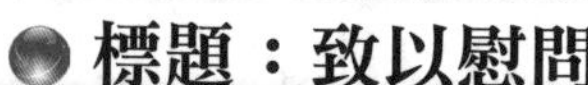

## 標題：致以慰問

〇〇〇股份有限公司
〇〇敬啟

我是山本物產股份有限公司營業部的山本太郎。

聽聞您入院一事，對此突來之消息感到震驚。
在那之後您的病情狀況如何了呢？
誠心地向您致上慰問。

由於您平日一心一意地致力於工作，
我想您肯定也因此累積了不少身心上的疲勞，
但於此祝您早日康復。

本想立即前往探病的，但又想可能反而會造成您的困擾，
因此送上了代表心意的慰問品。
若您能欣然收下，我將感到榮幸之至。
此外，郵件之回覆則請毋須因顧慮而勉強自己。

以郵件雖感失禮，總之先致以探病的問候。

---

山本太郎（Taro Yamamoto）
t-yamamoto@ooo.co.jp
股份有限公司　山本物產　營業部
〒〇〇〇 -9999
橫濱市〇〇區〇〇町〇 - 〇
TEL：045- 〇〇〇〇 -9999
FAX：045- 〇〇〇〇 -9999

---

**見舞い（みまい）** 中 慰問

**入院（にゅういん）** 中 住院

**ひと筋（すじ）** 中 一心一意

例 芸道（げいどう）ひと筋（すじ）に生（い）きる。➜ 一心一意靠技藝之道生活。

**拝察（はいさつ）** 中 理解

例 ご苦労（くろう）のほど拝察（はいさつ）いたします。➜ 我理解您很辛苦。

**迷惑（めいわく）** 中 麻煩

例 当方（とうほう）の行（ゆ）き違（ちが）いでご迷惑（めいわく）をおかけしました。➜ 因我們的差錯，給您添麻煩了。

**心（こころ）ばかり** 中 一點心意

例 これは心（こころ）ばかりのもの です。➜ 這是我的一點心意。

**納（おさ）める** 中 交貨

例 納期（のうき）どおり品物（しなもの）を納（おさ）める。➜ 如期交貨。

**気遣（きづか）う** 中 惦念

例 家（いえ）のことはわたしが引（ひ）き受（う）けるから気遣（きづか）うことはないよ。
➜ 家裡的事我包下了，你不必惦念。

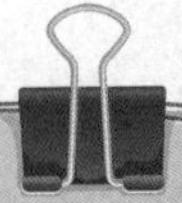

## POINT

1. 因為是緊急郵件，因此省略開頭的招呼語直接進入正題。
2. 文章以給予本人安慰和鼓勵，以及慰勞其周圍的人，並祈禱對方早日康復等內容為佳。但是過於開朗的內容或是催促對方盡早回到工作崗位等期待的內容反而會造成對方的壓力。
3. 須小心不要使用到忌諱字眼。

## 19-2 對意外事故發生表示慰問

正文

### 件名：工場事故のお見舞い

○○○株式会社
○○様

株式会社山本物産、営業部の山本太郎です。

この度、御社工場において予期せぬ災禍に遭遇されたとのこと、
心からお見舞い申し上げます。

これまで安全第一をモットーに、
事故防止には十分にご留意なさっていただけに
皆様さぞご心痛のことと拝察いたします。
くれぐれもご自愛のうえ、
一日も早い復興を心より祈念いたしております。

私どもでお力添えできることがございましたら、
できる限りのことをさせていただきますので、
何なりとお申し付けください。

取り急ぎ、メールにてお見舞い申し上げます。

---

山本太郎（Taro Yamamoto）
株式会社　山本物産　営業部　t-yamamoto@ooo.co.jp
〒○○○ -9999　横浜市○○区○○町○ - ○
TEL：045- ○○○○ -9999　FAX：045- ○○○○ -9999

---

譯文

## 標題：工廠意外事故之慰問

〇〇〇股份有限公司
〇〇敬啟

我是山本物產股份有限公司營業部的山本太郎。

此次，聽聞貴公司工廠發生了意料之外的災害，
誠心地向您致上慰問。

迄今為止以安全第一為口號，
並在事故之防止上做了相當大的努力與留意，
我想各位想必也因此更加地感到難過吧。
衷心地請您在保重之餘，
也誠心地祈求災害早日復原重振。

而若有我方能予以協助的地方，
我方也將盡最大的力量予以協助，
不管怎麼樣都請盡量提出。

以郵件雖感失禮，總之先致以慰問。

---

山本太郎（Taro Yamamoto）
t-yamamoto@ooo.co.jp
股份有限公司　山本物產　營業部
〒〇〇〇 -9999
橫濱市〇〇區〇〇町〇 - 〇
TEL：045- 〇〇〇〇 -9999
FAX：045- 〇〇〇〇 -9999

---

## 單字

**見舞い** 中 慰問

**モットー** 中 座右銘

例 手前共ではサービス第一をモットーとしております。
→ 我們以服務第一為座右銘。

**拝察** 中 理解

例 ご苦労のほど拝察いたします。→ 我理解您很辛苦。

**自愛** 中 保重身體

例 炎暑の候，ご自愛ください。→ 盛夏之季，請保重身體。

**力添え** 中 支援

例 お力添えをお願いいたします。→ 請您支援一下。

**何なり** 中 不管什麼

例 何なりとご用命ください。→ 不管什麼，您盡管吩咐。

## POINT

1. 因為是緊急郵件，因此省略開頭的招呼語直接進入正題。
2. 文章以給予本人安慰和鼓勵，以及慰勞其周圍的人，並祈禱對方盡早復原等內容為佳。但是過於開朗的內容或是催促對方盡早回到工作崗位等期待的內容反而會造成對方的壓力。
3. 依事故嚴重與否的程度也會有身體無法自由活動的情況，因此在這裡提出樂意幫忙對方等，會讓對方備感親切。
4. 須細心地注意不要使用到忌諱字眼。

## 19-3 對受災之事表示慰問

正文

### 件名：災害のお見舞い申し上げます

○○○株式会社
○○様

株式会社山本物産、営業部の山本太郎です。

今朝の報道により貴地が地震に遭われたと知り、
すぐさまお電話をさし上げましたが、全く通じませんでした。

被害が貴社に及んでいないかと心配いたしております。
詳しい情報がまだ伝わっておりませんので、
そちらの状況はわかりませんが、
貴社ならびに従業員の皆様方におかれましては、
くれぐれもご無事でいらっしゃることを祈念いたしております。

今月の納期に関しては、お気遣いなさらないでください。
私どもで何かお役に立つことがありましたら、
どうぞご遠慮なくお申し付けくださいますよう、
ご連絡をお待ちしております。

メールにて恐縮ですが、
取り急ぎ、お見舞い申し上げます。

---

山本太郎（Taro Yamamoto）
株式会社　山本物産　営業部　t-yamamoto@ooo.co.jp
〒○○○ -9999　横浜市○○区○○町○ - ○
TEL：045- ○○○○ -9999　FAX：045- ○○○○ -9999

---

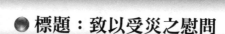

譯文

## 標題：致以受災之慰問

○○○股份有限公司
○○敬啟

我是山本物產股份有限公司營業部的山本太郎。

今早自新聞報導得知當地區域發生地震後，
便立即致以電話，但卻完全無法撥通。

我方正為災害是否有波及到貴公司而擔心著。
由於詳細的情報仍尚未傳遞出來，也因此無法得知那邊的消息，
但衷心地祈禱貴公司及員工各位皆平安無事。

至於關於本月的交貨期限，還請您莫要煩憂。
如果有什麼事是我方能夠幫上忙的，
還請不用顧慮予以告知，
我方於此等候您的聯繫。

以郵件雖感失禮，總之先致以慰問的問候。

---

山本太郎（Taro Yamamoto）
t-yamamoto@ooo.co.jp
股份有限公司　山本物產　營業部
〒○○○ -9999
橫濱市○○區○○町○ - ○
TEL：045- ○○○○ -9999
FAX：045- ○○○○ -9999

---

## 單字

**見舞い** 中 慰問

**無事** 中 平安無事

例 どうかご無事でお国へ帰られますよう。➔希望你平安無事地回國。

**納期** 中 交貨期

**気遣い** 中 惦念

例 家のことはわたしが引き受けるから気遣うことはないよ。
➔家裡的事我包下了，你不必惦念。

**役に立つ** 中 有用

例 推計学とかいう学問は，産業管理に大変役に立つそうだ。
➔據說推計學這門科學對產業管理很有用處。

**遠慮** 中 客氣

例 どうぞご遠慮なく召しあがってください。➔請不要客氣吃一點兒吧。

**申し付ける** 中 吩咐

例 お申しつけの段段，確かに承知いたしました。➔您吩咐的幾件事我都了解了。

## POINT

1. 因為是緊急郵件，因此省略開頭的招呼語直接進入正題。
2. 即使是在不清楚被害程度的情況，不能只是詢問災害的詳細情形，首先要先詢問對方的安危，並將自己擔心的心情傳達給對方。
3. 不能只是表達鼓勵與安慰，在這裡提出樂意幫忙、支援對方等，傳達想成為對方的後盾等內容對對方而言會是一封效果極佳的郵件。

# 關於「慰問」信函的好用句

## ★開頭語★

**01 ご連絡ありがとうございます**
中 謝謝您的聯繫

例 さっそくご返信、ありがとうございます。➔ 謝謝您的即刻回信。

**02 お世話になっております**
中 承蒙關照

例 日頃は大変お世話になっております。チェリー株式会社の山本です。➔ 平日承蒙您的諸多關照了。我是櫻桃股份有限公司的山本。

**03 ご無沙汰しております**
中 好久不見／久疏問候

例 日々雑事におわれ、ご無沙汰しております。
➔ 因每日雜務繁忙，以致久疏問候。

**04 いつもお世話になっております**
中 感謝您一直以來的照顧

**05 いつも大変お世話になっております** 中 感謝您一直以來的照顧

**06 いつもお世話になりありがとうございます**
中 感謝您一直以來的照顧

**07 はじめまして** 中 初次見面，您好

例 はじめまして、チェリー株式会社輸出部の山本です。
➔ 初次見面，您好。我是櫻桃股份有限公司出口部的山本。

**08 はじめてご連絡いたします**
中 初次與您聯繫

例 はじめてご連絡いたします。チェリー株式会社で輸出を担当しております山本と申します。
➔ 初次與您聯繫。我是在櫻桃股份有限公司裡負責出口的山本。

**01 いつもお引き立ていただき誠にありがとうございます**

**中 感謝您一直以來的惠顧**

**02 いつもお心遣いいただき、まことにありがとうございます**

**中 總是受到您的細心掛慮，衷心地感謝**

例 いつも温かいお心遣いをいただき、まことにありがとうございます。➜ 總是受到您溫馨的細心掛念，衷心地感謝。

**03 いつも格別のご協力をいただきありがとうございます**

**中 謝謝您一直以來的合作**

## ★正 文★

**01 突然のことに我が耳を疑うばかりです** **中 突然來的消息讓我不斷地質疑是我聽錯了**

例 この度ご逝去の報に接した時には、突然のことに我が耳を疑うばかりです。

➜ 接到訃聞時，突如其來的消息讓我不斷地質疑是我聽錯了。

**02 この際十分なご静養をなさるよう願っております**

**中 目前的現況，希望您充分地靜養**

例 この際ですから、いままでお休みになれなかった分、十分なご静養をなさるよう願っております。

➜ 目前的現況，希望您連帶之前欠缺休息的部分，趁現在一起充分地靜養。

**03 くれぐれもお大事になさってください** **中 請一定要多加保重**

例 まだまだ寒い日が続きます。くれぐれもお大事になさってください。

➜ 寒冷的日子還會持續一陣子。請一定要多加保重。

**04 お大事にどうぞ** **中 請多保重**

例 ご無理なさらず、お大事にどうぞ。

➜ 請不要勉強自己，多多保重。

## 05 突然のことに言葉もありません

中 突如其來的消息令我說不出話來

例 突然のことに言葉もありません。心身ともにおつらいところ、お知らせいただき本当にありがとうございます。

→ 突如其來的消息令我說不出話來。謝謝您在身心俱疲之刻還捎來通知。

## 06 ご静養のほどお祈りしております

中 祝您靜養

例 気がかりなことも多いかと存じますが、ご静養のほどお祈りしております。

→ 您一定有很多掛念於心的事。但仍祈請您好好靜養。

## 07 ご自愛のほどお祈りしております

中 祈請您多多保重

例 何かとご苦労が多いことと存じますが、どうぞご自愛のほどお祈りしております。

→ 我明白很多工作都得勞駕您，但仍祈請您多多保重。

## 08 ご苦労のほど痛いほど分かります

中 十分能了解您的難過

例 被害に遭われたとうかがいました。ご苦労のほど痛いほど分かります。

→ 我聽說你遭受到災害。我十分能了解您的難過。

## 09 大変驚いております

中 非常震驚

例 ご病気にて入院と承りまして、大変驚いております。

→ 獲悉您因病住院，讓我非常地震驚。

## 10 元気なお顔をお見せくださいますよう、お祈り申しあげます

中 我們祈求希望能看再看到您充滿活力的臉

例 十分に養生され、元気なお顔をお見せくださいますよう、お祈り申しあげます。

→ 請你充分休養，並祈求希望能看再看到您充滿活力的臉。

## 11 ここしばらくは健康回復につとめられ

中 這陣子請以恢復健康為重…

例 お仕事が気にかかることとは存じますが、ここしばらくは、健康回復につとめられ、一日も早く退院なさいますことをお祈り申しあげます。→ 雖然我明白您很擔心您的工作，但這陣子還是請以恢復健康為重。並祝您早日出院。

## 12 お仕事が気にかかることとは存じますが

中 雖然我明白你放不下工作的事～

例 お仕事が気にかかることとは存じますが、この際十分にご静養

なさってください。

→ 雖然我明白你放不下工作的事，但現在請務必好好休養身體。

**13 慰めの言葉もありません**

中 ～我也無法說些什麼

例 残念な結果には、慰めの言葉もありません。

→ 對於這樣的結果，我也無法說些什麼。

**14 心からお見舞い申しあげます**

中 誠心地向您獻上慰問

例 地震により被災された皆様に心からお見舞い申しあげます。

→ 在此誠心地向震災受害者的各位獻上慰問。

**15 ただただ驚くばかりです**

中 一心地感到吃驚

例 突然の悲報に接し、ただただ驚くばかりです。

→ 突然收到令人悲痛的消息，一心地只感到吃驚。

**16 おかげんはいかがですか**

中 健康狀況如何了呢？

例 ご病気で入院されていたとのことですが、その後おかげんはいかがでしょうか。

→ 聽說您因病住院，在那之後的健康狀況如何了呢？

**17 ～とのことで、大変心配しております**

中 因為聽說～，我非常擔心

例 死傷者も出ているとのことで、大変心配しております。

→ 因為聽說有傷亡者，令我非常擔心。

**18 一日も早いご回復をお祈り申しあげます** 中 祝您早日康復

例 ご病状はいかがでしょうか。一日も早いご回復を、心からお祈りしております。

→ 您的病情怎麼樣了呢？誠心地祝福您早日康復。

## 正式場合

**01 ご多忙の御身でしょうが**

中 我想您一定日理萬機極為忙碌

例 ご多忙の御身でしょうが、どうぞ十分にご加療なさいまして、一日も早くご全快なさるよう心からお祈り申しあげております。

→ 您一定日理萬機極為忙碌，但請充分地接受治療，祝您早日痊癒。

**02 何かとご困窮のこと、拝察申しあげます**

中 我想您一定在為某些事而處於窘境

例 長引く復旧作業のなか、何かとご困窮のこと、拝察申しあげます。➔ 在長久的復原工作中，我想您一定在為某些事而處於窘境。

**03 十分のご加療とご静養で**

中 請好好地接受治療以及充分地休養

例 くれぐれも十分のご加療とご静養で、一日も早く全快されますようお祈り申しあげます。

➔ 請好好地接受治療以及充分地休養，並祝您早日痊癒。

**04 この際十分にご養生に励まれ**

中 目前的現況，希望您以靜養為重

例 この際十分にご養生に励まれ、一日も早く全快されますようお祈り申しあげます。

➔ 目前的現況，希望您以靜養為重。願祝您早日康復。

**05 ご同情に堪えません**

中 不勝同情

例 皆様のご心痛を思い、ご同情に堪えません。

➔ 一想到大家的傷痛，便不勝同情。

**06 ご心痛のほどお察しいたします**

中 我想您一定很傷心

例 ご家族が入院されたとうかがいました。ご心痛のほどお察しいたします。➔ 我聽說了你的家人住院。我想您一定傷心。

**07 ～はいかがでしょうか。ご案じ申し上げております**

中 ～如何了呢？我非常地掛念於心

例 皆様のご様子はいかがでしょうか。ご案じ申し上げております。➔ 各位的情況如何了呢？我非常地掛念於心。

**08 ～はいかがかとご案じ申し上げます** 中 我心裡萬分掛念～如何了

例 地震による被害が甚大とうかがいました。支店の皆さまはいかがかとご案じ申しあげます。

➔ 聽說地震帶來的災害十分嚴重。讓我萬分掛念在分店的各位的情況如何。

**09 一日も早くお元気なお顔を拝見できますよう、お祈りいたします** 中 我們祈禱並祝福能盡快看到您健康的身影。

例 一日も早くお元気になられ、お顔を拝見できますよう、お祈りしております。➔ 我們祈禱並祝福能盡快看到您健康身影。

**10 一日も早く全快されますよう、お祈り申しあげます**

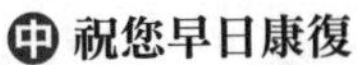
中 祝您早日康復

例 十分(じゅうぶん)に養生(ようじょう)され、一日(いちにち)も早(はや)く全快(ぜんかい)されますよう、お祈(いの)り申(もう)しあげます。➜ 我們希望您能充分休養，並祝您早日康復。

## ★結 語★

### 一般場合

**01 まずは○○申(もう)し上(あ)げます**

中 總之先致以○○～

例 まずは謹(つつし)んでお見舞(みま)い申(もう)し上(あ)げます。➜ 總之先致以問候。

### 簡略說法

**01 まずは取(と)り急(いそ)ぎご○○まで**

中 總之先致以○○～

例 まずは取(と)り急(いそ)ぎお見舞(みま)いまで。

➜ 總之先致以問候。

**02 取(と)り急(いそ)ぎ○○の○○まで**

中 總之先致以○○～

例 取(と)り急(いそ)ぎ季節(きせつ)のお見舞(みま)いまで。

➜ 總之先致以季節問候。

**03 まずは○○まで** 中 總之先○○～

例 まずはお見舞(みま)いまで。

➜ 總之先致以問候。

**04 まずは○○かたがた○○まで**

中 在此向您致○○並○○

例 まずはお見舞(みま)いかたがた近況(きんきょう)報告(ほうこく)まで

➜ 在此向您致以問候並報告近況。

# Unit 20 哀悼

以電子郵件方式的弔唁在禮儀上終究不是正式的內容。所以要避免使用於輩分居上位的。另外，使用於公司外部的對象時請先仔細斟酌與對方之間的關係之後再行使用。

來自合作公司的訃聞、或公司員工家人的訃聞時，因身處遠方等理由無法參加守夜或出席喪禮告別式時，這時不是使用弔唁郵件而是要採用弔唁電話（弔唁電報）。

當訃聞之聯繫寄達時，關於守夜、告別式的時間、宗教派別等項目為防止弄錯的情形，請注意要先行確認。

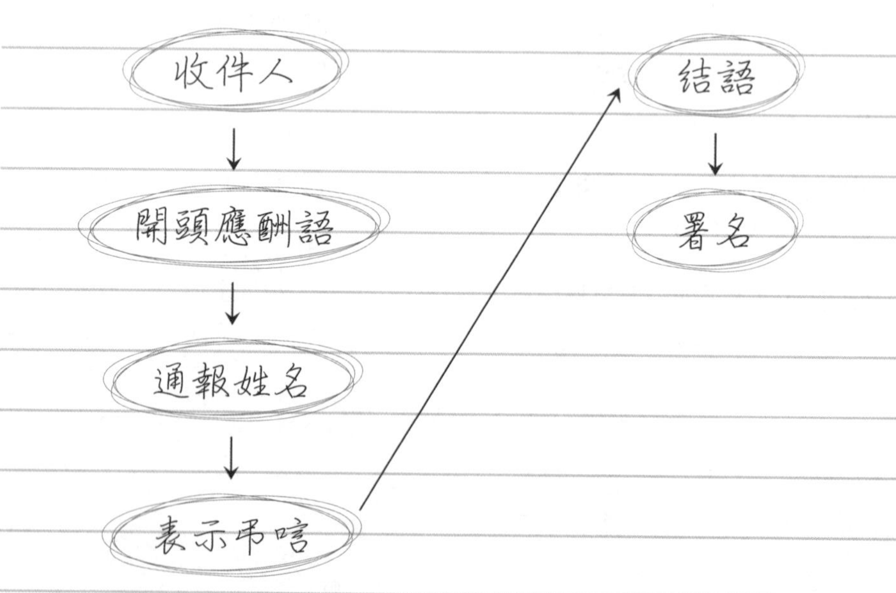

## 20-1 弔唁信

正文

### 件名：山本物産の山本よりお悔やみ申し上げます

〇〇〇株式会社
〇〇様

このたびはお身内にご不幸があったと伺い、本当に驚いております。
ご母堂様のご冥福を心よりお祈り申し上げます。

心身ともに大変な時だと存じますがくれぐれもご無理をなさいませんように。
本来であれば直接お目にかかりお悔やみを申し上げたいところではございますが、
略儀ながらメールにて失礼いたします。

---

山本太郎（Taro Yamamoto）
t-yamamoto@ooo.co.jp
株式会社　山本物産　営業部
〒〇〇〇 -9999
横浜市〇〇区〇〇町〇 - 〇
TEL：045- 〇〇〇〇 -9999
FAX：045- 〇〇〇〇 -9999

---

譯文

## 標題：山本物產的山本致以弔唁信

〇〇〇股份有限公司
〇〇敬啟

此次聽聞您的家人之中有其遭遇不幸，真的感到相當震驚。
於此誠心地祈求您的母親能好好安眠。

雖然現在的您身心上想必都相當的辛苦，但衷心地祈請您莫要過度操勞。
雖然原本應當直接前訪致以弔唁之意的，
但於此以簡略的郵件致以問候，失禮了。

---

山本太郎（Taro Yamamoto）
t-yamamoto@ooo.co.jp
股份有限公司　山本物產　營業部
〒〇〇〇 -9999
橫濱市〇〇區〇〇町〇 - 〇
TEL：045- 〇〇〇〇 -9999
FAX：045- 〇〇〇〇 -9999

---

**悔（くや）み** 中 弔唁　　**身内（みうち）** 中 親屬

**母堂（ぼどう）** 中 令堂　　**冥福（めいふく）** 中 冥福

**存（ぞん）ずる** 中 想　例 お元気（げんき）でお過（す）ごしのことと存（ぞん）じます。→ 我想您一定很健康。

**無理（むり）** 中 勉強　例 無理（むり）しなくてもいい。→ 不用勉強。

**お目（め）にかかる** 中 看

例 ひとめお目（め）にかかるだけで結構（けっこう）です。→ 只看一眼就行。

**略儀（りゃくぎ）** 中 簡略方式

## POINT

1. 此為無法參加守夜或出席告別式時，或是在那之後才得知消息的情況下所寫的郵件。
2. 注意請省略前文，直接帶進表示弔唁之意之內容為宜。內容要從收到訃聞時的驚愕，到弔唁，再到給予相關人士安慰、鼓勵等詞彙連貫起整篇郵件為佳。
3. 注意避免忌諱字眼，並以鄭重的文章表現來表達哀悼之意。

**忌諱用語的範例**

重（かさ）ね重（がさ）ね、たびたび、またまた、しばしば

因為含有死亡或不幸會「被一再重複上演」等意義，因此須避免使用重複的疊字詞彙。

再三（さいさん）、再（ふたた）び、重（かさ）ねて、続（つづ）いて

因為含有死亡或不幸會「被一再重複上演」等意義，因此有重「複」意思的辭彙要避免使用。

# 關於「哀悼」信函的好用句

### 一般場合

**01** ご連絡ありがとうございます
中 謝謝您的聯繫

## ★正文★

### 一般場合

**01** 謹んでお悔やみ申し上げます
中 我向你致以最深切的哀悼

**02** ご冥福をお祈り申し上げます
中 我向你致以最深切的哀悼

**03** 心よりお悔やみ申し上げます
中 我向你致以最深切的哀悼

**04** ご冥福を心からお祈り申し上げます
中 我向你致以最深切的哀悼

### 正式場合

**01** ご哀悼の意を表させていただきます
中 我向你致以最深切的哀悼

## ★結語★

### 正式場合

**01** 不本意ながらメールをもちましてご弔詞申し上げます
中 並非本意，用郵件表示哀悼

# Part 3 公司內部的對內郵件

# Unit 01 通知

講解如何撰寫公司內部活動、文件通知、聯繫項目等通知信。

撰寫要點：不管是誰看了都能馬上掌握內容要旨。因為是屬公司內部的文件，因此不需要過於拘泥形式上的招呼。

## 結構

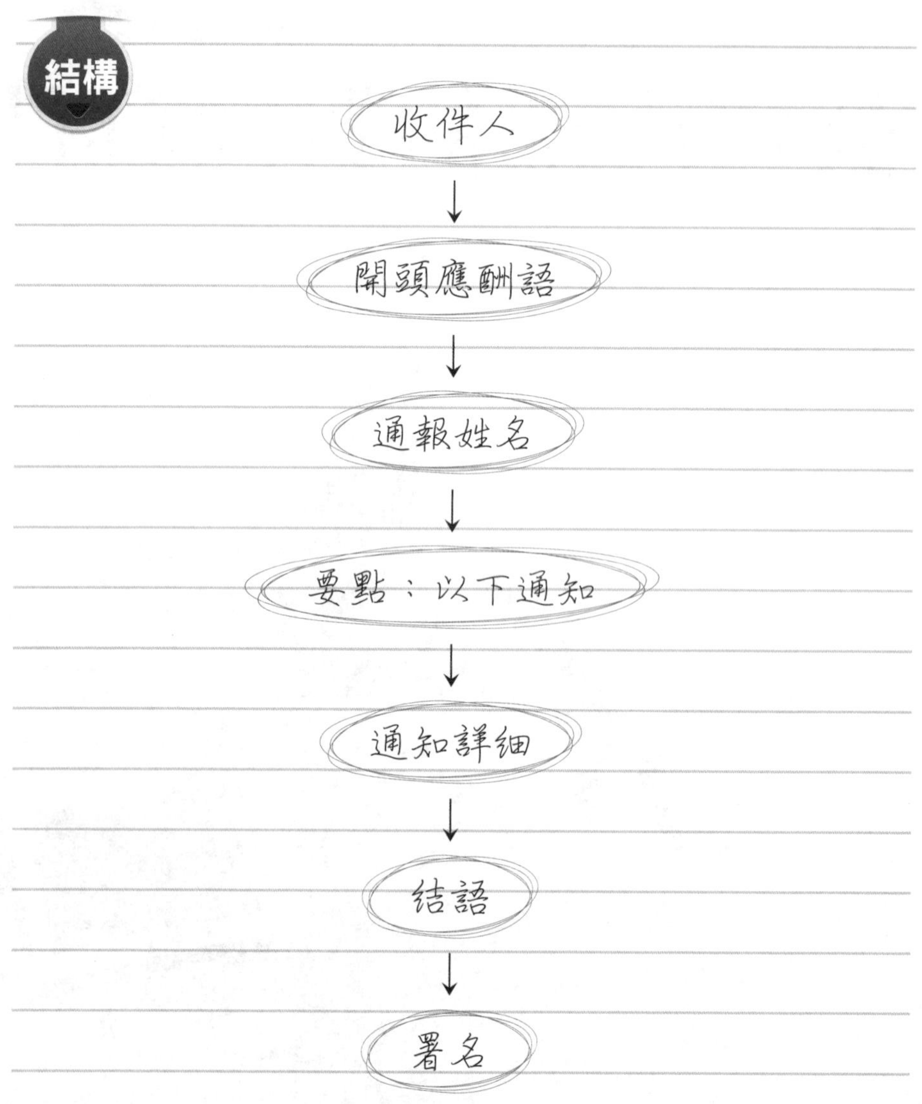

## 1-1 會議舉辦通知

正文

### 件名：○月度営業会議のお知らせ

関係者各位
総務部の山本太郎です。
表記の件、以下の要領で、
「○月度営業会議」を行いますので、
ご出席をよろしくお願いいたします。
都合により参加できない方は、
総務部の山本まで前日 16 時までに電話またはメールにて、
ご連絡をお願いいたします。

---

日時：○月○日 午後○時～午後○時
場所：本社○階第○会議室
議題：「101 期営業実績」、「102 期販売計画」

---

==================================
総務部　山本　太郎
内線 ○○○
==================================

**POINT**

1. 時間、地點、研討內容以簡潔明瞭為重點。
2. 若有會議當天會使用到的文件資料時，建議一併附上。
3. 各位是尊敬稱謂，須避免雙重的尊敬稱謂。
「各位様」為錯誤用法。

譯文

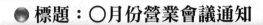

各位同仁：
我是總務部的山本太郎。

本文件內容如標題，
將依以下要點舉行「○月份營業會議」，
敬請各位同仁出席參與。

因要事以致無法參加者，
最晚請於會議前一天下午四點前以電話或郵件告知總務部的山本。
於此敬請各位同仁的配合。

時間：○月○日 下午○點～下午○點
地點：本公司○樓第○會議室
議題：「101 期營業績效」、「102 期銷售計畫」

==================================
總務部　山本　太郎
內線分機 ○○○
==================================

**各位**（かくい） 中 各位

例 ご出席（しゅっせき）の各位（かくい）に申（もう）しあげます。→ 向出席的諸位講幾句話。

**表記**（ひょうき） 中 表面記載　例 表記（ひょうき）の金額（きんがく）。→ 表面所記金額。

**要領**（ようりょう） 中 要領

例 要領（ようりょう）さえわかればなんでもない。→ 只要懂得要領就沒什麼。

**都合**（つごう） 中 關係

例 仕事（しごと）の都合（つごう）で出張（しゅっちょう）を見合（みあ）わせた。→ 由於工作的關係，不出差了。

## 1-2 健康検査通知

正文

### 件名：定期健康診断のお知らせ

社員各位

総務部の山本太郎です。
定期健康診断を下記の通り実施します。
全員が、必ず受診するようにしてください。

---

日時：○月○日～○日
男性：○月○日（月）午前９時～午前１１時
女性：○月○日（火）午前９時～午前１１時
場所：虎ノ門○○病院
東京都港区虎ノ門○丁目

実施項目：問診、血圧測定、尿検査、血液検査、心電図、視力・聴力

備考：
・受診表はあらかじめ記入の上、当日持参してください。
・朝食はとらないこと。
・当日受診できない方は総務部　山本まで電話（内線 ○○○）または
メールにて ご連絡ください。
追って、次回受診日時・場所をお知らせします。

---

==================================
総務部　山本太郎
内線 ○○○
==================================

譯文

## 標題：健康檢查定期實施之通知

各位同仁：

我是總務部的山本太郎。
健康檢查定期檢測將依下列所記進行。
請各位同仁務必接受檢測。

---

時間：〇月〇日～〇日
男性：〇月〇日（週一）上午９點～上午１１點
女性：〇月〇日（週二）上午９點～午前１１點
地點：虎之門〇〇醫院
東京都港區虎之門〇丁目

檢測項目：問診、血壓檢測、驗尿、血液檢測、心電圖、視力 · 聽力檢查

備註：
- 請事先在檢測表上填寫基本資料後，於檢測當日攜帶至現場。
- 進行檢查前請保持空腹。
- 當天無法進行檢測的同仁請以電話（內線〇〇〇）或電子郵件向總務部負責同仁山本報備。

另外，健康檢察補測之日期、地點等將擇日另行通知。

---

==================================
總務部　山本太郎
內線分機 〇〇〇
==================================

單字

**定期**(ていき) 中 定期

例 定期演奏会(ていきえんそうかい)。➔ 定期音樂會。

**実施**(じっし) 中 實行

例 交通事情(こうつうじじょう)に対応(たいおう)して一方通行(いっぽうつうこう)を実施(じっし)する。➔ 為適應交通情況實行單線通行。

**あらかじめ** 中 預先

例 あらかじめ会合(かいごう)の日時(にちじ)を通知(つうち)する。➔ 預先通知開會的日期和時間。

**持参**(じさん) 中 帶來

例 会費(かいひ)は当日持参(とうじつじさん)する。➔ 會費請當天帶來。

**追って**(おって) 中 以後

例 それについては追(お)って述(の)べることにしよう。➔ 關於這點留待以後敘述。

**POINT**

1. 如果是大規模的公司，建議附上各部門進行檢測之詳細內容。
2. 注意事項記載必須明確，以利檢測能進行順暢。
3. 各位是尊敬稱謂，須避免雙重的尊敬稱謂。
   「各位様(かくいさま)」為錯誤用法。

## 1-3 歡迎會・歡送會的通知

正文

### 件名：○○課長の送別会

関係者各位

お疲れ様です。
人事部の山本です。
○○課長が、○月○日付けで横浜支店へ栄転されます。
これまでお世話になったことへの感謝と今後のご活躍を祈念して、
送別会を下記の通り開催します。
出欠は、○月○日までにメールにて幹事の山本までお願いします。

記

1. 日時　平成○年３月○日（金）　19：30～
2. 場所　新橋 花坂屋
　　○○通り 山本ビル １５Ｆ
　　電話 ○○ - ○○○○○
　　http：// ０００.co.jp
3. 会費　5，000円

以上

==================================
　総務部　山本　太郎
　内線 ○○○
==================================

## 標題：〇〇課長的歡送會

各位相關同仁：

工作上辛苦了。
我是人事部的山本。

因〇〇課長將於〇月〇日高升遷調至橫濱分店。
為表示對課長長久以來多方照顧的感謝，
並且祝福課長在新職場能有更大的活躍，將如下記所示舉辦歡送會。
關於歡送會的出缺席之回覆，煩請在〇月〇日之前以電子郵件回覆給舉辦負責人的山本。

備註

1. 時間　平成〇年 3 月〇日（週五）　19：30 ～
2. 地點　新橋 花坂屋
　〇〇通 山本大樓 １５樓
　電話 〇〇 - 〇〇〇〇〇　　http：// ０００.co.jp
3. 出席費用　5,000 圓日幣

以上

==================================

總務部　山本　太郎
內線分機 〇〇〇

==================================

## 單字

**送別会** 中 送別會

例 送別会には出席者が50人以上あった。➔ 出席送別會的有五十多人。

**各位** 中 各位　例 ご出席の各位に申しあげます。➔ 向出席的諸位講幾句話。

**栄転** 中 榮升

例 このたびのご栄転おめでとうございます。➔ 恭喜您此次榮升。

**活躍** 中 積極活動　例 外交の舞台で活躍する。➔ 在外交界積極活動。

**祈念** 中 祝　例 幸せを祈念する。➔ 祝您多福。

**開催** 中 舉辦　例 万国博を開催する。➔ 舉辦萬國博覽會。

## POINT

1. 對象是職位調動的人時，建議書寫內容以感謝對方至今的照顧為主，並祝賀勉勵對方後寄出。
2. 對於新上任的同仁則以歡迎的態度勉勵祝賀對方的內容為佳。
3. 將轉調他處的人的姓名（含職位）、即遷調進來的人的姓名（含職位）以簡單易懂的方式表現。
4. 舉辦地點、時間、費用等皆須清楚告知。並須清楚告知希望回覆出席與否之要旨。
5. 各位是尊敬稱謂，須避免雙層的尊敬稱謂。「各位様」為錯誤用法。
6. 「お疲れ様」：表示慰勞對方辛勞之招呼語。是面對上位的人時使用。對象是晚輩、下位的人時則使用「ご苦労様」。

# 關於「通知」信函的好用句

**01 お久しぶりです** 中 好久不見

例 昨年のセミナーでお会いして以来でしょうか。お久しぶりです。

→ 最後一次相見是在去年的研討會了吧。好久不見。

**02 突然のメールで失礼いたします**

中 唐突致信打擾了

例 突然のメールで失礼いたします。社内報を拝見してご連絡させていただきました。

→ 唐突致信打擾了。因為瀏覽了公司內部報刊，所以冒昧地聯繫您。

**03 はじめまして** 中 初次見面，您好

例 はじめまして、輸出部の山本です。

→ 初次見面，您好。我是出口部的山本。

**04 はじめてご連絡いたします**

中 初次與您聯繫

例 はじめてご連絡いたします。輸出課の山本と申します。

→ 初次與您聯繫。我是出口課的山本。

**05 お世話になっております**

中 承蒙關照

例 日頃は大変お世話になっております。山本です。

→ 平日承蒙您的諸多關照了。我是山本。

**06 ご無沙汰しております**

中 好久不見／久疏問候

例 日々雑事におわれ、ご無沙汰しております。

→ 因每日雜務繁忙，以致久疏問候。

**07 何度も申し訳ございません**

中 不好意思百般打擾

例 何度も申し訳ございません。先ほどお伝えし忘れましたが、納期は1ヶ月かかります。

→ 不好意思百般打擾了。剛才忘了告知您，交貨期限需要一個月。

**08 さっそくお返事をいただき、うれしく思います**

中 收到您快速的回覆，我感到高興

例 ご多忙のところ早速メールをいただき、とてもうれしく存じま

した。

→ 在您百忙之中仍即刻收到您的郵件，感到非常地開心。

**09 ご連絡ありがとうございます**

㊥ **謝謝您的聯繫**

例 さっそくご返信、ありがとうございます。

→ 謝謝您的即刻回信。

**10 いつもお世話になりありがとうございます**

㊥ **感謝您一直以來的照顧**

**11 いつも大変お世話になっております** ㊥ **感謝您一直以來的照顧**

**12 お疲れ様です** ㊥ **辛苦了**

例 お疲れ様です。輸出課の山本です。

→ 辛苦了。我是出口課的山本。

**13 ご無沙汰しておりますが、いかがお過ごしですか**

㊥ **久疏問候，過得如何？**

例 ご無沙汰しておりますが、お変わりなくお過ごしのことと存じます。

→ 久疏問候，想必一切與往常無異。

**14 いつもお世話になっております**

㊥ **感謝您一直以來的照顧**

**01 失礼ながら重ねて申し上げます**

㊥ **雖感冒昧，但仍重覆陳述提醒**

例 失礼ながら重ねて申し上げます。お見積りの提出を早急にお願いいたします。

→ 雖感冒昧，但仍重覆陳述提醒。祈請盡速提交估價單。

**02 いつもお心にかけていただき、深く感謝申し上げます** ㊥ **總是受到您的關懷，謹此致以深深的謝意**

例 平素よりなにかとお心にかけていただき、まことにありがたく存じます。

→ 平日便受到您的諸多關懷，衷心感謝。

**03 いつもお心遣いいただき、まことにありがとうございます**

㊥ **總是受到您的細心掛念，衷心地感謝**

例 いつも温かいお心遣いをいただき、まことにありがとうございます。

→ 總是受到您溫馨的細心掛念，衷心地感謝。

## ★正 文★

### 01 お忙しいところ恐れ入りますが

中 在您很忙的時候打擾了

例 お忙しいところ恐れ入りますが、ご確認のほどよろしくお願いいたします。→ 在您很忙的時候打擾了，但請您確認一下。

### 02 努力いたします

中 我會加把勁努力

例 未熟ではありますが、努力いたします。→ 雖然還是生手菜鳥，但我會加把勁努力。

### 03 ご連絡いたします　中 將進行聯絡

例 製品仕様の変更について、ご連絡いたします。

→ 關於商品規格，將進行聯絡。

### 04 ご誠に残念ながら

中 雖誠心地感到可惜～

例 誠に残念ながら、貴意に添いかねる結果となりました。

→ 對於無法回應您，雖誠心地感到可惜，仍致以通知。

### 05 ご希望にお応えすることができませんでした　中 無法因應您的期望

例 応募多数のため、ご希望にお応えすることができませんでした。→ 因各位踴躍地報名參加，致以此次無法因應您的期望。

### 06 お知らせいたします

中 將另行通知

例 なお、これからの日程等につきましては、あらためてご通知いたします。→ 此外，針對接下來的行程安排等，將另行通知。

### 07 精進いたします　中 專心努力

例 ご期待に沿えますよう、精進いたします。

→ 為了能滿足您的期待，我會專心努力。

### 08 ご多忙のところ申し訳ないのですが　中 對不起在您繁忙的日子裡～

例 ご多忙のところ申し訳ないのですが、打ち合わせの時間をとっていただきたくお願い申しあげます。→ 對不起在您繁忙的日子裡打擾了，但還請您騰出碰面時間。

### 09 分かりません

中 無法為您解答／不知道

例 お問合せの件ですが、私には分かりません。→ 關於您詢問的問題，這裡無法為您解答。

## 正 式 場 合

**01 存じ上げません** 中 不知道～

例 お問合せの件については私はよく存じ上げません。

➔ 關於您詢問的人，這裡並不知道。

**02 浅学非才の身にございますが**

中 雖然我才疏學淺

例 お浅学非才の身にございますが、全力で進んでまいりたいと存じます。

➔ 雖然我才疏學淺，但我會盡全力去做。

**03 はなはだ未熟ではございますが**

中 雖然還不成熟，但……

例 はなはだ未熟ではございますが皆様の御期待に添えますよう努力いたす所存です。➔ 雖然還不成熟，但想努力不辜負大家的期望。

**04 誠に遺憾ながら**

中 雖誠心地感到遺憾～

例 誠に遺憾ながら、貴意に添いかねる結果となりました。

➔ 對於無法回應您，雖誠心地感到遺憾，仍致以通知。

**05 ご通知申しあげます**

中 謹此致以通知

例 手続きが完了いたしましたので、ご通知申しあげます。

➔ 手續已辦理完成，謹此致以通知。

**06 存じておりません** 中 不知道～

例 お問合せの件については、よく存じておりません。

➔ 關於您詢問的事，這裡並不知道。

## ★結 語★

**01 ご検討ください** 中 請研究討論

例 お手数ですが、ご検討ください。➔ 還請勞煩您研究討論。

**02 まずは○○申し上げます**

中 總之先致以○○～

例 まずは謹んでご連絡申し上げます。➔ 總之謹先致以通知。

**03 ご回答をいただければ助かります**

中 若能得到您的解答將幫了我的大忙

例 恐縮ですが、ご回答をいただければ助かります。➔ 雖感冒昧，但若能得到您的解答將幫了我大忙。

**04 引き続きよろしくお願いいたします** 中 今後仍望惠顧關照

**05 今後ともよろしくお願いいたします** 中 今後也請多多指教

**06 以上、よろしくお願いします**

中 就這些，請多多指教

**07 よろしくお願いいたします**

中 多多指教

例 どうぞよろしくお願いいたします。➔ 請多多指教。

**08 なにとぞよろしくお願い申し上げます** 中 祈請多多指教

例 ご協力のほど、なにとぞよろしくお願い申し上げます。

➔ 祈請撥冗協助，多多指教。

**01 まずは取り急ぎご○○まで**

中 總之先致以○○～

例 まずは取り急ぎご連絡まで。

➔ 總之先致以通知。

**02 取り急ぎ○○の○○まで**

中 總之先致以○○～

例 取り急ぎ防災訓練のお知らせまで。➔ 總之先致以防災演習的通知。

**03 まずは○○かたがた○○まで**

中 在此向您致○○並○○

例 まずはご挨拶かたがたお知らせまで。➔ 在此向您致以問候並通知。

**04 まずは○○まで** 中 總之先○○～

例 まずはお知らせまで。

➔ 總之先致以通知。

# Unit 02 邀請

目的為激起、誘發受邀人參加出席的意願，進而體會活動的魅力及特色。

時間日期、星期幾、地點、內容必須淺顯易懂，並以能刺激大家踴躍出席之意願的內容為佳。

結構

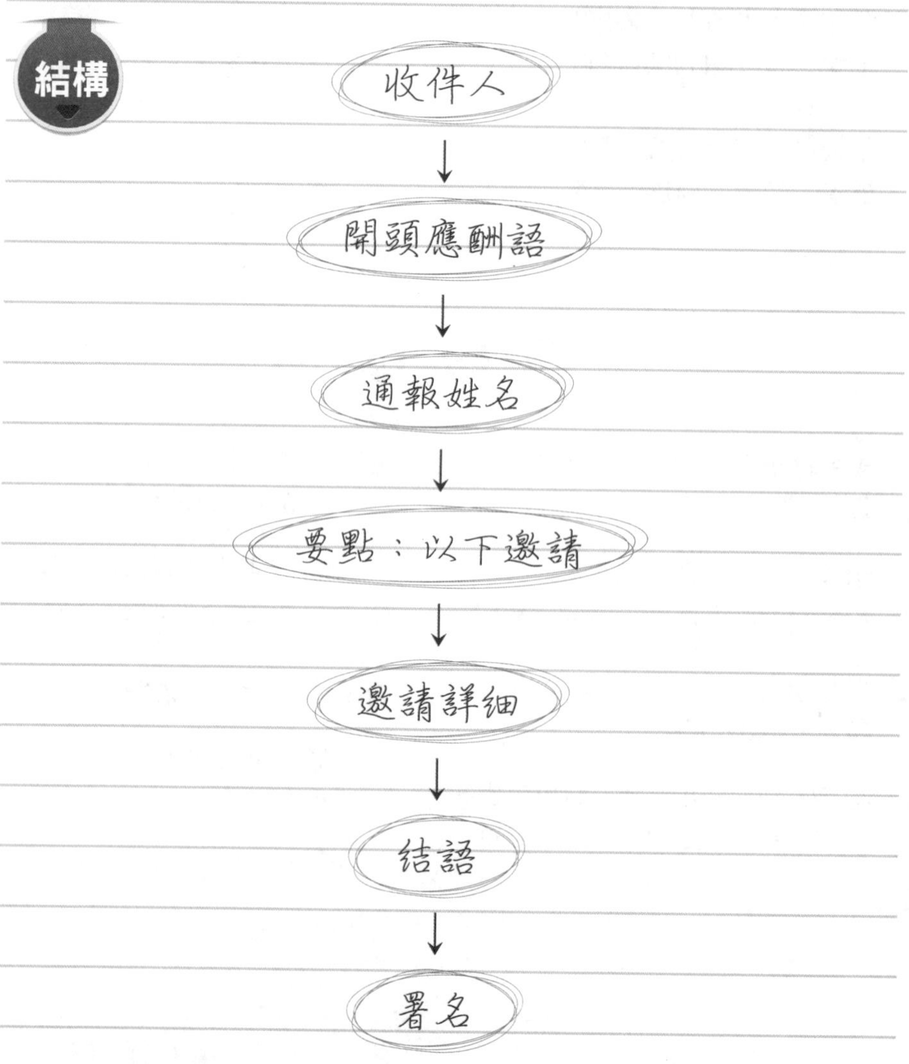

## 2-1 新春春酒的邀請

正文

### 件名：新年会のご案内

社員各位

新年あけましておめでとうございます。
総務部の山本太郎です。

この一年の抱負を語り合い、今年の更なる飛躍の糧としていただくため、
下記の要領にて、恒例の新年会を開催いたします。

もちろん、アトラクションも盛りだくさんに準備しております。
ご多忙中とは思いますが、ふるってご参加ください。

なお、お手数ですが、連絡係の方は各部署の出席人数を取りまとめ
○日まで、山本まで連絡お願いします。

記
1．日時 1月○日 水曜日 午後7時より
2．場所 新橋 花坂屋
　　○○通り 山本ビル 15F
　　電話 ○○ - ○○○○○
　　http：// ０００.co.jp

以上

==============================
　総務部　山本　太郎
　内線 ○○○
==============================

譯文

## 標題：新春春酒的邀請

各位同仁：

新年快樂。
我是總務部的山本太郎。

為聚集各位同仁一同相聚談論新年目標，並以此做為增進今年公司成長來源，將按往年慣例，依照下列要點舉辦新年春酒聚會。

當然，餐會中也準備了許多豐富的餘興節目等候各位。
還請各位同仁在百忙之中能積極撥冗參加。

此外，還煩請各部屬之負責同仁在統整各部屬之出席人數後，在○日之前將之報備告知山本。

備註
1．時間 1月○日 禮拜三 下午7點開始入場
2．地點 新橋 花坂屋
　　　　○○通 山本大樓 15樓
　　　　電話 ○○-○○○○○
　　　　http：// 000.co.jp
以上
================================
　總務部　山本　太郎
　內線分機 ○○○
================================

## 單字

**更なる** 中 更加

例 なお更なる努力を望む。➔ 希望今後更加努力。

**恒例** 中 按照慣例舉行

例 恒例の春の園遊会。➔ 按照慣例舉行的春季園遊會。

**盛りだくさん** 中 豐富

例 内容がきわめて豊富だ。➔ 內容極其豐富。

**多忙** 中 百忙

例 ご多忙のところをおじゃましてすみません。➔ 在您百忙之中來打擾，很抱歉。

**ふるって** 中 積極（踴躍）

例 ふるって申しこんでください。➔ 請積極（踴躍）報名。

**手数** 中 麻煩

例 ご多用中お手数をかけてすみません。➔ 在您百忙中還麻煩您，真對不起。

### POINT

1. 文章內容以年初新春的慣用招呼語做為開頭。
2. 盡量在文章裡加入強調聚會的目的、積極邀請的辭彙等內容。
3. 在備註事項中，除了日期時間、地點以外，情況允許的話建議附上會場的地圖。
4. 各位是尊敬稱謂，要避免雙重的尊敬稱謂。「各位様」為錯誤用法。

# 2-2 福利設施新增之邀請簡介

正文

## 件名：新規厚生施設利用のご案内

社員各位

総務部の山本です。

厚生施設が新設されましたので、下記の通りお知らせ致します。

---

1. 新規厚生施設名
   箱根　湯ノ山山荘
   テニスコート2面、温水プール、インターネット設備あり
2. 利用資格
   社員、パートおよびその家族
3. 利用料金
   1泊2,000円（夕食・朝食つき）
4. 申し込み方法
   総務部で予約を受け付けます。

---

ご不明な点がございましたら、メールまたは電話（内線：○○○）にて
山本までご一報ください。

==============================
総務部　山本　太郎
内線 ○○○
==============================

**POINT**

1. 以條列式簡單明確地表達內容。
2. 各位是尊敬稱謂，要避免雙重的尊敬稱謂。
   「各位様」為錯誤用法。

譯文

## 標題：福利設施新增之使用簡介

各位同仁：

我是總務部的山本。

由於公司新增了福利設施，於下記所示進行通知。

---

1. 新增之福利設施名稱
   箱根　湯之山山莊
   網球場兩座、溫水泳池、網路連接設備
2. 使用條件
   正式員工、約聘員工以及其家屬
3. 使用費用
   1晚 2,000 圓日幣（含晚餐 ・ 早餐）
4. 申請預約方式
   請至總務部進行預約辦理。

---

如有任何疑問之處，請以電子郵件或電話（內線分機：○○○）
向山本洽詢詳情。

==================================
總務部　山本　太郎
內線分機 ○○○
==================================

**各位**（かくい） 中 各位

例 ご出席（しゅっせき）の各位（かくい）に申（もう）しあげます。→ 向出席的諸位講幾句話。

**厚生施設**（こうせいしせつ） 中 福利設施

**申し込み**（もうしこみ） 中 申請　例 免税（めんぜい）の申（もう）し込（こ）みをする。→ 申請免稅。

**予約**（よやく） 中 預約　例 この雑誌（ざっし）の予約（よやく）をおすすめします。→ 推薦預約訂購這本雜誌。

**受け付ける**（うけつける） 中 受理

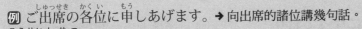

例 申（もう）し込（こ）みは明日（あす）から受（う）け付（つ）ける。→ 申請從明天開始受理。

# 關於「邀請」信函的好用句

## ★開頭語★

**01 何度も申し訳ございません**

**中 不好意思百般打擾**

例 何度も申し訳ございません。先ほどお伝えし忘れましたが、納期は1ヶ月かかります。

→ 不好意思百般打擾了。剛才忘了告知您，交貨期限需要一個月。

**02 お久しぶりです** **中 好久不見**

例 昨年のセミナーでお会いして以来でしょうか。お久しぶりです。→ 最後一次見面是在去年的研討會了吧。好久不見。

**03 いつもお世話になっております**

**中 感謝您一直以來的照顧**

例 いつもお世話になっております。→ 感謝您一直以來的照顧。

**04 いつも大変お世話になっております** **中 感謝您一直以來的照顧**

例 いつも大変お世話になっております。→ 感謝您一直以來的照顧。

**05 ご連絡ありがとうございます**

**中 謝謝您的聯繫**

例 さっそくご返信、ありがとうございます。→ 謝謝您的即刻回信。

**06 いつもお世話になりありがとうございます**

**中 感謝您一直以來的照顧**

例 いつもお世話になりありがとうございます。

→ 感謝您一直以來的照顧。

**07 お疲れ様です** **中 辛苦了**

例 お疲れ様です。輸出課の山本です。→ 辛苦了。我是出口課的山本。

**08 お世話になっております**

**中 承蒙關照**

例 日頃は大変お世話になっております。輸出課の山本です。

→ 平日承蒙您的諸多關照了。我是出口課的山本。

**09 はじめまして** 中 初次見面，您好

例 はじめまして、輸出部の山本です。

→ 初次見面，您好。我是出口部的山本。

**10 ご無沙汰しております**

中 好久不見／久疏問候

例 日々雑事におわれ、ご無沙汰しております。

→ 因每日雜務繁忙，以致久疏問候。

**11 はじめてご連絡いたします**

中 初次與您聯繫

例 はじめてご連絡いたします。輸出課の山本と申します。

→ 初次與您聯繫。我是出口課的山本。

**12 さっそくお返事をいただき、うれしく思います**

中 收到您快速的回覆，我感到高興

例 ご多忙のところ早速メールをいただき、とてもうれしく存じました。→ 在您百忙之中仍即刻收到您的郵件，非常地開心。

**13 突然のメールで失礼いたします**

中 唐突致信打擾了

例 突然のメールで失礼いたします。社内報を拝見してご連絡させていただきました。

→ 唐突致信打擾了。因為瀏覽了公司內部報刊，所以冒昧地聯繫您。

**14 ご無沙汰しておりますが、いかがお過ごしですか**

中 久疏問候，過得如何？

例 ご無沙汰しておりますが、お変わりなくお過ごしのことと存じます。

→ 久疏問候，想必一切與往常無異。

## 正 式 場 合

**01 いつもお心にかけていただき、深く感謝申し上げます** 中 總是受到您的關懷，謹此致以深深的謝意

例 平素よりなにかとお心にかけていただき、まことにありがたく存じます。→ 平日便受到您的諸多關懷，衷心地感謝。

**02 失礼ながら重ねて申し上げます**

中 雖感冒昧，但仍重複陳述提醒

例 失礼ながら重ねて申し上げます。お見積りの提出を早急にお願いいたします。

→ 雖感冒昧，但仍重複陳述提醒。祈請盡速提交估價單。

**03 いつもお心遣いいただき、まことにありがとうございます**

中 總是受到您的細心掛念，衷心地感謝

例 いつも温かいお心遣いをいただき、まことにありがとうございます。→ 總是受到您溫馨的細心掛念，衷心地感謝。

## ★正 文★

### 一般場合

**01 ご参加をお待ちしております**

中 恭候參加

例 親睦を深めるためにも多くの皆様のご参加をお待ちしております。

→ 也為了能促進交流，加深彼此認識，恭候各位的踴躍參與。

**02 ぜひご出席くださいますよう**

中 請您務必能出席～

例 ご多用中恐縮ではございますが、ぜひ ご出席くださいますよう お願い申し上げます。

→ 雖然在您忙碌之時叨擾感到萬分歉意，但祈請您務必能夠出席。

**03 よろしくご検討のうえ**

中 麻煩您請討論之後～

例 よろしくご検討のうえ、ご参加いただければ幸いです。

→ 麻煩您請討論之後，到場出席。

**04 ご都合がよろしければ**

中 若您的情況允許的話～

例 ご都合がよろしければ、ぜひご参加くださいませ。

→ 若您的情況允許的話，請務必出席參加。

**05 みなさまおそろいで**

中 各位齊同～

例 みなさまおそろいで、お越しいただけますよう、お待ちしております。

→ 在此恭候各位能齊同大駕光臨。

**06 ○○様もどうぞご一緒に** 中 也請○○（先生／小姐之尊敬用詞）一同～

例 山田様もどうぞご一緒にご参加いただけますよう、お待ちしております。

→ 也祈請山田先生／小姐能一同參與，在此恭候您的到來。

**07 みなさまお誘(さそ)い合(あ)わせのうえ**

**中 在各位熱情相邀～**

例 何(なに)とぞ皆様(みなさま)お誘(さそ)い合(あ)わせのうえ、ご来場(らいじょう)くださいますようご案内申(あんないもう)し上(あ)げます。

➜ 於此為各位引導說明以盼各位能熱情相邀後予以出席。

**08 お知(し)らせくださいますよう、お願(ねが)い申(もう)しあげます**

**中 謹此祈請您能予以通知**

例 出欠(しゅっけつ)のご返事(へんじ)をお知(し)らせくださいますよう、お願(ねが)い申(もう)しあげます。➜ 謹此祈請您能予以通知關於出缺席之回覆。

**09 ご多忙(たぼう)のところ申(もう)し訳(わけ)ないのですが** **中 對不起在您繁忙的日子裡～**

例 ご多忙(たぼう)のところ申(もう)し訳(わけ)ないのですが、打(う)ち合(あ)わせの時間(じかん)をとっていただきたくお願(ねが)い申(もう)しあげます。

➜ 對不起在您繁忙的日子裡打擾了，但還請您騰出碰面時間。

**10 お忙(いそが)しいところ恐(おそ)れ入(い)りますが**

**中 在您很忙的時候打擾了**

例 お忙(いそが)しいところ恐(おそ)れ入(い)りますが、ご確認(かくにん)のほどよろしくお願(ねが)いいたします。

➜ 在您很忙的時候打擾了，但請您確認一下。

**11 お教(おし)え下(くだ)さいますよう、お願(ねが)い申(もう)しあげます**

**中 謹此祈請您能予以知會**

例 出欠(しゅっけつ)のご返事(へんじ)をお教(おし)え下(くだ)さいますよう、お願(ねが)い申(もう)しあげます。

➜ 謹此祈請您能予以知會關於出缺席之回覆。

**12 ご連絡(れんらく)くださいますよう、お願(ねが)いいたします**

**中 在此請託您能予以聯繫**

例 出欠(しゅっけつ)のご返事(へんじ)をご連絡(れんらく)くださいますよう、お願(ねが)いいたします。

➜ 關於出缺席之回覆，在此請託您能予以聯繫。

**13 ご出席(しゅっせき)のご都合(つごう)を**

**中 出缺席之情況～**

例 ご出席(しゅっせき)のご都合(つごう)を、返信(へんしん)メールにてお知(し)らせくださいますようお願(ねが)い申(もう)しあげます。

➜ 關於出缺席之情況，祈請以電子郵件予以通知回覆。

**14 出欠(しゅっけつ)のご返事(へんじ)を**

**中 出席與否的回覆～**

例 出欠(しゅっけつ)のご返事(へんじ)を 3 月(がつ) 10 日(か)までに、同封(どうふう)のはがきにてお知(し)らせください。

➜ 出席與否的回覆請在3月10日以前，以附在信件裡的明信片回信通知。

## 15 行いますので　中 為將舉行～

例 パソコン教室を下記のとおり行いますので、ご案内します。

➔ 為將依照下列敘述舉行電腦教室教學，在此為您介紹。

## 16 ぜひご参加くださるよう

中 祈請您務必能參加～

例 ご多忙のことと存じますが、ぜひご参加くださるようご案内申し上げます。

➔ 雖知您正於百忙之中，但為盼您務必能出席參加，於此致以通知導覽。

## 17 ふるってご参加ください

中 請積極地參與

例 お忙しいとは存じますが皆様ふるってご参加くださいませ。

➔ 雖然知道各位都非常地忙碌，但仍請各位能積極地參與。

## 18 ○○の開催日時が下記のとおり決まりました

中 ○○的舉辦時日如下所列已確定

例 見学会の開催日時が下記のとおり決まりました。

➔ 參觀會的舉辦時日如下所列已確定。

## 19 開催することになりましたので

中 為確定舉辦～之由～

例 パソコン教室を定期的に下記のとおり開催することになりましたので、ご案内申し上げます。

➔ 依照下列所述，為確定舉辦定期的電腦教室教學之由，於此致以通知導覽。

## 20 ○○する企画を立てましたので

中 因為已訂定了做○○的計畫～

例 ダンスパーティーの企画を立てましたので、ご案内します。

➔ 因為已訂定了舞會的計畫，在此為您介紹說明。

## 21 実施することになりましたので

中 因為決定了要實行～

例 火災予防訓練を実施することになりましたので、お知らせいたします。➔ 因為決定了要實行火災防範訓練，謹此致以通知。

## 22 お気軽におこしください

中 請帶著輕鬆愉快的心情前來

例 昼食会を開催いたしますので、どうぞお気軽におこしください。➔ 因為將舉辦午餐聚會，還請各位帶著輕鬆愉快的心情前來。

**01 開催いたすことになりました**

中 確定舉辦～

例 このたび店内改装のため在庫一掃セールを開催いたすことになりました。

➔ 本次因店面重新裝潢之故，確定舉辦店內存貨出清大拍賣。

**02 ご高評をいただきたく**

中 望能得到您的批評建議～

例 ぜひともご出席のうえ、ご高評をいただきたく、ご案内申しあげます。

➔ 謹此致以通知，祈請各位能務必出席，且望能得到您的批評建議。

**03 ご参加の諾否を**

中 答應參加與否～

例 ご参加の諾否を、返信メールにてお知らせくださいますようお願い申しあげます。

➔ 關於答應參加與否之回覆，請以電子郵件回覆通知。

**04 お待ち申しあげます** 中 恭候～

例 札幌営業所職員一同心よりお待ち申しあげます。

➔ 札幌營業所全職員誠心恭候您的光臨。

**05 僭越ながら** 中 雖為僭越之舉～

例 僭越ながら、個人的な意見を申しあげます。➔ 雖為僭越之舉，尚請容我表達個人意見。

**06 万障お繰り合わせのうえ**

中 排除萬難並～

例 万障お繰り合わせのうえ、お仲間を誘い合って、会場までお越しくださいますよう、御案内申し上げます。

➔ 於此致以通知導覽，祈請各位能排除萬難並邀約同伴一同光臨本會場。

**07 ぜひお運びくださいますよう**

中 祈請您務必能到場～

例 皆様お誘い合わせのうえ、ぜひお運びくださいますようお願い申し上げます。➔ 祈請各位能互相邀請通知，並務必大駕光臨。

**08 ぜひご参加賜りますよう**

中 祈請您能賜允參加出席～

例 ご多用中恐縮ではございますが、ぜひご参加賜りますようご案内申しあげます。

➔ 在您百忙之中深感抱歉，但為祈請您能賜允參加出席，於此致以聯繫說明。

**09 催したく存じますので**

中 因為打算要舉辦～

例 懇親会を催したく存じますので、ぜひともご出席ください。

➔ 因為打算要舉辦聯誼會，還請務必予以出席。

**10 ご多用中はなはだ恐縮でございますが**

中 對不起在繁忙的期間叨擾～

例 ご多用中はなはだ恐縮でございますが、出席を賜りたくお願い申しあげます。➔ 對不起在繁忙的期間叨擾，但希望您能撥冗前來參加。

**11 ご案内申しあげます**

中 謹此致以通知～

例 万障お繰り合わせの上、奮ってご参加くださいますようご案内申し上げ ます。➔ 謹此致以通知，祈請各位能排除萬難並積極參與。

**12 ご忠告などを賜りたく**

中 望能賜予忠告～

例 ご忠告などを賜りたく、ご案内申しあげます。

➔ 望您能賜予忠告，謹此為您解釋說明。

**13 開催する運びとなりました**

中 確定舉辦～之步驟

例 ダンスパーティーを開催する運びとなりました。

➔ 確定舉辦舞會之步驟。

**14 ご案内かたがたお願い申しあげます** 中 向您通知說明之際也藉機～

例 ぜひご出席くださいますよう、ご案内かたがたお願い申しあげます。➔ 向您通知說明之際也藉機祈請您務必能出席參與。

**15 忌憚のないご意見、ご要望を賜りますよう** 中 盼能無所顧慮地賜與我們您的意見與需求～

例 忌憚のないご意見、ご要望を賜りますよう、お待ち申しあげます。➔ 盼能無所顧慮地賜與我們您的意見與需求，謹此致以恭候。

**16 ぜひお運びくださるよう**

中 祈請您務必能到場～

例 ご多用中とは存じますが、ぜひお運びくださるようお願い申しあげます。➔ 雖知您為百忙之身，但仍祈請您能務必到場光臨。

## ★結語★

**01 ご回答をいただければ助かります**

中 若能得到您的解答將幫了我的大忙

例 恐縮ですが、ご回答をいただければ助かります。➜ 雖感冒昧，但若能得到您的解答將幫了我大忙。

**02 ご検討ください** 中 請研究討論

例 お手数ですが、ご検討ください。➜ 還請勞煩您研究討論。

**03 まずは○○申し上げます**

中 總之先致以○○～

例 まずはご案内申し上げます。

➜ 總之先致以引導介紹。

**04 以上、よろしくお願いします**

中 就這些，請多多指教

例 以上、よろしくお願いします。

➜ 就這些，請多多指教。

**05 よろしくお願いいたします**

中 多多指教

例 どうぞよろしくお願いいたします。➜ 請多多指教。

**06 なにとぞよろしくお願い申し上げます** 中 祈請多多指教

例 ご協力のほど、なにとぞよろしくお願い申し上げます。

➜ 祈請撥冗協助，多多指教。

**01 皆様の一層のご健康を心よりお祈り申し上げます**

中 敬祝大家身體健康

例 皆様の一層のご健康を心よりお祈り申し上げます。

➜ 敬祝大家身體健康。

**01 まずは○○かたがた○○まで**

**中 在此向您致○○並○○**

例 まずはご挨拶かたがたご案内まで。➔ 在此向您致以問候並邀請。

**02 取り急ぎ○○の○○まで**

**中 總之先致以○○~**

例 取り急ぎ説明会のご案内まで。

➔ 總之先致以說明會的邀請。

**03 まずは○○まで　中 總之先○○~**

例 まずはご案内まで。

➔ 總之先致以邀請。

**04 まずは取り急ぎご○○まで**

**中 總之先致以○○~**

例 まずは取り急ぎご案内まで。

➔ 總之先致以邀請。

# Unit 03 指示

上司或管理部門針對業務內容、命令內容等提出指示而寫的文件。

為防止收件方的誤解或意思的解讀錯誤之情形出現，可多多運用條列式、5W1H寫法……等防止遺漏缺失及補充等寫法。

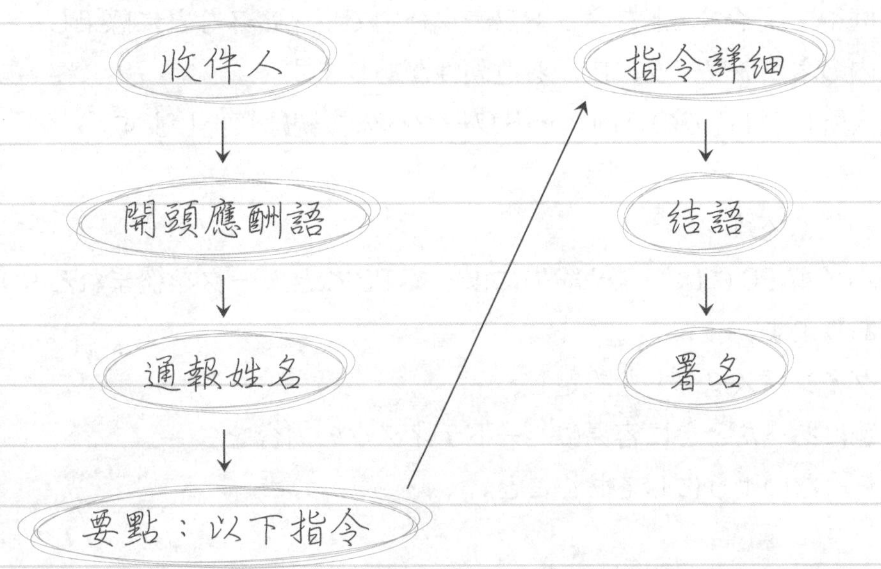

# 3-1 針對加強公司內部保全的指示

正文

## 件名：社内セキュリティ強化について

社員各位

総務部長の山本太郎です。

新聞、テレビ等で報道されていますように、
最近パソコンウイルス感染、情報漏えいの問題が多発しています。
各自は以下の点に注意を払って、セキュリティの強化を図って下さい。

1. 社外からのウィルス感染
社外から社内のネットワークにアクセスできる場合は、
家庭やプライベートなネットワーク経由でウィルスなどに感染し、
社内のネットワークに広がる危険性があります。
個人所有の PC での社内ネットワークへの接続は禁止します。

2. 紛失、盗難
モバイル PC には盗難や紛失によって PC ごとデータを盗まれるリスクがあります。
ログインパスワードを設定し、
盗難にあったときに容易にハードディスクの内容を
見られないようにしておくこと。

3. 私的利用からの情報流 出
ブログやソーシャルメディア、掲示板への書き込みなど、
社員の私的な行動からの情報流出は防げません。

社内でのパソコンの私的利用は禁止します。

以上、ご協力のほどよろしくお願いいたします。

==================================
総務部　山本　太郎
内線 ○○○
==================================

**セキュリティ** 中 保全

例 セキュリティ強化。→ 加強保全。

**報道** 中 報導

例 その事件が大見出しで報道された。→ 那個事件在報紙上被用大標題報導出來了。

**パソコン** 中 個人電腦

**ウイルス** 中 病毒

**注意を払う** 中 注意

例 細心の注意を払う。→ 密切注意。

**強化** 中 加強

例 内閣の強化をはかる。→ 設法加強內閣。

**図る** 中 策謀

例 事務の敏速な処理を図る。→ 謀求事務的迅速處理。

**プライベート** 中 私人

例 プライベートな問題。→ 私人的問題。

**ネットワーク** 中 網路

例 テレビ・ネットワーク。➔ 電視網。

**モバイル** 中 可攜帶的

**盗難**（とうなん） 中 遭竊

例 昨夜（さくや）彼女（かのじょ）のアパートで盗難（とうなん）があった。➔ 昨晚她的公寓遭竊了。

**紛失**（ふんしつ） 中 丟失

例 重要書類（じゅうようしょるい）が紛失（ふんしつ）する。➔ 丟失重要文件。

**ハードディスク** 中 硬碟

**ブログ** 中 部落格

**ソーシャルメディア** 中 社會媒體、社交網站

**掲示板**（けいじばん） 中 佈告板、公共論壇

**ほど** 中（委婉）

例 ご寛容（かんよう）のほど願（ねが）います。➔ 請予寬恕。

**よろしく** 中 請您多多關照

例 これを機縁（きえん）に今後（こんご）もよろしくお願（ねが）いします。
➔ 借這次結識的機會，今後還請您多多關照。

**POINT**

1. 在傳達須以指示通知之公告的同時，為求其對於內容的理解，建議運用條列式說明及補充說明等用法。
2. 各位是尊敬稱謂，要避免雙重的尊敬稱謂。
「各位様（かくいさま）」為錯誤用法。

## 標題：針對加強公司內部保全

各位同仁：

我是總務部部長的山本太郎。

近日，如新聞、電視媒體皆有相關之報導，
最近電腦病毒感染、資料外洩等問題發生頻繁。
因此請同仁遵循下列要點各自加強注意，並強化其資料的保護。

1. 來自公司外部的病毒感染
透過公司外部可連接公司內部網路之情況時，
因經由家用或私人網路連接而感染病毒，
並進而蔓延至公司內部網路之潛在危險。
因此禁止私人電腦連接到公司內部的網路。

2. 遺失、失竊
迷你型電腦有因失竊、遺失等因素而連帶電腦及其內部所有資料遭竊的危險性。
建議設定登入密碼，以防止失竊時硬碟內的資料內容輕易被閱覽。

3. 因私人使用所致的資料外洩
在部落格、社交網站、公共論壇等的留言交流等因員工私人行為所造成的資料外洩難以預防。
因此禁止在公司內使用電腦進行私人行為。

以上，請各位同仁予以合作。

==================================

總務部　山本　太郎
內線分機 ○○○

==================================

正文

## 件名：経費削減について

社員各位

総務部長の山本太郎です。

昨今の厳しい経済状況や原材料高騰の影響などもあり、
経費削減は会社運営の重要な課題となっています。

ついては、すでに何度もお知らせしておりますが、
今一度以下について注意の喚起を促します。

今後も社員一同、消耗品の購入や照明の使用方法など、
より一層経費節減のご協力をお願いいたします。

記

1．冷暖房の設定温度
2．エコドライブを心がけましょう
3．昼休みの消灯
4．社内文書は裏紙を使用すること

以上

==============================
総務部　山本　太郎
内線 ○○○
==============================

## 標題：關於經費之刪減

各位同仁：

我是總務部部長的山本太郎。

在這些年嚴苛的經濟條件、商品原料價格高漲等影響之下，
經費的刪減已成為公司營運的重要課題。

針對此消息，雖已多次予以通知，
現在再次針對下記敘述，藉此喚起各位同仁的關注。

今後也請全體同仁在消耗品的購買及照明用電之使用方法等事項，
能齊同協助經費之節約能更加順利進行。

記

1・冷暖氣的溫度設定
2・隨時注意節約能源
3・午休時的熄燈節電
4・公司內部文書使用廢紙背面，回收再利用

以上

==============================

總務部　山本　太郎
內線分機 ○○○

==============================

## 單字

**削減（さくげん）** 中 縮減

例 経費（けいひ）を削減（さくげん）する。→縮減經費。

**ついては** 中 因此

例 ついては先日（せんじつ）ご依頼（いらい）の件（けん）ですが…。→因此前日您囑咐的事。

**喚起（かんき）** 中 喚起

例 世論（せろん）を喚起（かんき）する。→喚起輿論。

**エコドライブ** 中 環保節能

**心（こころ）がける** 中 注意

例 防火（ぼうか）を心（こころ）がける。→注意防火。

**こと** 中 要

例 人一倍努力（ひといちばいどりょく）すること。→要加倍努力。

**POINT**

1. 在傳達須以指示通知之公告的同時，為求其對於內容的理解，建議運用條列式說明及補充說明等用法。
2. 各位是尊敬稱謂，須避免雙層的尊敬稱謂。
「各位様（かくいさま）」為錯誤用法。

# 關於「指示」信函的好用句

## ★開頭語★

**01 いつもお世話になっております**
中 感謝您一直以來的照顧

**02 ご無沙汰しておりますが、いかがお過ごしですか**
中 久疏問候，過得如何？

例 ご無沙汰しておりますが、お変わりなくお過ごしのことと存じます。
→ 久疏問候，想必一切與往常無異。

**03 はじめてご連絡いたします**
中 初次與您聯繫

例 はじめてご連絡いたします。輸出課の山本と申します。
→ 初次與您聯繫。我是出口課的山本。

**04 突然のメールで失礼いたします**
中 唐突致信打擾了

例 突然のメールで失礼いたします。社内報を拝見してご連絡させていただきました。
→ 唐突致信打擾了。因為瀏覽了公司內部報刊，所以冒昧地聯繫您。

**05 はじめまして** 中 初次見面，您好

例 はじめまして、輸出部の山本です。
→ 初次見面，您好。我是出口課的山本。

**06 何度も申し訳ございません**
中 不好意思百般打擾

例 何度も申し訳ございません。先ほどお伝えし忘れましたが、納期は１ヶ月かかります。
→ 不好意思百般打擾了。剛才忘了告知您，交貨期限需要一個月。

**07 お世話になっております**
中 承蒙關照

例 日頃は大変お世話になっております。山本です。
→ 平日承蒙您的諸多關照了。我是山本。

**08 お久しぶりです** 中 好久不見

例 昨年のセミナーでお会いして以来でしょうか。お久しぶりです。→ 最後一次相見是在去年的研討會了吧。好久不見。

**09 ご無沙汰(ぶさた)しております**

中 好久不見／久疏問候

例 日々雑事(ひびざつじ)におわれ、ご無沙汰(ぶさた)しております。

➜ 因每日雜務繁忙，以致久疏問候。

**10 お疲(つか)れ様(さま)です** 中 辛苦了

例 お疲(つか)れ様(さま)です。輸出課(ゆしゅつか)の山本(やまもと)です。➜ 辛苦了。我是出口課的山本。

**11 いつも大変(たいへん)お世話(せわ)になっております** 中 感謝您一直以來的照顧

例 いつも大変(たいへん)お世話(せわ)になっております。➜ 感謝您一直以來的照顧。

**12 ご連絡(れんらく)ありがとうございます**

中 謝謝您的聯繫

例 さっそくご返信(へんしん)、ありがとうございます。➜ 謝謝您的即刻回信。

**13 さっそくお返事(へんじ)をいただき、うれしく思(おも)います**

中 收到您快速的回覆，我感到高興

例 ご多忙(たぼう)のところ早速(さっそく)メールをいただき、とてもうれしく存(ぞん)じました。➜ 在您百忙之中仍能即刻收到您的郵件，非常地開心。

**14 いつもお世話(せわ)になりありがとうございます** 中 感謝您一直以來的照顧

## 正式場合

**01 いつもお心遣(こころづか)いいただき、まことにありがとうございます**

中 總是受到您的細心掛念，衷心地感謝

例 いつも温(あたた)かいお心遣(こころづか)いをいただき、まことにありがとうございます。➜ 總是受到您溫馨的細心掛念，衷心地感謝。

**02 いつもお心(こころ)にかけていただき、深(ふか)く感謝申(かんしゃもう)し上(あ)げます** 中 總是受到您的關懷，謹此致以深深的謝意

例 平素(へいそ)よりなにかとお心(こころ)にかけていただき、まことにありがたく存(ぞん)じます。➜ 平日便受到您的諸多關懷，衷心地感謝。

**03 失礼(しつれい)ながら重(かさ)ねて申(もう)し上(あ)げます**

中 雖感冒昧，但仍重覆陳述提醒

例 失礼(しつれい)ながら重(かさ)ねて申(もう)し上(あ)げます。旅費精算書(りょひせいさんしょ)の提出(ていしゅつ)を早急(さっきゅう)にお願(ねが)いいたします。

➜ 雖感冒昧，但仍再次重覆陳述提醒。請您即刻提出旅費結算書。

## ★正文★

### 一般場合

**01 徹底(てってい)するようお願(ねが)いします**

中 請你們貫徹……

例 消灯(しょうとう)を徹底(てってい)するようお願(ねが)いします。➔ 請你們徹底落實隨手關燈。

**02 お願(ねが)いします** 中 我想請您……

例 期限(きげん)までの提出(ていしゅつ)をお願(ねが)いします。➔ 我想請您在截止期限以前提交。

**03 周知(しゅうち)させてください**

中 請轉告周圍的人

例 営業時間(えいぎょうじかん)を下記(かき)のとおり変更(へんこう)しますので、各員(かくいん)に周知(しゅうち)させてください。➔ 因為營業時間改變如下，請轉告周圍的成員知曉。

**04 図(はか)ってください** 中 請考慮……

例 経費削減(けいひさくげん)を図(はか)ってください。

➔ 請考慮經費之縮減。

### 正式場合

**01 ご協力(きょうりょく)のほどよろしくお願(ねが)いいたします** 中 請您多多合作

### 簡略說法

**01 ～すること** 中 要～

例 月末(げつまつ)までに報告(ほうこく)すること。

➔ 到月底以前要報告。

## ★結語★

### 一般場合

**01 ご回答(かいとう)をいただければ助(たす)かります**

中 若能得到您的解答將幫了我的大忙

例 恐縮(きょうしゅく)ですが、ご回答(かいとう)をいただければ助(たす)かります。➔ 雖感冒昧，但若能得到您的解答將幫了我大忙。

**02 よろしくお願いいたします**

**中 多多指教**

例 どうぞよろしくお願いいたします。→ 請多多指教。

**03 なにとぞよろしくお願い申し上げます　中 祈請多多指教**

例 ご協力のほど、なにとぞよろしくお願い申し上げます。

→ 祈請撥冗協助，多多指教。

**04 ご検討ください　中 請研究討論**

例 お手数ですが、ご検討ください。→ 還請勞煩您研究討論。

**05 引き続きよろしくお願いいたします　中 今後仍望惠顧關照**

**06 今後ともよろしくお願いいたします　中 今後也請多指教**

**07 まずは○○申し上げます**

**中 總之先致以○○～**

例 まずはお知らせ申し上げます。

→ 總之先致以通知。

**08 以上、よろしくお願いします**

**中 就這些，請多多指教**

**01 まずは○○まで　中 總之先○○～**

例 まずはお願いまで。

→ 總之先致以請託。

**02 まずは○○かたがた○○まで**

**中 在此向您致○○並○○**

例 まずはお知らせかたがたお願いまで。→ 在此向您致以通知並拜託。

**03 まずは取り急ぎご○○まで**

**中 總之先致以○○～**

例 まずは取り急ぎご連絡まで。

→ 總之先致以通知。

**04 取り急ぎ○○の○○まで**

**中 總之先致以○○～**

例 取り急ぎ旅費精算書ご提出の依頼まで。

→ 總之先致以繳交旅費結算書的請求。

# Unit 04 報告

所謂的報告書，在公司內部的文章中與商務也有直接關聯，並且在各種商業間的決議上具備相當重要的使命。

書寫重點在於客觀敘述事實、過程、結果等之要點，用簡潔易懂的文字，透過條列式寫法呈現出來。

此外，報告的郵件若未能準時發出，即失去報告書的功能，因此請務必盡快提交報告。

公司內部的郵件可以省略要開頭應酬語和结語

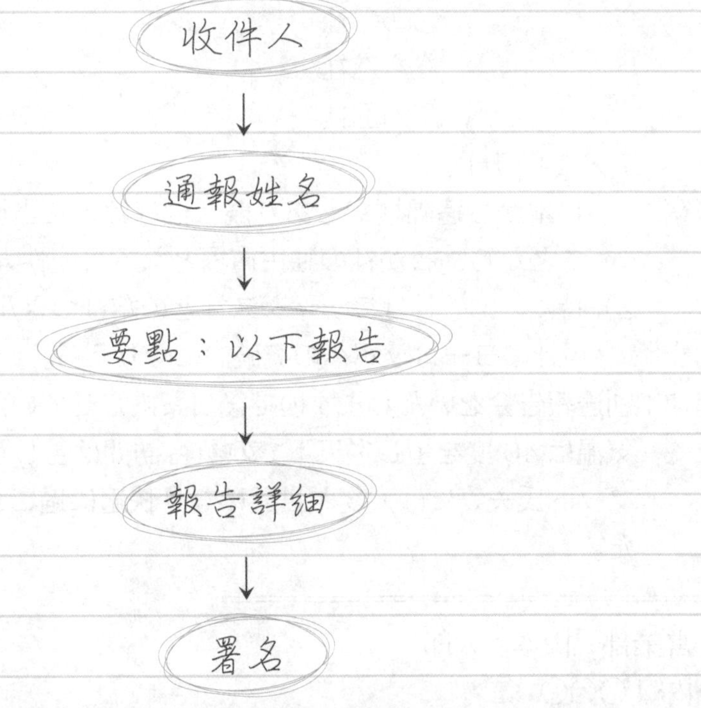

正文

## 件名：パキスタン出張報告

輸出部
○○部長

山本　太郎です。
出張の結果につき、下記のとおり概要をご報告いたします。

目的：パキスタン市場開発
期間：7月6日～12日
行動：7／6　成田出発
　　　7／8　代理店と面談 パキスタン市場概略を伺う。
　　　7／9～12　各顧客訪問
　　　　　　　　○○○社
　　　　　　　　△△△社
　　　　　　　　□□□社
　　　7／14　帰国
考察：1）日本から遠隔地でもあり競合他社は未だ当地を訪れていないことから、わが社の独占市場となる可能性大。
　　　2）特に○○○社はアディダス社との結びつきが強く当社のヨーロッパへの突破口になりうる。
追伸：別途報告会をいたしますので後日案内させていただきます。
　　　気温は40度を超し炎天下での顧客訪問は苦しかったですが、ブット氏夫妻には大変お世話になり快適に過ごすことができました。

==============================
　営業部　山本　太郎
　内線 ○○○
==============================

## 標題：巴基斯坦出差報告

海外出口部
〇〇部長

我是山本　太郎。
針對出差的結果，將如下列所示報告其概要。

目的：開拓在巴基斯坦的市場
期間：7月6日～12日
行程：7／6　自成田機場出發
　　　7／8　與代理商進行商談 訪談巴基斯坦市場之概略。
　　　7／9～12　訪問各個合作客戶公司
　　　　　〇〇〇公司
　　　　　△△△公司
　　　　　□□□公司
　　　7／14　返國
考察內容：1）由於該市場距離日本相當遠，因此從敵對公司尚未到當地進行開拓之事來推測，我方公司獨佔此市場的機會很大。
　　　2）特別是〇〇〇公司與愛迪達公司之間的聯繫相當緊密，因此有機會成為本公司進軍歐洲市場的連接口。
補充說明：將舉行另外的報告會，因此會擇日另行通知。
在40度以上的酷暑下訪問客戶，雖然非常地辛苦，但拜布托賢伉儷親切地照顧所賜，才能愉快舒適地渡過。

==================================
營業部　山本　太郎
內線分機 〇〇〇
==================================

**單字**

**伺う**（うかが） 中 請教

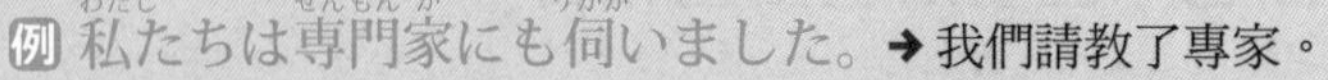

例 私（わたし）たちは専門家（せんもんか）にも伺（うかが）いました。→ 我們請教了專家。

**結びつき**（むす） 中 聯繫

例 党（とう）と大衆（たいしゅう）との結（むす）びつきを強（つよ）める。→ 鞏固黨和群眾的聯繫。

**突破口**（とっぱこう） 中 連接口

**後日**（ごじつ） 中 改日

例 交渉（こうしょう）は後日（ごじつ）に譲（ゆず）る。→ 談判改日舉行。

**炎天下**（えんてんか） 中 烈日下

**世話**（せわ） 中 照顧

例 いたれりつくせりの世話（せわ）をする。→ 照顧得十分周到；無微不至。

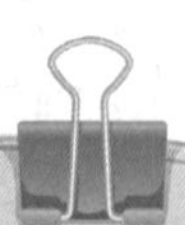

**POINT**

1. 注意出訪地點、成果等內容與出差的過程，要確實且簡潔明瞭地統整其概要。
2. 假使過程中有發生任何意外的情形也要將其內容正確無誤地向上呈報。
3. 注意避免使用模糊不清的用詞文句，有確切具體數字的內容則以其確切數字呈報。
4. 職務稱呼中已含有尊敬之意，因此雙重的敬語稱呼是錯誤的。「○○部長様（ぶちょうさま）」為錯誤用法。

## 4-2 一週業務行程報告



### 件名：週間業務報告

営業課
○○○課長

表記につきまして、下記のとおり報告いたします。

7／1（月）　（1）下期販売計画作成
　　　　　　（2）△△㈱訪問
7／2（火）　（1）□□㈱訪問
　　　　　　（2）XX㈱訪問
　　　　　　（3）㈱●●訪問
7／3（水）　（1）◎◎㈱訪問
　　　　　　（2）関東地区担当者会議
　　　　　　（3）△△㈱訪問
7／4（木）　新商品説明会準備
7／5（金）　第一ホテルにおいて新商品説明会実施
（成果・報告事項等）

1．成果　（1）○○㈱とN-○○○A　50台成約
　　　　　（2）□□㈱よりN-○○○B　15台引き合いあり
2．検討課題　N○○○C操作性改良
3．報告事項　□□㈱でのクレーム決着（別途報告します）。
4．特記事項　△△㈱によると■■社がN-○○○シリーズ類似品を開発したとの情報あり。

==============================
営業1課　山本　太郎
内線○○○
==============================

譯文

## 標題：一週業務行程報告

營業課
〇〇〇課長

針對標題，將如下記所示進行報告。

7／1（週一）　（１）下一期的銷售計畫擬定
　　　　　　　（２）訪問△△㈱
7／2（週二）　（１）訪問□□㈱
　　　　　　　（２）訪問 XX ㈱
　　　　　　　（３）訪問㈱●●
7／3（週三）　（１）訪問◎◎㈱
　　　　　　　（２）關東區域負責人會議
　　　　　　　（３）訪問△△㈱
7／4（週四）　新商品說明會之準備
7／5（週五）　於第一飯店舉行新商品說明會
（成果・報告事項等）

1．成果　（１）〇〇㈱和 N-〇〇〇 A　50 台契約成立
　　　　　（２）來自□□㈱的 N-〇〇〇 B　15 台下訂洽詢
2．須改善課題
　N 〇〇〇 C 操作性的改良
3．報告事項
　在□□㈱的投訴解決（將另行呈報）。
4．特別報告事項
　據△△㈱之消息來源，有■■公司已開發類似 N-〇〇〇系列之商品之情報出現。

==================================
營業1課　山本　太郎
內線分機 〇〇〇
==================================

**引き合い**（ひきあい） 中 函詢

例 たくさんの引き合いを受ける。→收到很多諮詢生意的函詢。

**別途**（べっと） 中 另外

例 別途に方法を講ずる。→另外想辦法。

**特記**（とっき） 中 特別記載

例 特記事項。→特別記載的事項。

**POINT**

1. 注意出訪地點、成果等內容與出差的過程，要確實簡潔明瞭地統整其概要。
2. 如果過程中有發生任何意外的情形也要將其內容正確無誤地向上呈報。
3. 注意避免使用模糊不清的用詞文句，有確切具體數字的內容則以其確切數字呈報。
4. 職務稱呼中已含有尊敬之意，因此雙重的敬語稱呼是錯誤的。
   「○○部長様」為錯誤用法。
5. 使用於報告書的句尾文體並非「です・ます」形，使用「である」形是基本常識。
   在「です・ます」形文體裡是，「引き合いがありました」。
   在「である」形文體雖為「引き合いがあった」，但為追求精簡「引き合いあり」這樣寫也是可以的。

# 關於「報告」信函的好用句

## ★開頭語★

**01 お疲れ様です** 中 辛苦了

例 お疲れ様です。山本です。

➔ 辛苦了。我是山本。

**02 いつもお世話になっております** 中 感謝您一直以來的照顧

**03 いつも大変お世話になっております** 中 感謝您一直以來的照顧

**04 いつもお世話になりありがとうございます**

中 感謝您一直以來的照顧

**05 お世話になっております**

中 承蒙關照

例 日頃は大変お世話になっております。山本です。

➔ 平日承蒙您的諸多關照了。我是山本。

## ★正文★

**01 下記の通り、ご報告いたします**

中 報告如下

**02 ご多忙のところ申し訳ないのですが** 中 對不起在您繁忙的日子裡～

例 ご多忙のところ申し訳ないのですが、打ち合わせの時間をとっていただきたくお願い申しあげます。

➔ 對不起在您繁忙的日子裡打擾了，但請您騰出碰面時間。

**03 以上、ご報告いたします**

中 如上所述報告

## ★結 語★

**01 ご回答をいただければ助かります**

中 若能得到您的解答，將幫了我的大忙

例 恐縮ですが、ご回答をいただければ助かります。➔ 雖感冒昧，但若能得到您的解答，將幫了我大忙。

**02 ご検討ください** 中 請研究討論

例 お手数ですが、ご検討ください。➔ 還請勞煩您研究討論。

**03 まずは○○申し上げます**

中 總之先致以○○～

例 まずはご報告申し上げます。

➔ 總之先致以報告。

**04 ご教示願えれば幸いです**

中 若能蒙您指點將是我的幸運

例 恐れいりますが、ご教示いただければ幸いです。➔ 雖感惶恐，但若能蒙您指點將是我的幸運。

**01 取り急ぎ○○の○○まで**

中 總之先致以○○～

例 取り急ぎ出張の報告まで。

➔ 總之先致以出差的報告。

**02 まずは取り急ぎご○○まで**

中 總之先致以○○～

例 まずは取り急ぎご報告まで。

➔ 總之先致以報告。

**03 まずは○○かたがた○○まで**

中 在此向您致○○並○○

例 まずはお礼かたがた報告まで。

➔ 在此向您致以致謝並報告。

**04 まずは○○まで** 中 總之先○○～

例 まずは報告まで。

➔ 總之先致以報告。

# Unit 05 提案

注意「請求事項」「目的」「理由」「經費」「效果」等項目之敘述，必須簡潔明確。

在提議書中最普遍的內容是提出眼前的課題及問題點，並提供改善對策等內容。

企劃書是指為執行某件事而記載了其具體計畫的文書資料。大多以針對活動、定期活動、廣告、戰略、新企劃、新製品等相關內容為主。

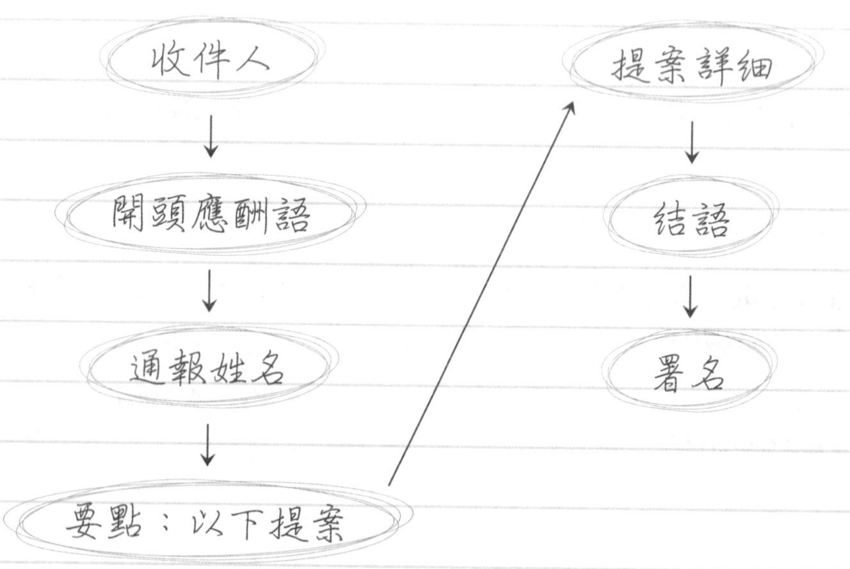

# 5-1 業務內容修正之提案

正文

## 件名：業務改善について

○○部長

お疲れ様です。
総務部の山本です。

似たような社内資料が多すぎ混乱を招いているのが現状です。
業務改善について下記の通り提案したいと思います。

1.資料を減らす
①作る量を減らす　　②配る量を減らす

2.資料の様式や情報を共有化する
①様式を標準化する　　②情報を共有化する

3.作り方を変える
①ネットワークを活用した資料づくりを進める

ご検討、お願いいたします。

以上

==================================
総務部　山本　太郎
内線 ○○○
==================================

**POINT**

1. 以項目列表式陳述提案的具體內容，注意將提議以易懂的表現方式傳達。
2. 職務稱呼中已含有尊敬之意，因此雙重的敬語稱呼是錯誤的。
「○○部長様」為錯誤用法。

譯文

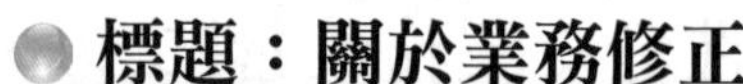

## 標題：關於業務修正

○○部長

您工作辛苦了。
我是總務部的山本。

公司內部的資料相似的內容過多導致混淆是目前的現況。
針對此業務修正改善，提出下述提案。

1. 減少文件資料
①減少製作數量
②減少分配數量

2. 共享統一文件的格式及情報
①格式標準化
②情報共享化

3. 改變調整製作程序
①實行活用電腦網路的文件製作

還請參考並多多指教。

以上

==================================
總務部　山本　太郎
內線分機 ○○○
==================================

單字

招く(まねく) 中 招致　例 不幸(ふこう)を招(まね)く。→招致不幸。
作り方(つくりかた) 中 做法
例 新(あたら)しい作(つく)り方(かた)を案出(あんしゅつ)する。→研究出新的製造法。

# 5-2 員工進修活動之提案

正文

## 件名：中堅社員研修の企画について

○○部長

お疲れ様です。
総務部の山本　太郎です。

「売り上げ目標完遂セミナー」の企画書を添付しました。

マネジメントの実践力を養うための講座です。
講師は、業界でも著名な○○大学教授の○○氏を招聘したいと考えています。
業界内のシェア争奪が激化している現状を踏まえ、
緊急な対応策のひとつとして、開催したいと思います。

社内研修の特例として検討してくださいますようお願いします。

以上

==============================
総務部　山本　太郎
内線 ○○○
==============================

**POINT**

1. 以條列式陳述提案的具體內容，將提議以易懂的表現方式呈現。
2. 具體的提案內容以附加文件的方式為佳。
3. 職務稱呼中已含有尊敬之意，因此「○○部長様」為錯誤用法。

譯文

## 標題：關於中央高層員工進修企劃

〇〇部長

您工作辛苦了。
我是總務部的山本太郎。

「成功達成業績目標講座」的企劃書已附上。

內容為培養管理之實踐力的講座。
至於講師，考慮邀請在業界相當知名的〇〇大學的〇〇教授。
因考量到業界市場爭奪激烈之現狀，因此提出想興辦此活動作為緊急因應對策之一。

作為公司內部進修之特殊例子，還請多多指教。

以上
==================================
　總務部　山本　太郎
　內線分機 〇〇〇
==================================

**完遂**（かんすい） 中 完成　例 任務（にんむ）を完遂（かんすい）する。→完成任務。

**セミナー** 中 講座

**マネジメント** 中 管理

**招聘**（しょうへい） 中 聘請　例 外国（がいこく）から音楽家（おんがくか）を招聘（しょうへい）する。→從國外聘請音樂家。

**踏**（ふ）**まえる** 中 考慮

例 各般（かくはん）の事情（じじょう）を踏（ふ）まえて決定（けってい）する。→考慮各方面的情況之後決定。

**特例**（とくれい） 中 例外　例 特例（とくれい）は認（みと）めない。→不許有例外。

# 關於「提案」信函的好用句

## ★開頭語★

**01 お世話になっております**

中 承蒙關照

例 日頃は大変お世話になっております。山本です。

→ 平日承蒙您的諸多關照了。我是山本。

**02 ご連絡ありがとうございます**

中 謝謝您的聯繫

例 さっそくご返信、ありがとうございます。

→ 謝謝您的即刻回信。

**03 お疲れ様です** 中 辛苦了

例 お疲れ様です。山本です。

→ 辛苦了。我是山本。

**04 さっそくお返事をいただき、うれしく思います**

中 收到您快速的回覆，我感到高興

例 ご多忙のところ早速メールをいただき、とてもうれしく存じました。

→ 在您百忙之中仍即刻收到您的郵件，非常地開心。

**05 いつもお世話になりありがとうございます**

中 感謝您一直以來的照顧

**06 いつも大変お世話になっております** 中 感謝您一直以來的照顧

**07 いつもお世話になっております**

中 感謝您一直以來的照顧

**08 はじめてご連絡いたします**

中 初次與您聯繫

例 はじめてご連絡いたします。輸出課の山本と申します。

→ 初次與您聯繫。我是出口課的山本。

**09 突然のメールで失礼いたします**

中 唐突致信打擾了

例 突然のメールで失礼いたします。社内報を拝見してご連絡させていただきました。

→ 唐突致信打擾了。因為瀏覽了公司內部報刊，所以冒昧地聯繫您。

**10 いつもお世話になりありがとうございます** 中 感謝您一直以來的照顧

## ★正 文★

### 一般場合

**01 ～したいと考えています**

中 我想～

例 研究会を設立したいと考えています。➜ 我想成立一個研究小組。

**02 やらせていただけないでしょうか** 中 是否能請您讓我～

例 横浜地区の販売担当をやらせていただけないでしょうか。

➜ 是否能請您讓我擔任橫濱地區的販售負責人呢？

**03 恐れ多いことですが**

中 雖然十分地誠惶誠恐～

例 恐れ多いことですが、ひと言だけ申しあげます。➜ 雖然十分地誠惶誠恐，恕我謹此致以一句話。

**04 確信しております**

中 我們相信……

例 販売強化に必ずや貢献するものと確信しております。

➜ 我們相信對於加強銷售能做出貢獻。

**05 可能と判断されます**

中 認為～是可能的

例 きめ細かいアフターサービスが可能と判断されます。

➜ 認為細部的售後服務是可能的。

**06 お任せください** 中 請交給我吧

例 私にお任せください。かならず期限までに仕上げます。

➜ 請交給我吧。一定會在期限內完成的。

**07 期待できます** 中 值得期待

例 新システム導入により費用対効果が期待できます。

➜ 透過導入新的系統，費用與成效的比例值得期待。

### 正式場合

**01 ご検討くださいますようお願い申し上げます** 中 請您研究指教

例 ご検討くださいますようお願い申し上げます。➜ 請您研究指教。

**02 僭越ながら　中 雖為僭越之舉～**

例 僭越ながら、個人的な意見を申しあげます。

→ 雖為僭越之舉，尚請容我表達個人意見。

簡略說法

**01 図りたい　中 打算…**

例 業務の省力化を図りたい。

→ 我打算簡化業務量。

## ★結語★

一般場合

**01 ご検討ください　中 請研究討論**

例 お手数ですが、ご検討ください。→ 還請勞煩您研究討論。

**02 よろしくお願いいたします**
**中 多多指教**

例 どうぞよろしくお願いいたします。→ 請多多指教。

**03 ご回答をいただければ助かります**
**中 若能得到您的解答將幫了我的大忙**

例 恐縮ですが、ご回答をいただければ助かります。→ 雖感冒昧，但若能得到您的解答將幫了我大忙。

**04 なにとぞよろしくお願い申し上げます　中 祈請多多指教**

例 ご協力のほど、なにとぞよろしくお願い申し上げます。

→ 祈請撥冗協助，多多指教。

**05 まずは○○申し上げます**
**中 總之先致以○○～**

例 上記の通り、まずはご提案申し上げます。

→ 如上所述，總之先謹致以提案。

**06 以上、よろしくお願いします**
**中 就這些，請多多指教**

**07 今後ともよろしくお願いいたします** 中 今後也請多指教

**01 今後ともよろしくご指導くださいますようお願い申し上げます**
中 還請多指教

**02 今後とも変わらぬご指導のほど、よろしくお願い申し上げます** 中 今後還請繼續予以指教

**03 ご教示願えれば幸いです**
中 若能蒙您指點將是我的榮幸

例 恐れいりますが、ご教示いただければ幸いです。
➔ 雖感惶恐，但若能蒙您指點將是我的榮幸。

**01 まずは○○かたがた○○まで**
中 在此向您致○○並○○

例 まずはお願いかたがた提案まで。
➔ 在此向您致以請託並提出建議。

**02 取り急ぎ○○の○○まで**
中 總之先致以○○～

例 取り急ぎ業務改善の提案まで。
➔ 總之先致以業務改善的提議。

**03 まずは○○まで** 中 總之先○○～

例 まずは提案まで。
➔ 總之先致以提議。

**04 まずは取り急ぎご○○まで**
中 總之先致以○○～

例 まずは取り急ぎ提案まで。
➔ 總之先致以提案。

# Unit 06 請求

面對公司內部人員時，委託其執行某些行為時所寫的委託書。因此，內容書寫以「です・ます形」之禮貌體為佳，注意不要忘記對委託對象的禮貌。

另外，委託內容及建議盡可能以條列式等易懂的方式呈現。

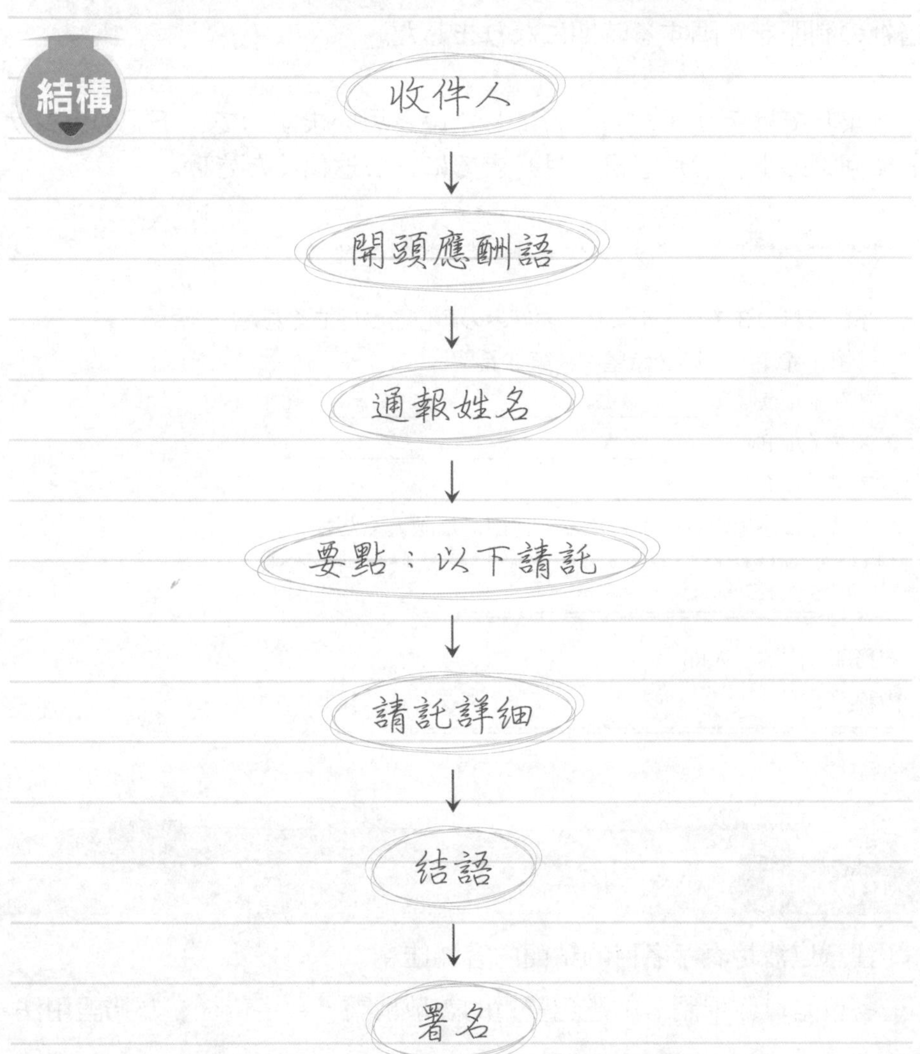

# 6-1 公司內問卷調查之請託

正文

## 件名：「新しい制服について」アンケートのお願い

社員各位

総務部の山本 太郎です。

当社の制服を新調する時期になりました。

つきましてはデザインの参考にしたいと思いますので、下記のアンケートに回答の上、○月○日（月）までに、ご返信ください。

******************** アンケート ********************

1．添付資料の３スタイルより、お好みの順位をつけてください。

| | 第１希望 | 第２希望 | 第３希望 |
|---|---|---|---|
| スタイルA | ______ | ______ | ______ |
| スタイルB | ______ | ______ | ______ |
| スタイルC | ______ | ______ | ______ |

2．ご意見ご感想ございましたら、自由にご記入ください。

************************************************

==============================

総務部　山本　太郎

内線 ○○○

==============================

## POINT

*1.* 注意以清楚表示名目的精簡內容為佳。

*2.* 各位是尊敬稱謂，須避免雙重的尊敬稱謂。「各位様」為錯誤用法。

譯文

## 標題：「關於新制服」問卷調查之請託

各位同仁：

我是總務部的山本太郎。

又到了重新製作本公司員工制服的時候了。

因此為了作為設計款式的參考，請在下列問卷填寫完畢後，於○月○日（週一）前繳回問卷。

**************** 問卷 *****************

1．請從附加文件的 3 種款式中，依照喜好標示順序。

| | 第 1 順位 | 第 2 順位 | 第 3 順位 |
|---|---|---|---|
| 款式 A | ______ | ______ | ______ |
| 款式 B | ______ | ______ | ______ |
| 款式 C | ______ | ______ | ______ |

2．如有任何意見或感想，歡迎自由填寫。

*************************************

=================================

總務部　山本　太郎

內線分機 ○○○

=================================

單字

**アンケート** 中 問卷

**新調**（しんちょう） 中 新做　例 新調（しんちょう）の服（ふく）を着（き）てみる。→ 穿上新做的西服試一試。

**デザイン** 中 設計圖案

**ついては** 中 因此　例 ついては先日（せんじつ）ご依頼（いらい）の件（けん）ですが…。→ 因此前日您囑咐的事。

**好み**（このみ） 中 愛好

例 服装（ふくそう）の好（この）みは十人十色（じゅうにんといろ）でどれがよいかわからない。
→ 對服裝的愛好一個人一個樣，不知哪個好。

**スタイル** 中 樣式

# 關於「請求」信函的好用句

## ★開頭語★

**01 いつもお世話になっております**
中 感謝您一直以來的照顧

**02 ご無沙汰しておりますが、いかがお過ごしですか**
中 久疏問候，過得如何？

例 ご無沙汰しておりますが、お変わりなくお過ごしのことと存じます。
➔ 久疏問候，想必一切與往常無異。

**03 いつも大変お世話になっております** 中 感謝您一直以來的照顧

**04 ご無沙汰しております**
中 好久不見／久疏問候

例 日々雑事におわれ、ご無沙汰しております。
➔ 因每日雜務繁忙，以致久疏問候。

**05 いつもお世話になりありがとうございます**
中 感謝您一直以來的照顧

**06 ご連絡ありがとうございます**
中 謝謝您的聯繫

例 さっそくご返信、ありがとうございます。
➔ 謝謝您的即刻回信。

**07 お世話になっております**
中 承蒙關照

例 日頃は大変お世話になっております。山本です。
➔ 平日承蒙您的諸多關照了。我是山本。

**08 突然のメールで失礼いたします**
中 唐突致信打擾了

例 突然のメールで失礼いたします。社内報を拝見してご連絡させていただきました。
➔ 唐突致信打擾了。因為瀏覽了公司內部報刊，所以冒昧地聯繫您。

**09 はじめまして** 中 初次見面，您好

例 はじめまして、輸出部の山本です。
➔ 初次見面，您好。我是出口部的山本。

**10 お疲れ様です** 中 辛苦了

例 お疲れ様です。山本です。

→ 辛苦了。我是山本。

**11 お久しぶりです** 中 好久不見

例 昨年のセミナーでお会いして以来でしょうか。お久しぶりです。→ 最後一次見面是在去年的研討會了吧。好久不見。

**12 さっそくお返事をいただき、うれしく思います**

中 收到您快速的回覆，我感到高興

例 ご多忙のところ早速メールをいただき、とてもうれしく存じました。

→ 在您百忙之中仍即刻地收到您的郵件，非常地開心。

**13 はじめてご連絡いたします**

中 初次與您聯繫

例 はじめてご連絡いたします。輸出課の山本と申します。

→ 初次與您聯繫。我是出口課的山本。

**14 何度も申し訳ございません**

中 不好意思百般打擾

例 何度も申し訳ございません。資料は 10 部作成ください。

→ 不好意思百般打擾。想請您編製10份資料。

**01 失礼ながら重ねて申し上げます**

中 雖感冒昧，但仍重複陳述提醒

例 失礼ながら重ねて申し上げます。旅費精算書の提出を早急にお願いいたします。

→ 雖感冒昧，但仍再次重複陳述提醒。請您即刻提出旅費結算書。

**02 いつもお心にかけていただき、深く感謝申し上げます** 中 總是受到您的關懷，謹此致以深深的謝意

例 平素よりなにかとお心にかけていただき、まことにありがたく存じます。→ 平日便受到您的諸多關懷，衷心地感謝。

**03 いつもお心遣いいただき、まことにありがとうございます**

中 總是受到您的細心掛念，衷心地感謝

例 いつも温かいお心遣いをいただき、まことにありがとうございます。→ 總是受到您溫馨的細心掛念，衷心地感謝。

## ★正 文★

### 01 突然のお願いで

中 如此突兀的請求～

例 突然のお願いで恐縮ですが、何卒よろしくお願い申し上げます。➔ 如此突兀的請求，非常的抱歉。但祈請您能多多予以協助。

### 02 お忙しいところ恐れ入りますが

中 在您很忙的時候打擾了

例 お忙しいところ恐れ入りますが、ご確認のほどよろしくお願いいたします。➔ 在您很忙的時候打擾了，但請您確認一下。

### 03 ～していただきたいのですが、お願いできますか

中 想請您～，不知是否能麻煩您呢？

例 2週間で完成させていただきたいのですが、お願いできますか。➔ 想請您在2週內完成這份差事，不知是否能麻煩您呢？

### 04 ご迷惑をおかけするのは心苦しいのですが

中 對於造成您的困擾雖然感到過意不去～

例 貴殿にご迷惑をおかけするのは甚だ心苦しいのですが、やむを得ない事情ですのでご理解いただければ幸いと存じます。

➔ 對於造成您的困擾雖然感到非常地過意不去，但誠懇地希望您能體諒我方內部的苦衷。

### 05 ぶしつけなお願いで

中 不禮貌的請託～

例 ぶしつけなお願いで申し訳ないのですが、ご検討下さいますようお願いいたします。

➔ 非常抱歉提出這樣不禮貌的請託，但盼能勞煩您給予指教。

### 06 ご多忙のところ申し訳ないのですが

中 對不起在您繁忙的日子裡～

例 ご多忙のところ申し訳ないのですが、打ち合わせの時間をとっていただきたくお願い申しあげます。➔ 對不起在您繁忙的日子裡打擾，但請您騰出碰面時間。

### 07 願えませんでしょうか

中 能否祈請您～

例 ご教授願えませんでしょうか。

➔ 能否祈請您授予教導呢？

## 08 誠に勝手なお願いで

中 甚為任性的請求～

例 誠に勝手なお願いで恐縮ですが7月15日までにお返事をくださいますようお願いいたします。

➔ 雖為此甚為任性的請求感到十分惶恐，但懇請您能在7月15日之前予以回覆。

## 09 お願い申し上げます

中 煩請您～

例 ご了承のほどよろしくお願い申し上げます。

➔ 煩請您多多諒解。

## 10 ご連絡をお待ちしております

中 等候您的聯絡

例 お忙しいところ恐縮ですが、ご連絡を心からお待ちしております。➔ 雖然對於在您百忙之中叨擾感到萬分歉意，但誠心地等候您的聯絡。

## 11 していただけませんでしょうか

中 是否能～

例 納期を急ぎますので明日にでも発送していただけませんでしょうか。➔ 因交貨日已迫在眉睫，是否能請您允許在明天之內就寄出呢？

## 12 まことに申しかねますが

中 雖然非常地難以啟齒……

例 まことに申しかねますが、お願いした資料は本日中に作成していただけないでしょうか。

➔ 雖然非常地難以啟齒，但請託您做的資料請您在今日完成。

## 13 ご一報いただけないでしょうか

中 能否請您轉告一聲呢？

例 業務の進行状況について、ご一報だけでもいただけないでしょうか。

➔ 能否請您轉告一聲有關於業務進行的情況呢？

## 14 恐れいります　中 十分抱歉

例 お忙しいところ恐れ入りますが、ご出席ください。

➔ 在您百忙之中打擾，十分抱歉。但盼請您能撥冗出席。

## 15 お願いいたします　中 麻煩您了

例 設計図の送付をお願いいたします。

➔ 設計圖的寄送就麻煩您了。

## 16 お願いできないでしょうか

中 能否請求～

例 恐縮ではございますが、納期短縮のご検討をお願いできないでしょうか。

➔ 雖感到十分惶恐，但是否能請求討論關於縮短交貨期限之事呢？

## 17 教えていただけませんか

**中 能否請您指點教導～呢？**

例 売上実績のアウトプットの方法を教えていただけませんか。

➔ 能否請您指點銷售績效的列印方法呢？

## 18 ぶしつけなお願いで恐縮ですが

**中 雖然很抱歉明知失禮卻還提出請求～**

例 ぶしつけなお願いで恐縮ですが、10分だけでもお話を伺えないでしょうか。

➔ 雖然很抱歉明知失禮卻還提出請求，但十分鐘也好，能否讓我與您談個話呢？

## 19 お伺いしたいのですが

**中 想請問您～**

例 先日ご送付いただいた資料について何点かお伺いしたいのですがよろしいでしょうか。

➔ 關於前陣子寄出的資料，不知可否請問您幾個地方呢？

## 20 お忙しいところ恐縮ですが

**中 雖然對於在您百忙之中感到十分抱歉～**

例 お忙しいところ恐縮ですが、前向きにご検討いただけましたら幸いです。➔ 雖然對於在您百忙之中感到十分抱歉，但若能積極地賜予您的高見將是我們的榮幸。

## 21 教えてください　中 請您指點教導

例 売上実績のアウトプットの方法を教えてください。➔ 請您教我銷售業績的列印方法。

## 01 まことに厚かましいお願いとは存じますが

**中 雖然是個十分厚顏的請求～**

例 まことに厚かましいお願いで失礼かと存じますが期日を延ばしていただきたくお願い申し上げます。➔ 雖然是個十分厚顏的請求，也感到十分地失禮，但於此祈請您能同意延後日期。

## 02 切にお願い申し上げます

**中 殷切地請求您～**

例 御指導御鞭撻のほどを切にお願い申し上げます。

➔ 殷切地請求您能給予指導鞭策。

## 03 身勝手きわまる申し入れとは承知しておりますが　中 雖然清楚知道這是個極為任性的要求～

例 身勝手きわまる申し入れとは承知しておりますが、完成まで1週間の猶予をいただきたくお願いいたします。

➔ 雖然清楚知道這是個極為任性的要求，但仍祈請您能給予一個禮拜的緩衝期。

## 04 このうえは～様におすがりするほかなく

中 ～之外找不到能依賴的人～

例 このうえは山本様におすがりするほかなく、お願い申し上げる次第です。

➔ 除了山本先生／小姐之外找不到能倚賴的人，為此向您提出請求。

## 05 どうか事情をお汲み取りいただき

中 請您對於這邊的情形能予以體諒～

例 どうか事情をお汲み取りいただき、ご検討くださいますようお願い申し上げます。

➔ 請您對於這邊的情形能予以體諒，並給予方向與建議。

## 06 懇願申し上げます

中 於此願請您～

例 今後とも変わらぬご支援を賜りますよう懇願申し上げます。

➔ 於此請您此後也能繼續予以支持援助。

## 07 諸般の事情をお汲み取りいただき

中 對於我方種種內情予以體諒～

例 なにとぞ諸般の事情をお汲み取りいただき、ご検討いただきたくお願いいたします。

➔ 祈請對於我方種種內情予以體諒，並賜予批評建議。

## 08 事情をお察しいただき

中 對於事情之內情能予以體察～

例 なにとぞ事情をお察しいただき、ご承諾いただけますようお願いいたします。➔ 祈請您對於事情之內情能予以體察，並予以允諾。

## 09 ～たく存じます　中 盼望～

例 お教えいただきたく存じます。

➔ 盼望您能夠指導我。

## 10 お願いするのは忍びないことですが　中 忍不住想請託您～

例 お願いするのは忍びないことですが、別の案を出していただきたく存じます。➔ 忍不住想請託您，希望您能提出另外的計畫。

## 11 お知恵を拝借したいのですが

中 想傾聽您的意見（借用您的智慧）～

例 取り扱い方法についてお知恵を拝借したいのですがお時間をいただけないでしょうか。

➔ 關於處理方法想傾聽您的意見，不知能否撥個空呢？

### 12 このようなことを申し出ましてご迷惑と存じますが　中 雖然知道提出這樣的請求會造成您的困擾～

例 このようなことを申し出ましてご迷惑と存じますが、なにとぞご協力のほど、よろしくお願いいたします。

➔ 雖然知道提出這樣的請求會造成您的困擾，仍祈請您能多多給予協助。

### 13 お願いできれば幸いです

中 如您能……，我很榮幸

例 出張中の報告は、当面メールでお願いできれば幸いです。

➔ 您在出差的時侯，如您能用e-mail報告，我會很高興。

### 14 ご多用中はなはだ恐縮でございますが

中 對不起在繁忙的期間叨擾～

例 ご多用中はなはだ恐縮でございますが、出席を賜りたくお願い申しあげます。➔ 對不起在繁忙的期間叨擾，但希望您能撥冗前來參加。

### 15 内情をお汲み取りいただき

中 斟酌體諒我方內部狀況～

例 なにとぞ内情をお汲み取りいただきまして、ご検討いただきたくお願いいたします。

➔ 煩請斟酌體諒我方內部狀況，並予以建議批評。

### 01 ご教示いただければ幸いです

中 若能有您的指教將是我的榮幸

例 売上実績のアウトプットの方法についてご教示いただければ幸いです。

➔ 關於銷售績效的列印方法，若能有您的指教將是我的榮幸。

## ★結 語★

### 01 よろしくお願いいたします

中 多多指教

例 どうぞよろしくお願いいたします。➔ 請多多指教。

**02 なにとぞよろしくお願い申し上げます** ㊥ 祈請多多指教

例 ご協力のほど、なにとぞよろしくお願い申し上げます。

➔ 祈請撥冗協助，多多指教。

**03 以上、よろしくお願いします** ㊥ 就這些，請多多指教

**04 今後ともよろしくお願いいたします** ㊥ 今後也請多指教

**05 引き続きよろしくお願いいたします** ㊥ 今後仍望惠顧關照

**06 ご検討ください** ㊥ 請研究討論

例 お手数ですが、ご検討ください。

➔ 還請勞煩您研究討論。

**07 ご回答をいただければ助かります** ㊥ 若能得到您的解答將幫了我的大忙

例 恐縮ですが、ご回答をいただければ助かります。

➔ 雖感冒昧，但若能得到您的解答將幫了我大忙。

**01 まずは取り急ぎご○○まで** ㊥ 總之先致以○○～

例 まずは取り急ぎお願いまで。

➔ 總之先致以拜託。

**02 まずは○○まで** ㊥ 總之先○○～

例 まずはお願いまで。

➔ 總之先致以請託。

**03 まずは○○かたがた○○まで** ㊥ 在此向您致○○並○○

例 まずはご報告かたがたお願いまで。➔ 在此向您致以報告並請託。

**04 取り急ぎ○○の○○まで** ㊥ 總之先致以○○～

例 取り急ぎ旅費精算書ご提出の依頼まで。

➔ 總之先致以繳交旅費結算書的請託。

# Unit 07 催促

雖然可能是對方的失誤或疏失，但仍須留心用字遣詞，要能在顧慮對方心情的同時亦表達了催請之意。

## 結構

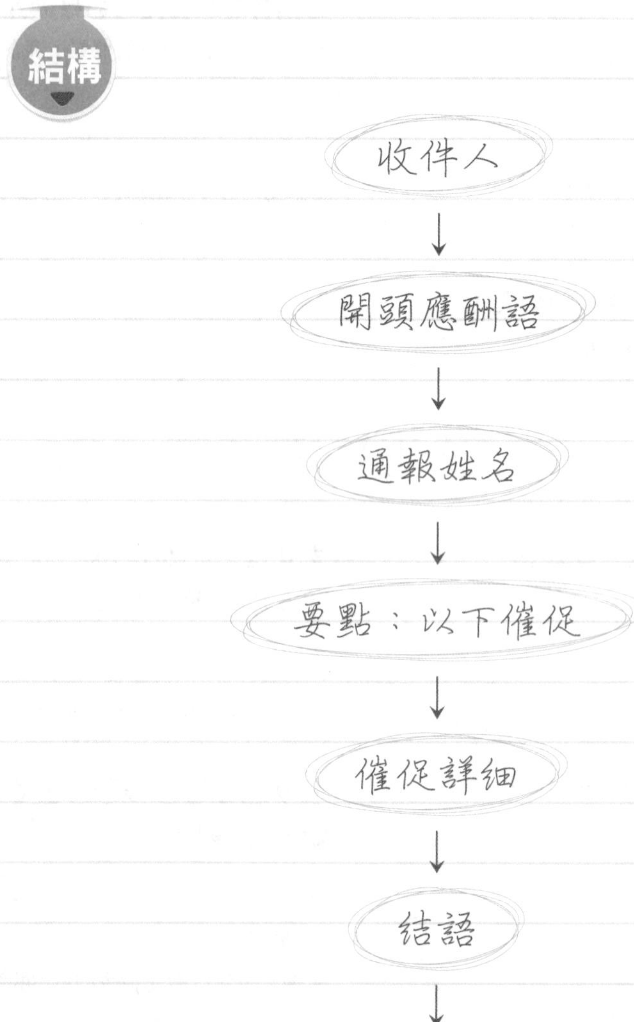

## 7-1 出差公費預算申請書之催繳

正文

### 件名：「〇月分の出張費精算」提出のお願い

〇〇様

お疲れ様です。
総務部の山本　太郎です。

〇月分の出張費精算について連絡いたします。

〇月分の出張費精算書の提出期限は、
〇月30日（水）までとなっておりますが、
〇〇さんの分（〇月〇日京都出張分）が提出されていないようです。

経理事務処理ができずにおりますので、
至急提出をお願いいたします。

すでに提出済みの場合でも、恐れ入りますが山本まで一報ください。

以上、よろしくお願いいたします。
==================================
　経理部　山本　太郎
　内線〇〇〇
==================================

**POINT**

1. 告知對方我方的窘境以催請對方盡速處理。
2. 比起如「提出されていません」等斷定語氣的用法，以「提出されていないようです」等委婉表現，比較能顧慮到對方。

譯文

## 標題：「○月份の出差公費結算書」提交之請託

○○：

工作辛苦了。
我是總務部的山本太郎。

關於○月份的出差公費結算書予以聯繫。

○月份的出差公費結算書的提交期限至
○月 30 日（週三）為截止日，
但是山中先生的部分（○月○日京都出差的部分）似乎仍尚未提交。

因會計部無法進行作業處理，
因此祈請您盡速提交結算書。

如已提交也請勞煩您向山本報備一聲。

以上，煩請多多合作。

==================================
　會計部　山本　太郎
　內線分機 ○○○
==================================

單字

**出張**（しゅっちょう） 中 出差

**清算**（せいさん） 中 結算

**恐れ入る**（おそれいる） 中 麻煩你

例 恐れ入りますが，その窓を開けてくださいませんか。
➔ 麻煩你，請打開那個窗好嗎？

**一報**（いっぽう） 中 通知　例 到着しだいご一報ください。➔ 到達後請通知一下。

# 關於「催促」信函的好用句

## ★開頭語★

**01 お久しぶりです** 中 好久不見

例 昨年のセミナーでお会いして以来でしょうか。お久しぶりです。→ 最後一次相見是在去年的研討會了吧。好久不見。

**02 ご無沙汰しております**
中 好久不見／久疏問候

例 日々雑事におわれ、ご無沙汰しております。
→ 因每日雜務繁忙，以致久疏問候。

**03 ご無沙汰しておりますが、いかがお過ごしですか**
中 久疏問候，過得如何？

例 ご無沙汰しておりますが、お変わりなくお過ごしのことと存じます。
→ 久疏問候，想必一切與往常無異。

**04 いつも大変お世話になっております** 中 感謝您一直以來的照顧

例 いつも大変お世話になっております。
→ 感謝您一直以來的照顧。

**05 何度も申し訳ございません**
中 不好意思百般打擾

例 何度も申し訳ございません。先ほどお伝えし忘れましたが、納期は１ヶ月かかります。
→ 不好意思百般打擾了。剛才忘了告知您，交貨期限需要一個月。

**06 いつもお世話になりありがとうございます** 中 感謝您一直以來的照顧

**07 さっそくお返事をいただき、うれしく思います**
中 收到您快速的回覆，我感到高興

例 ご多忙のところ早速メールをいただき、とてもうれしく存じました。→ 在您百忙之中仍即刻收到您的郵件，非常地開心。

**08 お疲れ様です** 中 辛苦了

例 お疲れ様です。輸出課の山本です。→ 辛苦了。我是出口課的山本。

**09 いつもお世話になっております**
中 感謝您一直以來的照顧

**10 はじめてご連絡いたします**

中 初次與您聯繫

例 はじめてご連絡いたします。輸出課の山本と申します。

➔ 初次與您聯繫。我是出口課的山本。

**11 ご連絡ありがとうございます**

中 謝謝您的聯繫

例 さっそくご返信、ありがとうございます。

➔ 謝謝您的即刻回信。

**01 いつもお心遣いいただき、まことにありがとうございます**

中 總是受到您的細心掛念，衷心地感謝

例 いつも温かいお心遣いをいただき、まことにありがとうございます。➔ 總是受到您溫馨的細心掛念，衷心地感謝。

**02 失礼ながら重ねて申し上げます**

中 雖感冒昧，但仍再次重複陳述提醒

例 失礼ながら重ねて申し上げます。旅費精算書の提出を早急にお願いいたします。

➔ 雖感冒昧，但仍再次重複陳述提醒。請您即刻提出旅費結算書。

**03 いつもお心にかけていただき、深く感謝申し上げます** 中 總是受到您的關懷，謹此致以深深的謝意

例 平素よりなにかとお心にかけていただき、まことにありがたく存じます。➔ 平日便受到您的諸多關懷，衷心地感謝。

## ★正 文★

**01 お電話で再三にわたりお願いしておりますが**

中 雖已屢次致電請託～

例 お電話で再三にわたりお願いしておりますが、請求書を至急お送りくださるよう、お願いいたします。

➔ 雖已屢次致電請託，但在此祈請您能盡速將請款書寄出。

**02 すぐにご連絡ください**

中 請馬上聯絡

例 はなはだ困っております。すぐに連絡ください。

→ 感到非常地困擾。請馬上聯絡。

**03 お忙しいところ恐れ入りますが**

中 在您很忙的時候打擾了

例 お忙しいところ恐れ入りますが、ご確認のほどよろしくお願いいたします。→ 在您很忙的時候打擾了，但請您確認一下。

**04 すでにお約束の期限はもう○日も過ぎております**

中 距您承諾的最後期限已經過了○天了

例 すでにお約束の期限はもう５日も過ぎております。

→ 距您承諾的最後期限已經過了5天了。

**05 すでに大幅に日時を経過しております** 中 日期超過了好一段時日

例 お約束の日から、すでに大幅に日時を経過しております。→ 從您承諾之日起，已過了好一段時日。

**06 本日○月○日になっても**

中 到了今天○月○日，仍然…

例 本日５月23日になってもいまだに到着せず、大変困惑いたしております。

→ 到了今天5月23日，仍然尚未寄達，讓我們很困惑。

**07 当方でも今後の見通しがたたず困っておりますので**

中 我方也難以預料今後狀況之走向，而感到不知所措

例 当方でも今後の見通しがたたず困っておりますので、早急にご入金頂けますよう、お願いいたします。

→ 我方也難以預料今後狀況之走向，而感到不知所措。因此請您盡快付款。

**08 当方～の都合もございますので**

中 因為我方也有我們的情況考量，…

例 当方資金繰りの都合もございますので、早急にご入金頂けますよう、お願いいたします。

→ 因為我方也有我們的情況考量，因此請您盡快付款。

**09 期日を過ぎた現在、いまだに**

中 過了期限之後仍然

例 提出期日を過ぎた現在に至ってもいまだに提出されておりません。

→ 過了期限之後您仍然沒有提出。

**10 ご多忙のため～もれになっているのではないかと存じますが**

中 似乎因為您過於忙碌，我猜想～有遺漏

例 ご多忙のためご提出もれになっているのではないかと存知ますが、至急ご調査のうえ、何日ごろ提出いただけますか、ご連絡のほどお願い申しあげます。

➔ 或許您過於忙碌，我猜想您在提出時有遺漏。請立即調查後通知我們什麼時候您會提出。

## 11 途方に暮れております

中 處於進退不得的窘境

例 たび重なる催促にも応じていただけず、途方に暮れております。

➔ 對於我們再三反覆的催促也都不予回應，我們正處於進退不能的窘境。

## 12 本日現在まだ

中 到今天目前為止尚未……

例 本日現在まだご提出いただいておりません。

➔ 您到今天目前為止尚未提交。

## 13 ご事情についてご回答いただけますよう

中 盼能針對詳細內情予以答覆～

例 ご事情についてご回答いただけますよう、お願い申しあげます。➔ 盼能針對詳細內情予以答覆，於此向您提出請求。

## 14 とても困っています

中 處於非常困擾的狀況

例 製品の組み立てが進行できず、とても困っています。

➔ 成品的構造無法順利進行，處於非常困擾的狀況。

## 15 至急ご連絡をお願いいたします

中 煩請盡速給予聯繫

例 すでに大幅に日時を経過しております。至急ご連絡をお願いいたします。➔ 據預定之時間已超過很長一段日子了。煩請盡速給予聯繫。

## 16 何日ごろご回答いただけますか、ご連絡のほど

中 關於您什麼時候能回答，請您通知

例 何日ごろご回答いただけますか、ご連絡のほどお願い申しあげます。

➔ 關於您什麼時候能回答，請您通知。

## 17 なんらご連絡がありません

中 絲毫沒有聯繫

例 本日5月1日になっても、なんらご連絡がありません。

➔ 一直到了今天都5月1日了，卻絲毫沒有聯繫。

## 18 どうしたものかと苦慮しております

中 不知如何是好而苦思焦慮

例 今後の見通しが立たず、どうしたものかと苦慮しております。

➔ 今後的狀況難以預料，讓我們不知如何是好而苦思焦慮。

**19 当初の締切を○日も過ぎております** 中 離當初的期限已經超過○天

例 当初の締切を５日も過ぎております。

➔ 離當初的期限已經超過5天。

**20 ～いただいておりませんが、どのようになっているのでしょうか** 中 尚未收到～想請教現在狀況是如何呢？

例 営業会議出欠のお返事をいただいておりませんが、どのようになっているのでしょうか。

➔ 尚未收到營業會議出席與否的回覆，想請教現在狀況如何呢？

**21 大変困惑いたしております**

中 感到不知所措

例 本日11月10日になってもいまだに到着せず、大変困惑いたしております。

➔ 今天已經11月10日了，卻仍然沒有收到，讓我們感到不知所措。

**22 ～についてご確認いただけますでしょうか** 中 關於～請您確認一下

例 なにかの手違いかとも存じますが、一度ご確認いただけましたら幸いです。➔ 也許有錯誤，如你能確認以下，我很榮幸。

**23 ～いただいておりませんが、いかがなりましたでしょうか**

中 尚未收到～ 請問現在情況如何呢？

例 ご連絡いただいておりませんが、いかがなりましたでしょうか。➔ 至今仍未收到您的聯繫，想請問現在情況如何呢？

**01 念のため申し添えておきます**

中 為了慎重起見，補充說明

例 ご回答のない場合には、参加していただけない場合もありますので、念のため申し添えておきます。

➔ 為了慎重起見，補充說明。在沒有回覆的情況下，您不能參加。

**02 繰り返しなにぶんのご回答を承りたく**

中 再三重複以請您回答

例 繰り返しなにぶんのご回答を承りたく、ご連絡のほどお願い申しあげます。

➔ 再三重複以請您回覆聯繫。

### 03 ご承知おきください

**中 請事先做好心理準備**

例 ご返答のない場合は、参加できませんので、ご承知おきください。➜ 如沒有回答之情況時，將無法參加，還請事先做好心理準備。

### 04 誠意ある処置をしていただきますよう、お願い申しあげます

**中 希望以誠懇的態度做出適當措施**

例 なにとぞ、誠意ある処置をしていただきますよう、お願い申しあげます。

➜ 希望您能以誠懇的態度做出適當措施。

### 05 ご多忙のためご失念かと拝察いたしますが、

**中 我猜想可能因為您過於忙碌而遺忘**

例 ご多忙のためご失念かと拝察いたしますが、8月分のご提出が確認できておりません。

➜ 我猜想可能因為您過於忙碌而遺忘。您尚未提交8月的部分。

### 06 何らかの手違いかとも存じますが

**中 我想或許是出了些什麼差錯……**

例 何らかの手違いかとも存じますが、先日お願いした資料がまだ提出されておりません。

➜ 我想或許是出了些什麼差錯，但上次託您辦的資料，我們還沒收到。

### 07 何度か催促申しあげたにもかかわらず

**中 即使我多次催促，……**

例 何度か催促申しあげたにもかかわらず、ご提出いただけておりません。

➜ 即使我多次催促，您仍尚未提交。

### 08 どうしたものかと苦慮している次第です

**中 不知如何是好而苦思焦慮**

例 ご多忙のためご失念かと存じますが、当方でも今後の見通しがたたず、どうしたものかと苦慮している次第です。

➜ 我猜想可能因為您過於忙碌而遺忘。但如此一來我們也很難預料，因此正不知如何是好而苦思焦慮。

### 09 いまだご連絡に接しません

**中 到現在仍尚未收到聯繫**

例 期日は過ぎておりますが、いまだご連絡に接しません。

➜ 已經過了約定期限了，到現在卻仍尚未收到聯繫。

### 10 誠意ある対応をしていただきますよう、お願い申しあげます

**中 希望以誠懇的態度做出適當處置**

例 ご多忙のためと拝察いたしますが、誠意ある対応をしていただきますよう、お願い申しあげます。➜ 我想您必定於百忙之中，但希望您能以誠懇的態度做出適當處置。

**11 ～いただいておりませんが、いかがされたものかと案じております** 中 尚未收到～ 我有些掛心目前進行得如何了

例 ご連絡いただいておりませんが、いかがされたものかと案じております。➔ 至今仍未收到您的聯繫，令我有些掛心目前進行得如何了。

**12 迅速に～くださるよう、お願い申しあげます** 中 希望盡速……

例 すでにお約束の期限を大幅に経過しておりますので、迅速にお手配くださるようお願い申しあげます。➔ 距您應允的最後期限已經經過許久，希望能盡速安排。

**13 お含みおきください**
中 敬請事先諒解

例 参加していただけない場合もありますので、お含み置きください。➔ 依狀況也會有你不能參加的情況，敬請事先諒解 。

**14 なんらかの処置を取らざるをえませんので** 中 我們不得不採取一些處理

例 なんらかの処置を取らざるをえませんので、ご承知おきください。➔ 因為我們不得不採取一些處理，請注意。

**01 本メール着信後、即刻**
中 本電子郵件寄達後請立刻～

例 本メール着信後、即刻ご連絡ください。
➔ 本電子郵件寄達後請立刻予以聯絡。

**02 ご検討ください** 中 請研究討論

例 お手数ですが、ご検討ください。
➔ 還請勞煩您研究討論。

## ★結 語★

**01 まずは○○申し上げます**
中 總之先致以○○～

例 まずはご依頼申し上げます。
➔ 總之先致以拜託。

**02 今後ともよろしくお願いいたします** 中 今後也請多多指教

**03 以上、よろしくお願いします**
中 就這些，請多多指教

**04 よろしくお願いいたします**
中 多多指教

**05 引き続きよろしくお願いいたします** 中 今後仍望惠顧關照

**06 ご回答をいただければ助かります**
中 若能得到您的解答將幫了我的大忙

例 恐縮ですが、ご回答をいただければ助かります。➜ 雖感冒昧，但若能得到您的解答將幫了我大忙。

**07 なにとぞよろしくお願い申し上げます** 中 祈請多多指教

例 ご協力のほど、なにとぞよろしくお願い申し上げます。
➜ 祈請撥冗協助，多多指教。

**01 まずは○○まで** 中 總之先○○～

例 まずはお願いまで。
➜ 總之先致以請託。

**02 まずは取り急ぎご○○まで**
中 總之先致以○○～

例 まずは取り急ぎご連絡まで。
➜ 總之先致以通知。

**03 取り急ぎ○○の○○まで**
中 總之先致以○○～

例 取り急ぎ旅費精算書ご提出の督促まで。
➜ 總之先致以繳交旅費結算書的催請。

**04 まずは○○かたがた○○まで**
中 在此向您致○○並○○

例 まずはお知らせかたがたお願いまで。➜ 在此向您致以通知並拜託。

# Unit 08 警告

為了方便讓收件者能更容易明白、理解其要旨，注意使用條列式表現。

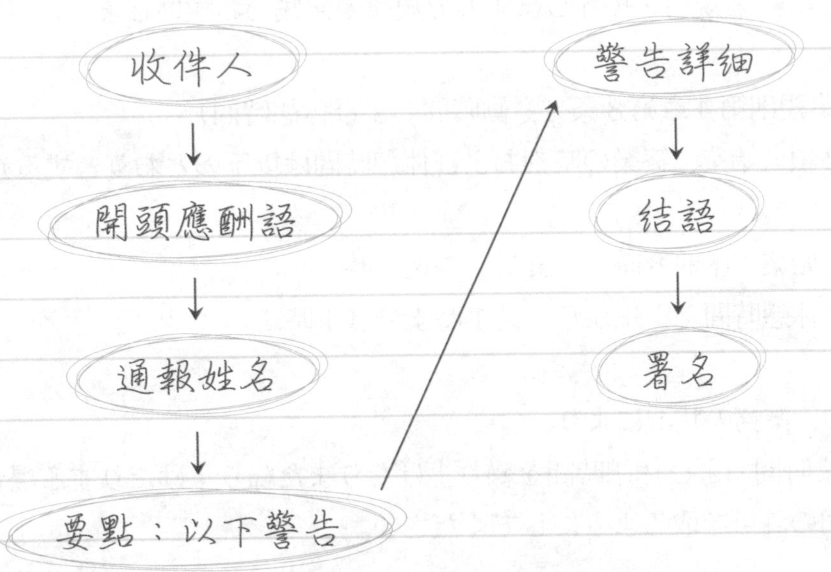

## 8-1 違反公司規定狀況之公告

正文

### 件名：【注意】会社規程の徹底について

社員各位

お疲れ様です。
総務部の山本です。

最近、昼の1時を過ぎて昼食から戻ってくる方を散見します。
約束の時間に来られたお客からの苦情もありました。

下記に就業規則を抜粋しますので規律の徹底をお願いします。

就業規則第4章第8条（労働時間および休憩時間）
第2項（始業、終業の時刻および休憩時間は以下のとおりとする）より

　　始業：午前8時　　終業：午後5時
　　休憩時間：正午から午後1時まで（1時間）

なお、業務の状況により、
就業時間および休憩時間を繰り上げたりまた繰り下げたりする場合は
上司の許可を取るようにしてください。

==================================
　総務部　山本　太郎
　内線 ○○○
==================================

## 標題：【注意】關於貫徹公司規定之事

各位同仁：

工作辛苦了。
我是總務部的山本。

近日，經常發現有同仁在中午一點過後才三三兩兩從午餐處回到崗位上。
也出現了來自於預約時間準時到訪之客人的投訴。

以下自工作規範摘要部分內容，還請各位同仁落實公司之規定。

工作規定第４章第８條（勞動時間及休息時間）
摘自：第２項（關於上班、下班的時間及休息時間之規定依照下列所述辦理）

上班時間：上午８點　　下班時間：下午５點
休息時間：中午至下午１點為止（１個小時）

此外，因工作的情況而欲提前或延後休息時間的情況時，請先取得上司的許可。

==================================

總務部　山本　太郎
內線分機 ○○○

==================================

單字

**徹底（てってい）** 中 貫徹下去

例 命令（めいれい）が徹底（てってい）しなかった。➔ 命令沒有貫徹下去。

**散見（さんけん）** 中 零散可見

例 波止場（はとば）に人影（ひとかげ）が散見（さんけん）する。➔ 碼頭上可以看見幾個稀稀落落的人影。

**抜粋（ばっすい）** 中 摘錄

例 文章（ぶんしょう）の一節（いっせつ）を抜粋（ばっすい）する。➔ 摘錄文章的一段。

**とする** 中 以～為

例 この事業（じぎょう）は営利（えいり）を目的（もくてき）としないことを本体（ほんたい）とする。
➔ 這個事業本身不是以營利為目的。

**繰（く）り上（あ）げる** 中 提前

例 開演（かいえん）を1時間（じかん）繰（く）り上（あ）げる。➔ 提前一小時開演。

**繰（く）り下（さ）げる** 中 延後

例 授業（じゅぎょう）を5時間目（じかんめ）に繰（く）り下（さ）げる。➔ 把課程推遲在第五節上。

**POINT**

1. 注意文章語體以「です・ます形」禮貌書寫為佳。並建議運用條列式說明可以使內容淺顯易懂。
2. 「お疲（つか）れ様（さま）」：表示慰勞對方辛勞之招呼語。
   「お疲（つか）れ様（さま）」是面對上位的人時使用。
   於晚輩、下位的人時則使用「ご苦労様（くろうさま）」。

# 關於「警告」信函的好用句

## ★開頭語★

**01 突然のメールで失礼いたします**

**中 唐突致信打擾了**

例 突然のメールで失礼いたします。貴社のウエブサイトを拝見してご連絡させていただきました。

→ 唐突致信打擾了。因為瀏覽了貴公司的網站，所以冒昧地聯繫貴公司。

**02 ご連絡ありがとうございます**

**中 謝謝您的聯繫**

例 さっそくご返信、ありがとうございます。→ 謝謝您的即刻回信。

**03 いつもお世話になりありがとうございます**

**中 感謝您一直以來的照顧**

**04 いつも大変お世話になっております** **中 感謝您一直以來的照顧**

**05 いつもお世話になっております**

**中 感謝您一直以來的照顧**

**06 ご無沙汰しておりますが、いかがお過ごしですか**

**中 久疏問候，過得如何？**

例 ご無沙汰しておりますが、お変わりなくお過ごしのことと存じます。

→ 久疏問候，想必一切與往常無異。

**07 ご無沙汰しております**

**中 好久不見／久疏問候**

例 日々雑事におわれ、ご無沙汰しております。

→ 因每日雜務繁忙，以致久疏問候。

**08 お久しぶりです** **中 好久不見**

例 昨年のセミナーでお会いして以来でしょうか。お久しぶりです。→ 最後一次相見是在去年的研討會了吧。好久不見。

**09 お世話になっております**

**中 承蒙關照**

例 日頃は大変お世話になっております。山本です。

→ 平日承蒙您的諸多關照了。我是山本。

**10 何度も申し訳ございません**

中 不好意思百般打擾

例 何度も申し訳ございません。先ほどお伝えし忘れましたが、納期は1ヶ月かかります。

→ 不好意思百般打擾了。剛才忘了告知您，交貨期限需要一個月。

**11 はじめてご連絡いたします**

中 初次與您聯繫

例 はじめてご連絡いたします。輸出課の山本と申します。

→ 初次與您聯繫。我是出口課的山本。

**12 はじめまして** 中 初次見面，您好

例 はじめまして、輸出部の山本です。

→ 初次見面，您好。我是出口部的山本。

**13 お疲れ様です** 中 辛苦了

例 お疲れ様です。輸出課の山本です。→ 辛苦了。我是出口課的山本。

**14 さっそくお返事をいただき、うれしく思います**

中 收到您快速的回覆，我感到高興

例 ご多忙のところ早速メールをいただき、とてもうれしく存じました。→ 在您百忙之中仍即刻收到您的郵件，非常地開心。

**01 いつもお心遣いいただき、まことにありがとうございます**

中 總是受到您的細心掛念，衷心地感謝

例 いつも温かいお心遣いをいただき、まことにありがとうございます。

→ 總是受到您溫馨的細心掛念，衷心地感謝。

**02 失礼ながら重ねて申し上げます**

中 雖感冒昧，但仍重複陳述提醒

例 失礼ながら重ねて申し上げます。お見積りの提出を早急にお願いいたします。

→ 雖感冒昧，但仍重複陳述提醒。祈請盡速提交估價單。

**03 いつもお心にかけていただき、深く感謝申し上げます** 中 總是受到您的關懷，謹此致以深深的謝意

例 平素よりなにかとお心にかけていただき、まことにありがたく存じます。

→ 平日便受到您的諸多關懷，衷心地覺得感謝。

## ★正 文★

### 01 恐れ多いことですが

中 雖然十分地誠惶誠恐～

例 恐れ多いことですが、ひと言だけ申しあげます。→ 雖然十分地誠惶誠恐，恕我謹此致以一句話。

### 02 ご注意ください　中 請注意

例 周りの人に迷惑をかけますので、十分ご注意ください。→ 因為會造成周圍的人困擾，請多加注意。

### 03 ご協力をお願いします

中 請您多多合作

### 04 しないでください　中 請不要

例 業務上不必要なソフトはインストールしないでください。

→ 請不要安裝與業務無關的軟體。

### 05 徹底をお願いします

中 請你們貫徹……

例 今後は以下の通り、手順の徹底をお願い致します。

→ 今後請你們依下述貫徹執行作業順序。

### 06 禁じられています　中 禁止～

例 職場での喫煙は禁じられています。

→ 在工作場所禁止吸煙。

### 07 行わないようにしてください

中 請不要做出……

例 喫煙は絶対に行わないようにしてください。

→ 請千萬不要做出抽煙的行為。

### 08 ご注意願います　中 請注意

例 就業規則にもとづき厳正に処分しますので、ご注意願います。

→ 因為會按照工作規則給予嚴厲處分，因此請注意。

## ★結語★

### 一般場合

**01 なにとぞよろしくお願い申し上げます** ㊥ 祈請多多指教

例 ご協力のほど、なにとぞよろしくお願い申し上げます。

➜ 祈請撥冗協助，多多指教。

**02 よろしくお願いいたします**

㊥ 多多指教

**03 引き続きよろしくお願いいたします** ㊥ 今後仍望惠顧關照

**04 以上、よろしくお願いします**

㊥ 就這些，請多多指教

**05 ご回答をいただければ助かります**

㊥ 若能得到您的解答將幫了我的大忙

例 恐縮ですが、ご回答をいただければ助かります。

➜ 雖感冒昧，但若能得到您的解答將幫了我大忙。

**06 まずは○○申し上げます**

㊥ 總之先致以○○～

例 まずはお知らせ申し上げます。

➜ 總之先致以通知。

**07 ご検討ください** ㊥ 請研究討論

例 お手数ですが、ご検討ください。

➜ 還請勞煩您研究討論。

**08 今後ともよろしくお願いいたします** ㊥ 今後也請多指教

**01 まずは取り急ぎご○○まで**

**中 總之先致以○○～**

例 まずは取り急ぎご注意まで。

➜ 總之先致以注意。

**02 まずは○○かたがた○○まで**

**中 在此向您致○○並○○**

例 まずはお知らせかたがたお願いまで。➜ 在此向您致以通知並拜託。

**03 取り急ぎ○○の○○まで**

**中 總之先致以○○～**

例 取り急ぎ機密書類取り扱いのご注意まで。

➜ 總之先致以處理機密文件的注意提醒。

**04 まずは○○まで　中 總之先○○～**

例 まずはお知らせまで。

➜ 總之先致以通知。

# Unit 09 致謝

為傳達感激之情，寄信給對方的時間點相當重要。注意最好是在當天、最慢也要在隔天一定要寄出郵件。特別是給平時便受到照顧的人或上位的人的道謝信須重視形式從開頭語開始書寫，並慎重地使用致謝詞。

但若是關係相當親近的對象的話，開頭以「加班時幫忙的事謝謝你！」等以致謝作為開頭的寫法較易傳達謝意。

## 結構

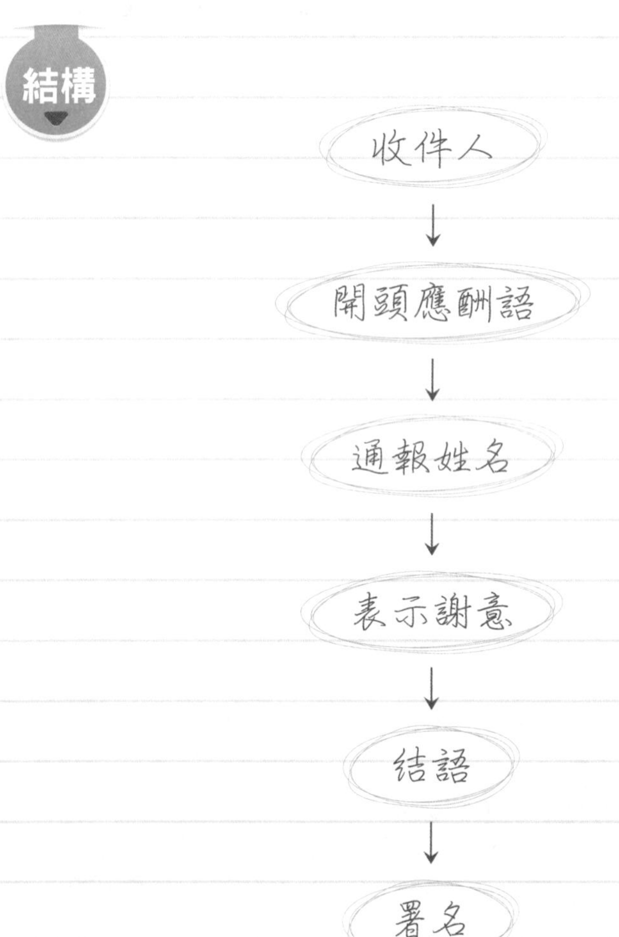

## 9-1 謝謝您的資料

正文

### 件名：資料ありがとうございました

企画課
○○様

お疲れ様です。
山本太郎です。

先日お借りしました資料、○月○日にお返しに伺います。

お陰様で、大変参考になるデータが多くあり、
仕事の上で有意義に活かすことができました。
ご厚意に感謝しております。

まずはお礼かたがたご連絡まで。

==================================
営業課　山本　太郎
内線 ○○○
==================================

**POINT**

1. 致謝以越快表達越好。並建議加上如何幫助到自己等內容尤佳。
2. 「お疲れ様」：表示慰勞對方辛勞之招呼語。
「お疲れ様」是面對上位的人時使用。
於晚輩、下位的人時則使用「ご苦労様」。

譯文

## 標題：謝謝您的資料

企劃課
○○：

工作辛苦了。
我是山本太郎。

前陣子向您借的資料會在○月○日前親自歸還。

託您的福，資料中有許多值得參考的數據，
而能有效地運用在工作上。
非常感謝您的好意。

於此先致上謝意並予以聯繫。
==================================
　營業課　山本　太郎
　內線分機 ○○○
==================================

**伺う（うかが）** 中 登門

例 ご挨拶（あいさつ）に伺う（うかが）。→ 登門拜訪。

**お蔭様（かげさま）** 中 託您的福

例 おかげさまでどうにかやっています。→ 託您的福還勉強過得下去。

**活かす（い）** 中 發揮

例 才能（さいのう）を十分（じゅうぶん）に活（い）かす。→ 充分發揮才幹。

**かたがた** 中 順便

例 映画（えいが）を見（み）るかたがた友人（ゆうじん）を訪問（ほうもん）した。→ 看電影，順便去看朋友。

## 9-2 表達出差時的謝意

正文

### 件名：出張時はお世話になりました

青森営業所　営業課長
○○様

お疲れ様です。
本社営業部の山本です。

先日（○月○日）の出張の際には、さまざまなお心遣いをいただき、
誠にありがとうございました。
深くお礼申し上げます。

ご多忙中にもかかわらず、
各代理店の訪問にご同行くださったことを、
心より感謝しております。
段取り良く準備していただいておりましたおかげで、
スムーズに商談を進めることができました。

今後ともよろしくご指導のほどお願い申し上げます。

==============================
　営業部　山本　太郎
　内線 ○○○
==============================

**POINT**

致謝以越快表達越好。具體表達出對方的資訊是多麼的有意義等，以此類含有心意表現的郵件為佳。

譯文

## 標題：謝謝您出差時的照顧

青森營業所　營業課長
○○敬啟：

您工作辛苦了。
我是總公司營業部的山本。

前陣子（○月○日）出差的時候，受到您多方照料，真的非常感謝。
謹此向您致上深深的謝意。

對於您即使在百般忙碌之中仍陪同前往拜訪各代理商之事誠心地感謝。
也多虧了您為我做了如此有條理的程序準備，
商業合作之面談也才能順利地完成。

今後也仍請您能多多給予指導。

===================================
　營業部　山本　太郎
　內線分機 ○○○
===================================

**心遣い（こころづかい）** 中 關懷

例 こまかい心遣い（こころづかい）。➔ 無微不至的關懷。

**多忙（たぼう）** 中 百忙

例 ご多忙（たぼう）のところをおじゃましてすみません。➔ 在您百忙之中來打擾，很抱歉。

**段取り（だんどり）** 中 計畫　例 段取り（だんど）を決（き）める。➔ 決定計畫。

**スムーズ** 中 順利　例 事（こと）がスムーズに運（はこ）ぶ。➔ 事情順利地進行。

# 關於「致謝」信函的好用句

## ★開頭語★

**01 ご無沙汰しております**
**中** 好久不見／久疏問候

例 日々雑事におわれ、ご無沙汰しております。
→ 因每日雜務繁忙，以致久疏問候。

**02 お疲れ様です** **中** 辛苦了

例 お疲れ様です。輸出課の山本です。→ 辛苦了。我是出口課的山本。

**03 お久しぶりです** **中** 好久不見

例 昨年のセミナーでお会いして以来でしょうか。お久しぶりです。
→ 最後一次相見是在去年的研討會了吧。好久不見。

**04 お世話になっております**
**中** 承蒙關照

例 日頃は大変お世話になっております。山本です。
→ 平日承蒙您的諸多關照了。我是山本。

**05 いつもお世話になっております**
**中** 感謝您一直以來的照顧

**06 ご連絡ありがとうございます**
**中** 謝謝您的聯繫

例 さっそくご返信、ありがとうございます。→ 謝謝您的即刻回信。

**07 いつもお世話になりありがとうございます**
**中** 感謝您一直以來的照顧

**08 いつも大変お世話になっております** **中** 感謝您一直以來的照顧

**09 さっそくお返事をいただき、うれしく思います**
**中** 收到您快速的回覆，我感到高興

例 ご多忙のところ早速メールをいただき、とてもうれしく存じました。→ 在您百忙之中仍即刻收到您的郵件，非常地開心。

**10 ご無沙汰しておりますが、いかがお過ごしですか**
**中** 久疏問候，過得如何？

例 ご無沙汰しておりますが、お変わりなくお過ごしのことと存じます。→ 久疏問候，想必一切與往常無異。

## 正式場合

**01 いつもお心遣いいただき、まことにありがとうございます**

中 總是受到您的細心掛念，衷心地感謝

例 いつも温かいお心遣いをいただき、まことにありがとうございます。➔ 總是受到您溫馨的細心掛念，衷心地感謝。

**02 いつもお心にかけていただき、深く感謝申し上げます**

中 總是受到您的關懷，謹此致以深深的謝意

例 平素よりなにかとお心にかけていただき、まことにありがたく存じます。➔ 平日便受到您的諸多關懷，衷心地感謝。

## ★正 文★

**01 おかげさまで**

中 託您的福～

例 おかげさまで、展示会が成功しました。ありがとうございました。➔ 託您的福，展示會圓滿落幕了。真是不勝感激。

**02 ご迷惑をおかけしました**

中 造成您的困擾了

例 無理をお願いしてご迷惑をおかけしました。とても助かりました。➔ 硬是請求您，造成您的困擾了。真的是得救了。

**03 私にはもったいないことと**

中 對我而言實在承擔不起

例 いつも応援していただき、私にはもったいないことと感謝の気持ちで一杯です。

➔ 對於您平時總是予以支持，對我而言實在承擔不起。

**04 ただただ感謝の気持ちでいっぱいです**

中 只有感謝的心情滿溢著

例 本当にここまで支えてくださったお客様はじめ、たくさんの方にただただ感謝の気持ちでいっぱいです。

➔ 對於支持我們直到現在的客人們，以及其他各方人士，滿溢著感謝的心情。

**05 何とお礼を申し上げればよいか、言葉もありません** **中** 感激得已經不知道該說什麼才能表達我的謝意了

例 このたびはひとかたならぬご尽力をしていただき、何とお礼を申し上げればよいか、言葉もありません。➜ 此次受到各方人士大力協助，感激得已經不知道該說什麼才能表達我的謝意了。

**06 感謝の言葉も見つからないほどです** **中** 甚至找不到適合的辭藻來表達我的謝意

例 中山部長をはじめ会場スタッフのみなさんの献身的な協力には感謝の言葉も見つからないほどです。➜ 對於中山部長以及會場員工各位奮不顧己的協助，我感謝地甚至找不到適合的辭藻來表達我的謝意。

**07 胸がいっぱいになりました**
**中** 胸口溢滿了～

例 私は感激の気持ちで、胸がいっぱいになりました。
➜ 胸口溢滿了感謝的心情。

**08 足を向けて寝られません**
**中** 對於您的恩惠我無時無刻銘記於心不敢忘懷（為感謝之慣用語）

例 いつも、お力添えいただき、山本さんには足を向けて寝られません。➜ 總是受到山本先生／小姐的協助，對於您的恩惠我無時無刻銘記於心不敢忘懷。

**09 痛み入ります** **中** 不敢當

例 ご親切、痛み入ります。
➜ 您的親切讓我不敢當。

**10 本当に助かりました**
**中** 真的幫個大忙

例 本日は、山本課長にご同行いただいて、本当に助かりました。
➜ 今天能有山本課長的陪同，真的是幫了大忙。

**11 ご恩は一生忘れません**
**中** 我一輩子都不會忘記您的恩惠

**12 ごちそうさまでした**
**中** 謝謝招待

例 先日の忘年会では、ごちそうさまでした。
➜ 前陣子的尾牙聚會中真是謝謝招待了。

**13 心苦しいほどです** **中** 感到很高興

例 こんなに親切にしていただきまして、心苦しいほどです。
➜ 您對我那麼好，我很高興。

**14 恐縮しております** **中** 過意不去

例 今般はなみなみならぬご指導をいただきまして恐縮しております。

→ 這次受您仔細的指導，感到過意不去。

## 15 お気遣いありがとうございます

中 謝謝您的顧慮

例 いつもなにかとお気遣いいただき、ありがとうございます。

→ 謝謝您總是顧慮到我。

## 16 お手数をおかけしました

中 讓您費心了

例 ウエブサイト開設の件では、大変お手数をおかけしました。

→ 在設立網站的時候，真的是費了您很多心思。

## 17 おかげさまで 中 託各位的福～

例 おかげさまで、無事完了いたしました。

→ 託各位的福，順利地完成了。

## 18 感謝しております 中 感謝

例 輸出部一同、深く感謝しております。

→ 出口部門全體員工，深深地感謝各位。

## 19 恩に着ます 中 我會記得您的恩惠

例 お力添え、一生恩に着ます。

→ 受您的大力幫助，我會一輩子記得您的恩惠。

## 20 とても勉強になりました

中 真的是學到了很多

例 先日は貴重なお時間を割いてご説明いただきありがとうございました。とても勉強になりました。→ 前陣子占用您寶貴的時間為我說明，不勝感激。真的是學到了很多。

## 21 感銘を受けました 中 刻骨銘心

例 深い感動と感銘を受けました。

→ 我深受感動，刻骨銘心。

## 22 恐れ入る思いです 中 佩服

例 貴殿の的確なご判断には、恐れ入る思いです。

→ 您精確的判斷令我佩服。

## 23 感激しております

中 感到十分感激

例 久々の再開に感激しております。

→ 隔了許久終於恢復讓我十分感激。

## 24 感心しております 中 不勝感佩

例 貴方の発想の豊かさには日頃から注目、感心しております。

→ 我平日便相關注於您豐富的構思而不勝感佩。

## 25 お礼申し上げます 中 致上謝意

例 日頃(ひごろ)はひとかたならぬお引立(ひきた)てにあずかり厚(あつ)くお礼申(れいもう)し上(あ)げます。➔為平日承蒙各位的多方愛戴，謹此致上深深的謝意。

**26 頭(あたま)が下(さ)がる思(おも)いです**

中 讓人非常佩服

例 まだまだお元気(げんき)でご活躍(かつやく)とのこと頭(あたま)が下(さ)がる思(おも)いです。

➔聽說您仍非常有活力地活躍著，讓我非常佩服。

**27 かたじけなく思(おも)います**

中 非常感謝

例 お心遣(こころづか)いかたじけなく思(おも)います。➔非常感謝您的好意。

**28 恐(おそ)れ入(い)ります** 中 真對不起

例 ご心配(しんぱい)をおかけして、恐(おそ)れ入(い)ります。➔讓您擔心了，真對不起。

**29 心(こころ)を打(う)たれる思(おも)いです**

中 感動不已

例 山本様(やまもとさま)の意義(いぎ)深(ぶか)いお話(はなし)には、心(こころ)を打(う)たれる思(おも)いです。

➔山本先生充滿深奧意義的演說讓我感動不已。

**30 ありがとうございます** 中 謝謝

例 ご協力(きょうりょく)いただき、ありがとうございます。➔謝謝您的協助。

**31 おかげさまをもちまして**

中 託各位的鴻福～

例 おかげさまをもちまして完売致(かんばいいた)しました。

➔託各位的鴻福，商品已完售。

**32 いつもお心(こころ)にかけていただき、まことにありがとうございます**

中 誠心地謝謝您總是在為我著想

例 いつもお心(こころ)にかけていただき、まことにありがとうございます。ご期待(きたい)に沿(そ)えますよう、全力(ぜんりょく)で努(つと)めてまいります

➔誠心地謝謝您總是在為我著想。為了能不負您的期望，我會用全力去努力的。

**33 お世話(せわ)になりました**

中 受了您照顧，謝謝

例 大変(たいへん)お世話(せわ)になりました。

➔受了您很多照顧，謝謝。

**34 いろいろとお骨折(ほねお)りいただきまして** 中 您為了我做了很多～

例 この度(たび)は色々(いろいろ)とお骨折(ほねお)り頂(いただ)きまして誠(まこと)にありがとうございました。

➔衷心地感謝您這次為了我做了很多。

# 正 式 場 合

**01 心酔するばかりです**

**中 令人深深地迷醉**

例 山本本部長のすばらしいご講演には心酔するばかりです。➔ 山本本部長精彩的演講令人深深地迷醉。

**02 ～と感服いたしております**

**中 我佩服～**

例 研究所ご一同様のご努力ご精進の賜物と感服いたしております。➔ 是研究所大家專心致志的結果，我非常佩服。

**03 ご配慮いただきありがとうございます** **中 謝謝您的關照**

例 会場設営ではいろいろとご配慮いただきありがとうございました。➔ 謝謝您在設置會場的時候給予很多關照。

**04 深謝いたします** **中 深深地感謝～**

例 このたびのおとりはからい、深謝いたします。

➔ 深深地感謝您此次的安排。

**05 感じ入っております** **中 不勝感佩**

例 皆様方のご協力とご指導があったればこそと、その恩義を強く感じ入っております。

➔ 因為有大家的幫助和指導，才能成功。這個恩情令我不勝感佩。

**06 身に余る光栄と** **中 無上光榮**

例 身に余る光栄と、心から感謝しております。

➔ 這是無上光榮，令我衷心感謝。

**07 恐縮至極に存じます**

**中 過意不去**

例 お心遣い恐縮至極に存じます。

➔ 受到您百般顧慮照拂，實為過意不去。

**08 感謝の念を禁じえません**

**中 無法抑制感謝的心情**

例 ひとかたならぬご支援をいただき、今さらながら感謝の念を禁じえません。

➔ 受到各方人士的支援，雖是事到如今的事，但我無法抑制感謝的心情。

**09 ○○様のお力添えのおかげで**

**中 幸虧了有○○ 先生／小姐 的援助～**

例 山本様のお力添えのおかげで、どうにか完成する事ができました。まことにありがとうございました。

➔ 幸虧了有山本先生／小姐的援助，總算可以說是完成了。真的非常地謝謝您。

## 10 感謝してやみません

中 無法抑制感謝之情

例 これも皆様方のお力添えのおかげと感謝してやみません。

→ 想到這也是多虧了各位的幫忙就令我無法抑制感謝之情。

## 11 感謝の意を表します

中 致以謝意

例 中山教授、ジョンソン教授をはじめ、ご協力いただいた諸氏に感謝の意を表します。

→ 我要向中山教授、強森教授、以及這之中給予我許多協助的各位致以謝意。

## 12 ～は敬服の至りに存じます

中 令人感到萬般欽佩

例 御提案のあまりの素晴らしさは敬服の至りに存じます。

→ 您過於絕佳的提議令我萬般欽佩。

## 13 感謝の限りです　中 無限感激

例 いつも様々なお知恵を頂いて感謝の限りです。→ 總是受教於您各式各樣的知識讓我無限感激。

## 14 感銘を受けました　中 深受感動

例 山本課長のお話には、深く感銘を受けました。

→ 山本課長的一番話，令我深受感動。

## 15 お礼の言葉もございません

中 感激不盡

例 このたびは大変おせわになり、お礼の言葉もございません。

→ 這次受到了您很多照顧，真是感激不盡。

## 16 感服いたしました

中 感到十分欽佩

例 山本課長の的確なご判断に感服いたしました。

→ 對山本課長的準確判斷，我十分欽佩。

## 17 まことにありがとうございます

中 衷心地感謝

例 展示会でのご説明、まことにありがとうございました。

→ 衷心地感謝您在展示會時的說明。

## 18 お礼の申し上げようもありません　中 感動到連道聲謝都無法好好說

例 ご親切にはお礼の申し上げようもありません。→ 您的親切讓我感動到連道聲謝都無法好好說。

## 19 ○○様のお力添えのおかげで

中 多虧了○○ 先生／小姐的協助～

例 山本様のお力添えのおかげで受注することができました。

→ 多虧了○○先生／小姐的協助才能接到訂單。

**20 感謝(かんしゃ)申(もう)しあげます**

中 謹此獻上我的謝意

例 この一年間(いちねんかん)のご支援(しえん)に厚(あつ)く感謝(かんしゃ)申(もう)しあげます。➔ 對您這一年來的支援，謹此獻上我隆重的謝意。

**21 うれしく存(ぞん)じました**

中 我感到很高興

例 お心遣(こころづか)いうれしく存(ぞん)じました。

➔ 您的心意讓我感到很高興。

## ★結 語★

**01 まずは○○申(もう)し上(あ)げます**

中 總之先致以○○～

例 まずは謹(つつし)んでお礼申(れいもう)し上(あ)げます。➔ 總之先致以道謝。

**02 今後(こんご)ともよろしくお願(ねが)いいたします** 中 今後也請多指教

**03 引(ひ)き続(つづ)きよろしくお願(ねが)いいたします** 中 今後仍望惠顧關照

**01 今後(こんご)ともよろしくご指導(しどう)くださいますようお願(ねが)い申(もう)し上(あ)げます**

中 還請多指教

**02 皆様(みなさま)の一層(いっそう)のご健康(けんこう)を心(こころ)よりお祈(いの)り申(もう)し上(あ)げます**

中 敬祝大家身體健康

**03 皆様(みなさま)のますますのご活躍(かつやく)を心(こころ)よりお祈(いの)り申(もう)し上(あ)げます**

中 一路順風

**04 今後(こんご)とも変(か)わらぬご指導(しどう)のほど、よろしくお願(ねが)い申(もう)し上(あ)げます** 中 今後還請繼續予以指教

**05 皆様(みなさま)のますますのご発展(はってん)を心(こころ)よりお祈(いの)り申(もう)し上(あ)げます**

中 一路順風

**06 皆様(みなさま)の一層(いっそう)のご活動(かつどう)をご期待申(きたいもう)し上(あ)げます** 中 一路順風

## 簡略說法

**01 まずは○○まで** 中 總之先○○～

例 まずはお礼まで。

→ 總之先向您道一聲謝。

**02 取り急ぎ○○の○○まで**

中 總之先致以○○～

例 取り急ぎお礼のご挨拶まで。

→ 總之先向您道一聲謝。

**03 まずは○○かたがた○○まで**

中 在此向您致○○並○○

例 まずはお礼かたがたご挨拶まで。→ 在此向您致以道謝並問候。

**04 まずは取り急ぎ○○まで**

中 總之先致以○○～

例 まずは取り急ぎお礼まで。

→ 總之先致以道謝。

# Unit 10 致歉

省略前文以「緊急情況簡潔表達要點」作為開頭的方式會讓對方感覺到寫信者在寫信時連統整文體的餘力也沒有，進而展現道、賠罪的姿態。比起絮絮叨叨地猛寫藉口，簡潔地說明原因並率直地承認自己的錯誤更能博得對方的諒解。

## 結構

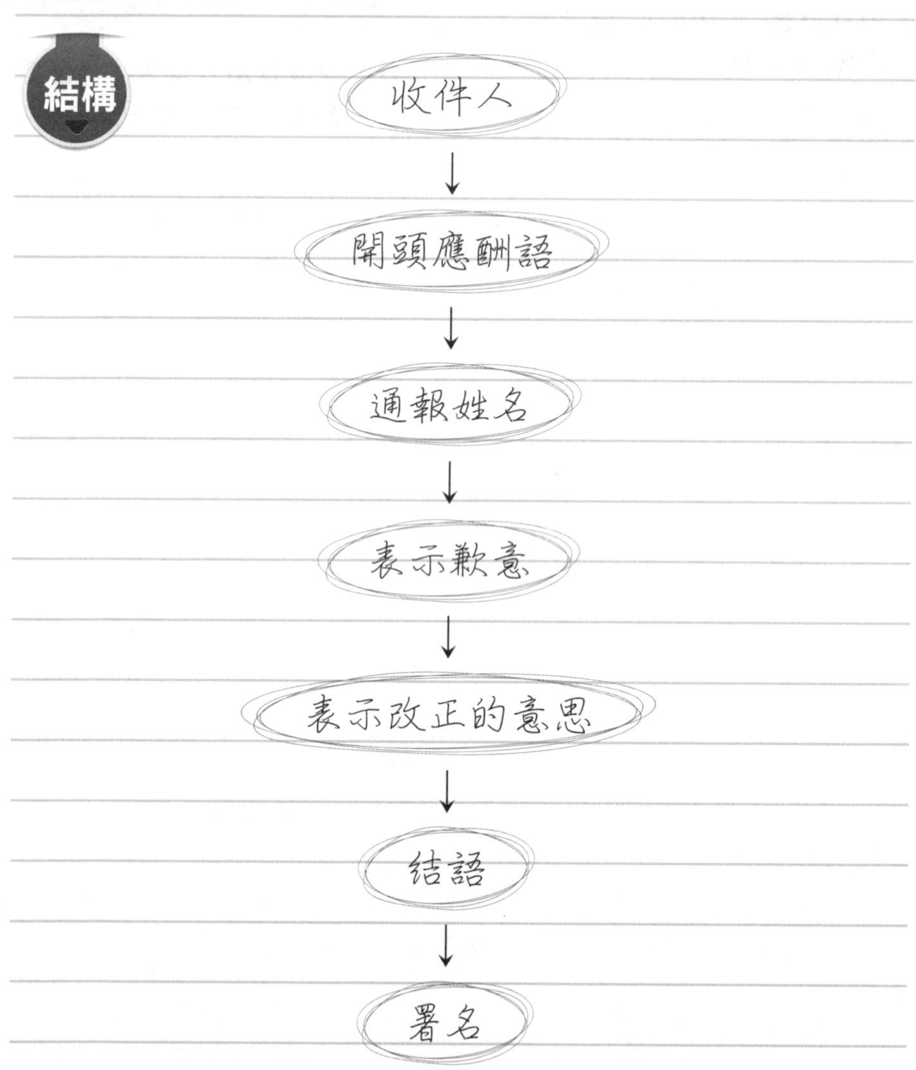

## 10-1 針對文件內容的誤寫之道歉

正文

### 件名：見積書訂正のお詫び

○○部長

お疲れ様です。
山本　太郎です。

実は、○○○株式会社宛の見積書に誤りがありました。
お詫びいたします。
見積もり金額の合計に誤りがありました。

以下の通り訂正し、新しい見積書を添付しましたので、
ご確認くださいますようお願いします。

---

（誤）¥252，000　⇒　¥（正）225，000

---

今回は、先方へ見積もり書を提示する前に気づきましたので、
ご迷惑はおかけしておりませんが、金額の誤記につきましては、
大きなトラブルになることも考えられます。

今後このような事のないよう注意して見積書を作成するよう努めます。
大変申し訳ございません。

取り急ぎ、お詫びかたがた訂正のお願いまで。

================================
営業部　山本　太郎
内線 ○○○
================================

譯文

## 標題：針對報價單修正之事表示歉意

〇〇部長

您辛苦了。
我是山本太郎。

不瞞您說，將送往〇〇〇股份有限公司的報價單裡發現有謬誤。
在此向您致歉。
估算金額的總額中有錯誤。

內容如下所示已改正，並附上新的報價單，
還煩請您確認內容。

---

（修正前）￥252，000 ⇒ ￥（修正後） 225，000

---

本次因是在報價單寄給合作公司前發現其謬誤，
因此尚未演變成嚴重的問題，但對於金額的標寫錯誤之事仍可說是造成相當大的問題。

為了避免再有像今天的失誤發生，今後會更加小心注意地編寫報價單。
真的感到萬分抱歉。

在此緊急通知，致上歉意的同時煩請進行改正。

===================================
營業部　山本　太郎
內線分機 〇〇〇
===================================

## 單字

**気づく** 中 發覺

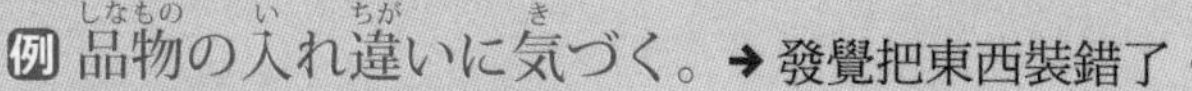

例 品物の入れ違いに気づく。➔ 發覺把東西裝錯了。

**迷惑** 中 麻煩

例 当方の行き違いでご迷惑をおかけしました。➔ 因我們的疏失，給您添麻煩了。

**トラブル** 中 糾紛

例 試合中にトラブルが起こった。➔ 比賽中發生了糾紛。

**努める** 中 努力

例 目的を達成しようと努める。➔ 努力要達到目的。

**取り急ぎ** 中 匆忙

例 取り急ぎお願いまで。➔ 匆忙懇求如上。

**かたがた** 中 順便

例 映画を見るかたがた友人を訪問した。➔ 看電影，順便去看朋友。

## POINT

1. 注意只要一發現過失、失誤、問題時，就必須立即表達歉意。
2. 誠實地告知所有過失、失誤、問題、遺失、損害等內容，並且不找藉口，誠心地表達反省的心情。
3. 「お疲れ様」：表示慰勞對方辛勞之招呼語。
   「お疲れ様」是面對上位的人時使用。
   於晚輩、下位的人時則使用「ご苦労様」。

# 關於「致歉」信函的好用句

## ★開頭語★

**01 はじめまして** 中 初次見面，您好

例 はじめまして、輸出部の山本です。

→ 初次見面，您好。我是出口部的山本。

**02 ご連絡ありがとうございます**

中 謝謝您的聯繫

例 さっそくご返信、ありがとうございます。→ 謝謝您的即刻回信。

**03 お世話になっております**

中 承蒙關照

例 日頃は大変お世話になっております。山本です。

→ 平日承蒙您的諸多關照了。我是山本。

**04 いつもお世話になっております**

中 感謝您一直以來的照顧

**05 ご無沙汰しております**

中 好久不見／久疏問候

例 日々雑事におわれ、ご無沙汰しております。

→ 因每日雜務繁忙，以致久疏問候。

**06 お久しぶりです** 中 好久不見

例 昨年のセミナーでお会いして以来でしょうか。お久しぶりです。

→ 最後一次見面是在去年的研討會了吧。好久不見。

**07 はじめてご連絡いたします**

中 初次與您聯繫

例 はじめてご連絡いたします。輸出課の山本と申します。

→ 初次與您聯繫。我是出口課的山本。

**08 いつも大変お世話になっております** 中 感謝您一直以來的照顧

**09 いつもお世話になりありがとうございます**

中 感謝您一直以來的照顧

**10 お疲れ様です** 中 辛苦了

例 お疲れ様です。山本です。

→ 辛苦了。我是山本。

**11 何度も申し訳ございません**

中 不好意思百般打擾

例 何度も申し訳ございません。先ほどお伝えし忘れましたが、納期は 1 ヶ月かかります。

➜ 不好意思百般打擾了。剛才忘了告知您，交貨期限需要一個月。

**01 いつもお心にかけていただき、深く感謝申し上げます** 中 總是受到您的關懷，謹此致以深深的謝意

例 平素よりなにかとお心にかけていただき、まことにありがたく存じます。➜ 平日便受到您的諸多關懷，衷心地感謝。

**02 いつもお心遣いいただき、まことにありがとうございます**

中 總是受到您的細心掛念，衷心地感謝

例 いつも温かいお心遣いをいただき、まことにありがとうございます。➜ 總是受到您溫馨的細心掛念，衷心地感謝。

## ★正 文★

**01 不注意で** 中 因為～的疏忽～

例 私の不注意でこのようなことになり、本当に申し訳ありません。

➜ 因為我的疏忽導致這樣的情形，真的是萬分抱歉。

**02 肝に銘じます** 中 銘記在心

例 ご忠告、肝に銘じます。

➜ 您的忠告，我會銘記在心。

**03 ご勘弁願います** 中 請您原諒

例 当日のキャンセルは、ご勘弁願います。

➜ 那天的取消，請您原諒。

**04 あってはならないことです**

中 不能發生～

例 製造日を誤記するなど、あってはならないことでした。

➜ 不能發生寫錯製造日期的事。

**05 とんでもないことでした**

中 一件糟糕的事

例 データを流出させるなど、とんでもないことでした。

➔ 數據外洩是一件糟糕的事。

**06 考えが及びませんでした**

中 沒仔細想到

例 そこまでは考えが及びませんでした。➔ 沒仔細想到細節。

**07 私の力不足です**

中 …我的力量不足

例 結果を出せなかったのは、ひとえに私の力不足です。

➔ 無法達到目標是由於我的力量不足。

**08 うかつにも** 中 疏忽沒注意

例 うかつにも気がつきませんでした。➔ 竟然疏忽沒注意到。

**09 とんだ不始末をしでかしまして**

中 闖了禍

例 当課の新入社員がとんだ不始末をしでかしまして、誠に申し訳ありませんでした。

➔ 我們課的新進員工闖了禍，很抱歉。

**10 お許しください** 中 請原諒我

例 もってのほかとは承知の上ですが、どうぞわがままをお許しください。

➔ 我雖也認為這是荒謬的，但請原諒我的任意。

**11 このようなことになり**

中 結果變成這樣

例 説明不足でこのようなことになり、ご迷惑をおかけしたこと申し訳なく思っています。

➔ 因我的說明不夠充分，結果變成這樣，我很抱歉給您帶來不便。

**12 まさにおっしゃるとおりでございます** 中 您說得很對

例 ご指摘の点、まさにおっしゃるとおりでございます。

➔ 您指出的地方，說得很對。

**13 二度とこのようなことはいたしません** 中 我不會再做出這樣的事情

例 今後は十分に注意し、二度とこのようなことはいたしません。

➔ 以後我會謹慎注意，不會再做出這樣的事情。

**14 もってのほかでございます**

中 令人不能容忍

例 納期遅れの事後連絡など、もってのほかでございました。

➔ 交貨延遲並在事後才通知實為令人無法容忍。

**15 大変ご心配をおかけいたしました** 中 讓您非常操心

例 この度の不始末では、皆様に大変ご心配をおかけいたしました。➜ 由於我這次失誤的事，讓大家嚴重操心了。

**16 お詫びの言葉もありません**
中 不知怎樣道歉才好

例 ご迷惑をおかけした皆様には、本当にお詫びの言葉もありません。➜ 給您們大家添了麻煩，我真的是不知怎樣道歉才好。

**17 お詫びの申しあげようもありません** 中 不知怎樣道歉才好

例 心待ちにしていてくださった皆様にはお詫びの申しあげようもありません。➜ 不能滿足大家的期望，不知怎樣道歉才好。

**18 すみませんでした** 中 很抱歉

例 お返事が遅れてすみませんでした。➜ 很抱歉延遲了回覆。

**19 お詫びの申しあげようもございません** 中 不知怎樣道歉才好

例 多大なるご迷惑をおかけして、お詫びの申しあげようもございません。➜ 給您添了麻煩，讓我不知怎樣道歉才好。

**20 大変申し訳ございませんでした**
中 真對不起

例 度重なる失礼、大変申し訳ございませんでした。
➜ 接二連三的失禮，真對不起。

**21 大変ご迷惑をおかけいたしました** 中 給您添了許多麻煩

例 災害による操業停止期間中は、大変ご迷惑をおかけいたしました。
➜ 因災害所致作業停止的這段期間給您們添了許多麻煩。

**22 お詫び申し上げます**
中 致上歉意

例 皆様には大変ご迷惑おかけしました事を深くお詫び申し上げます。➜ 對於造成各位諸多困擾之事，謹此致上深深的歉意。

**23 心得違いで** 中 都是我的不是

例 こちらの心得違いで、別の資料をお届けしてしまい申し訳ありませんでした。
➜ 我交給您錯誤的資料，都是我的不是。真對不起。

**24 恐れ入ります** 中 真對不起

例 ご心配をおかけして、恐れ入ります。➜ 讓您擔心了，真對不起。

**25 お恥ずかしいかぎりです**

中 感到無比慚愧

例 私の指導不足が原因であり、まことにお恥ずかしいかぎりです。➔ 因為我的督促不周促使此次疏失，在此感到無比慚愧。

**26 自責の念にかられております**

中 自責不已

例 配慮が行き届かなかったと、自責の念にかられております。

➔ 沒有顧慮周全，讓我自責不已。

**27 以後、気をつけます**

中 此後，會多加注意

例 このようなことを繰り返さないように、以後、気をつけます。

➔ 為了不再讓這樣的錯誤重蹈覆轍，此後，會多加注意。

**28 申し訳ありませんでした**

中 非常地抱歉

例 度重なる失礼、本当に申し訳ありませんでした。

➔ 多次反覆地冒犯，真的非常地抱歉。

**29 ご勘弁願えませんでしょうか**

中 請您原諒

例 遅れは日曜出勤で挽回しますので、ご勘弁願えませんでしょうか。➔ 我們會週日上班想辦法挽救，請您原諒。

**30 深く反省しております**

中 深深反省

例 今回のような不始末が生じ深く反省しております。

➔ 發生這種情況，我們深深反省。

**31 謝罪いたします** 中 道歉

例 誤解を与えたようでしたら、謝罪いたします。➔ 如果我讓您有所誤解，那麼我要向您道歉。

**32 弁解のしようもありません**

中 無法辯解

例 遅延の連絡をしなかったことは確かで、弁解のしようもありません。

➔ 關於延遲沒有聯繫是事實，我們無法辯解。

**33 忘れてしまいました**

中 不小心忘記了

例 先月教えていただいたインプット方法の件ですが、忘れてしまいました。

➔ 關於您上個月為我指導的輸入方式，我不小心忘記了。

**34 失礼いたしました** 中 失禮了

例 お返事が送れて、失礼いたしました。

➔ 因延遲回覆，向您說聲失禮了。

# 正式場合

### 01 無礼千万(ぶれいせんばん)なことと　中 冒犯之至

例 無礼千万(ぶれいせんばん)なことと、謹(つつし)んでお詫(わ)びを申(もう)しあげます。

→ 實屬冒犯之至，謹此向您致上歉意。

### 02 面目次第(めんぼくしだい)もございません

中 無臉面對人

例 今回(こんかい)の件(けん)は，ひとえに私(わたし)の不徳(ふとく)の致(いた)すところであり面目次第(めんぼくしだい)もございません。

→ 關於此次的事，全是我的作為偏差所造成，令我羞愧得沒有臉去面對人。

### 03 ご容赦(ようしゃ)くださいませ　中 請原諒

例 これ以上(いじょう)の人員削減(じんいんさくげん)は何卒(なにとぞ)ご容赦(ようしゃ)くださいませ。

→ 再度進行裁員之事，請您原諒。

### 04 不覚(ふかく)にも　中 沒想到疏忽……

例 不覚(ふかく)にも、計算(けいさん)ミスをしてしまい、誠(まこと)に申(もう)し訳(わけ)ありません。

→ 沒想到疏忽計算錯誤，向您表示歉意。

### 05 失念(しつねん)いたしました

中 不慎疏忽遺忘了

例 先日(せんじつ)ご依頼(いらい)のレストラン予約(よやく)の件(けん)、雑務(ざつむ)に追(お)われ、失念(しつねん)しておりました。

→ 關於前陣子您委託預約餐廳的事，因為大小瑣事纏身，不慎疏忽遺忘了。

### 06 非礼(ひれい)このうえないことと

中 非常沒有禮貌

例 非礼(ひれい)このうえないことと、謹(つつし)んでお詫(わ)びを申(もう)し上(あ)げます。

→ 我做出非常沒有禮貌的行為，向您致歉。

### 07 とんだ失態(しったい)を演(えん)じてしまいまして　中 不小心捅了大簍子

例 とんだ失態(しったい)を演(えん)じてしまいまして、まことにお恥(は)ずかしい限(かぎ)りです。

→ 不小心捅了大簍子，慚愧極了。

### 08 猛省(もうせい)しております

中 我深深地自我反省

例 私(わたし)の不徳(ふとく)のいたすところと、猛省(もうせい)しております。

→ 由於我的能力不足所致，我深深地自我反省。

### 09 私(わたし)の至(いた)らなさが招(まね)いた結果(けっか)です

中 …是由於我做得不周到所導致

例 今回(こんかい)の件(けん)は、私(わたし)の至(いた)らなさが招(まね)いた結果(けっか)です。

→ 這次事件是由於我做得不周到而導致的。

**10 お詫びの言葉に苦しんでおります** 中 不知怎樣道歉才好

例 とんだ不始末をしでかしまして、お詫びの言葉に苦しんでおります。

→ 我闖禍了，不知怎樣道歉才好。

**11 浅学非才の身にございますが**

中 雖然我尚為才智淺薄之身～

例 浅学非才の身にございますが、全力で進んでまいりたいと存じます。→ 雖然我尚為才智淺薄之身，但我會盡全力去做。

**12 私の不徳の致すところです**

中 …是由於我的能力不足所致

例 システム障害を予測できなかったことは、私の不徳の致すところです。→ 沒能事前預測到系統故障是由於我的能力不足所致。

**13 申し開きのできないことです**

中 沒有任何藉口

例 このたびの件はまったく申し開きのできないことでございました。

→ 關於這個事件，沒有任何藉口。

**14 多大なご迷惑をおかけして、心から申し訳なく存じます**

中 給您添了很多麻煩由衷地向您致歉

例 この度は、多大なご迷惑をおかけして、心から申し訳なく、深くお詫びいたします。

→ 這次給您添了很多麻煩由衷向您致歉。

**15 大変ご不愉快の念をおかけしました** 中 讓您感到非常不愉快

例 お知らせに不手際があり、大変ご不快の念をおかけしました。

→ 在通知時不夠謹慎，讓您感到非常不愉快。

**16 陳謝いたします** 中 向您賠罪

例 今回の件を厳粛に受け止め、陳謝いたします。→ 我會嚴謹記住此次教訓，並於此向您賠罪。

**17 不行き届きでした**

中 監督不夠嚴密

例 管理者として、監督不行き届きでした。

→ 作為管理員，監督不夠嚴密。

**18 弁解の余地もございません**

中 沒有辯解的餘地

例 請求書二重発行の不手際は弁解の余地もございません。

→ 在重覆寄出兩份請款單之失誤，我們沒有辯解的餘地。

**19 ご容赦くださいますよう、お願い申し上げます** 中 請原諒

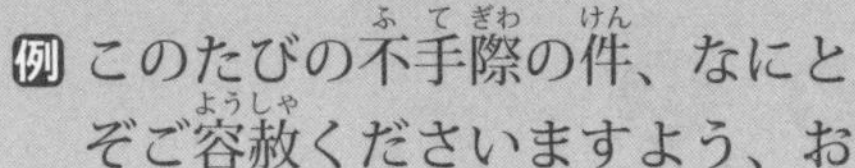

例 このたびの不手際の件、なにとぞご容赦くださいますよう、お願い申し上げる次第でございます。➔ 此次的缺失，請您原諒我。

## ★結 語★

**01 今後ともよろしくお願いいたします** 中 今後也請多指教

**02 なにとぞよろしくお願い申し上げます** 中 祈請多多指教

例 ご協力のほど、なにとぞよろしくお願い申し上げます。

➔ 祈請撥冗協助，多多指教。

**03 まずは○○申し上げます**

中 總之先致以○○～

例 まずは謹んでお詫び申し上げます。

➔ 總之先致以道歉。

**04 引き続きよろしくお願いいたします** 中 今後仍望惠顧關照

**01 今後とも変わらぬご指導のほど、よろしくお願い申し上げます** 中 今後還請繼續予以指教

**02 今後ともよろしくご指導くださいますようお願い申し上げます**

中 還請多指教

**03 ご教示願えれば幸いです**

中 若能蒙您指點將是我的幸運

例 恐れいりますが、ご教示いただければ幸いです。

➔ 雖感惶恐，但若能蒙您指點將是我的榮幸。

**01 まずは○○まで** 中 **總之先○○～**

例 まずはお詫(わ)びまで。

➔ 總之先致以道歉。

**02 取(と)り急(いそ)ぎ○○の○○まで**

中 **總之先致以○○～**

例 取(と)り急(いそ)ぎ失礼(しつれい)のお詫(わ)びまで。

➔ 總之先致以對您失禮的道歉。

**03 まずは○○かたがた○○まで**

中 **在此向您致○○並○○**

例 まずはお詫(わ)びかたがたお願(ねが)いまで。➔ 在此向您致以道歉並拜託。

**04 まずは取(と)り急(いそ)ぎご○○まで**

中 **總之先致以○○～**

例 まずは取(と)り急(いそ)ぎお詫(わ)びまで。

➔ 總之先致以道歉。

# Unit 11 抱怨

職場上所發生的關於人際關係的問題因為是非常微妙的問題，因此書寫請盡量避免具體的敘述為佳。詳細情形於面談時敘述，郵件裡只要先提出問題點即可。

## 結構

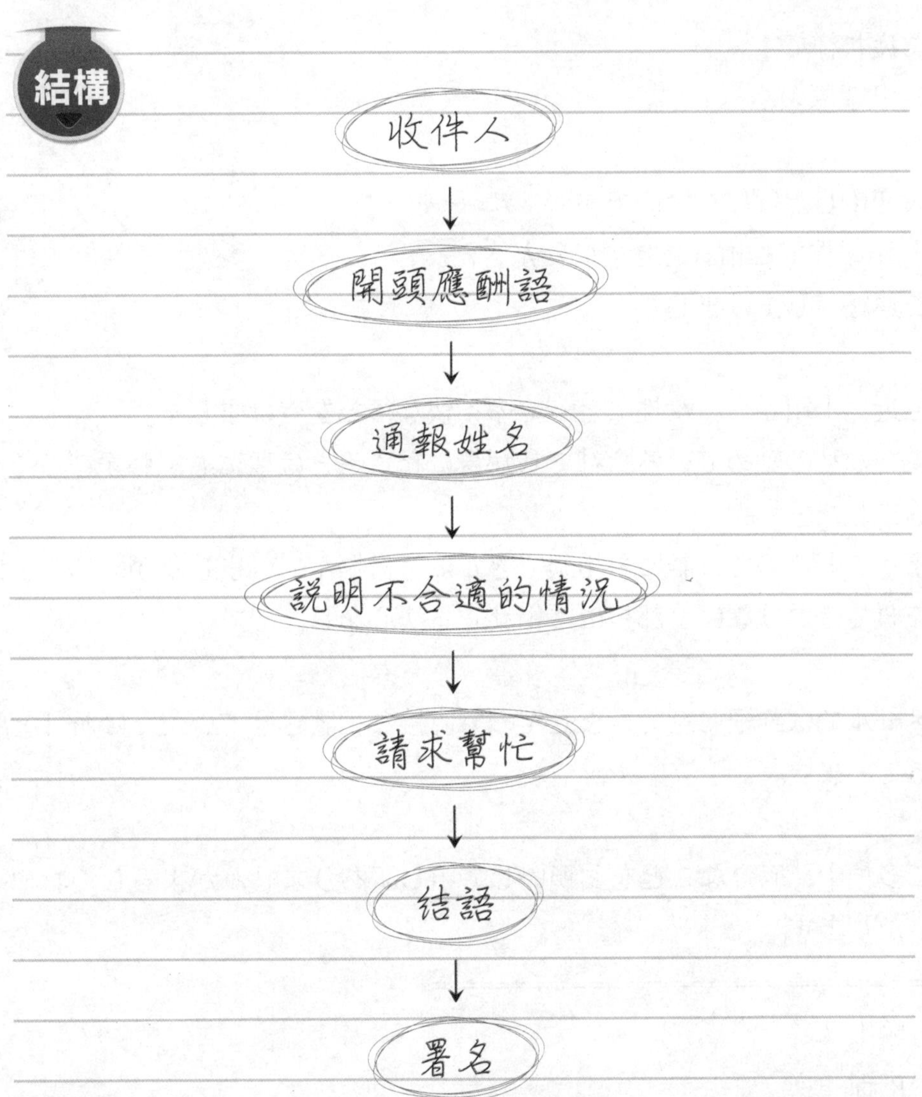

## 11-1 性騷擾之申訴

正文

### 件名：上司の件でご相談したいのですが

人事部
○○部長

お疲れ様です。
輸出３課の△△です。

大変申し上げにくいのですが、
上司の件でご相談させていただきたく、
ご連絡差し上げました。

最近、上司から、女性にとっての不快な行為を受けました。
まさか私の勤めている会社で我が身に起こるとは夢にも思わずびっくりしました。
事がことなので、誰にも相談できずに毎日悩んでいましたが、
これではいけないと部長にご相談する決心をしたのです。

メールでは詳細お話できませんので直接ご相談させていただければと願っています。

ご多忙中、厄介なことをお願いして申し訳ありませんがよろしくお願いいたします。

==============================
輸出３課　△△
内線　○○○
==============================

## 標題：關於上司的事想與您商量

人事部
〇〇部長

您工作辛苦了。
我是出口 3 課的△△。

雖然非常難以啟齒，
但因為想向您商量關於上司的事情，
因此致信予以聯繫。

最近受到來自上司對女性而言不舒服的騷擾。
因為作夢也沒想到會在我工作的場所而且發生在自己身上，所以受到了驚嚇。
因為內情有其嚴重性，又因無人能尋求商量每天都非常地煩惱，
但這樣下去也不是辦法，因此下決心想找部長商量。

在郵件中不方便詳述事情的來龍去脈，因此希望能直接與您見面商量。

在您百忙之際還提出了會造成您不便的請求實感抱歉，但仍盼請您的幫忙。

==================================
出口 3 課　△△
內線分機　〇〇〇
==================================

**不快**（ふかい） 中 不愉快

例 不快（ふかい）な思（おも）いをする。➔ 感覺不愉快。

**まさか** 中 難道

例 まさかうそではあるまい。➔ 難道是謊話嗎？

**夢（ゆめ）にも思（おも）わない** 中 做夢也沒想到

例 こんなに早（はや）く実現（じつげん）されるとは夢（ゆめ）にも思（おも）わなかった。
➔ 做夢也沒想到會實現得這麼快。

**事（こと）がこと** 中 畢竟是回事兒

例 事（こと）がことだけに放（ほう）っておけない。➔ 畢竟是回事兒不能置之不理。

**厄介**（やっかい） 中 麻煩

例 厄介事（やっかいごと）をお願（ねが）いして申（もう）し訳（わけ）ありません。➔ 請您辦這件麻煩事，真對不起。

**申（もう）し訳（わけ）ない** 中 對不起

例 申（もう）しわけございませんが，全（すべ）て売（う）れてしまいました。
➔ 對不起，已全部賣光了。

**POINT**

1. 職場上所發生的關於人際關係的問題因為是非常微妙的問題，因此書寫時以避免具體的敘述為佳。
2. 詳細情形應於面談時再詳談，郵件裡以停留在提出問題點處為佳。
3. 「お疲（つか）れ様（さま）」：表示慰勞對方辛勞之招呼語。
「お疲（つか）れ様（さま）」是面對上位的人時使用。
於晚輩、下位的人時則使用「ご苦労様（くろうさま）」。

# 關於「抱怨」信函的好用句

## ★開頭語★

**01 突然のメールで失礼いたします**

中 唐突致信打擾了

例 突然のメールで失礼いたします。社内報を拝見してご連絡させていただきました。

→ 唐突致信打擾了。因為瀏覽了公司內部報刊，所以冒昧地聯繫您。

**02 いつも大変お世話になっております** 中 感謝您一直以來的照顧

**03 いつもお世話になっております**

中 感謝您一直以來的照顧

**04 ご無沙汰しておりますが、いかがお過ごしですか**

中 久疏問候，過得如何？

例 ご無沙汰しておりますが、お変わりなくお過ごしのことと存じます。

→ 久疏問候，想必一切與往常無異。

**05 ご無沙汰しております**

中 好久不見／久疏問候

例 日々雑事におわれ、ご無沙汰しております。

→ 因每日雜務繁忙，以致久疏問候。

**06 お久しぶりです** 中 好久不見

例 昨年のセミナーでお会いして以来でしょうか。お久しぶりです。→ 最後一次相見是在去年的研討會了吧。好久不見。

**07 何度も申し訳ございません**

中 不好意思百般打擾

例 何度も申し訳ございません。先ほどお伝えし忘れましたが、納期は１ヶ月かかります。

→ 不好意思百般打擾了。剛才忘了告知您，交貨期限需要一個月。

**08 いつもお世話になりありがとうございます**

中 感謝您一直以來的照顧

**09 お疲れ様です** 中 辛苦了

例 お疲れ様です。輸出課の山本です。→ 辛苦了。我是出口課的山本。

**10 はじめまして** 中 初次見面，您好

例 はじめまして、輸出部の山本です。

→ 初次見面，您好。我是出口部的山本。

**11 お世話になっております**

中 承蒙關照

例 日頃は大変お世話になっております。輸出課の山本です。

→ 平日承蒙您的諸多關照了。我是出口課的山本。

**12 さっそくお返事をいただき、うれしく思います**

中 收到您快速的回覆，我感到高興

例 ご多忙のところ早速メールをいただき、とてもうれしく存じました。→ 在您百忙之中仍即刻地收到您的郵件，非常地開心。

**13 ご連絡ありがとうございます**

中 謝謝您的聯繫

例 さっそくご返信、ありがとうございます。→ 謝謝您的即刻回信。

**14 はじめてご連絡いたします**

中 初次與您聯繫

例 はじめてご連絡いたします。輸出課の山本と申します。

→ 初次與您聯繫。我是出口課的山本。

## 正式場合

**01 いつもお心にかけていただき、深く感謝申し上げます** 中 總是受到您的關懷，謹此致以深深的謝意

例 平素よりなにかとお心にかけていただき、まことにありがたく存じます。→ 平日便受到您的諸多關懷，衷心地感謝。

**02 いつもお心遣いいただき、まことにありがとうございます**

中 總是受到您的細心掛念，衷心地感謝

例 いつも温かいお心遣いをいただき、まことにありがとうございます。→ 總是受到您溫馨的細心掛念，衷心地感謝。

## ★正 文★

**01 不備(ふび)が見(み)つかりました**

中 發現缺失

**02 恐(おそ)れ多(おお)いことですが**

中 雖然十分地誠惶誠恐～

例 恐(おそ)れ多(おお)いことですが、ひと言(こと)だけ申(もう)しあげます。

➔ 雖然十分地誠惶誠恐，恕我謹此致以一句話。

**03 支障(ししょう)がでております**

中 出現阻礙

例 業務(ぎょうむ)に支障(ししょう)がでております。

➔ 業務上出現阻礙。

**01 僭越(せんえつ)ながら** 中 雖為僭越之舉～

例 僭越(せんえつ)ながら、個人的(こじんてき)な意見(いけん)を申(もう)しあげます。➔ 雖為僭越之舉，尚請容我表達個人意見。

**02 当惑(とうわく)しております**

中 我們正感到困惑

**03 早急(さっきゅう)な善処(ぜんしょ)をお願(ねが)いいたします**

中 希望盡快採取對應行動

**04 困惑(こんわく)いたしております**

中 感到不知所措

## ★結 語★

**01 以上(いじょう)、よろしくお願(ねが)いします**

中 就這些，請多多指教

**02 まずは〇〇申(もう)し上(あ)げます**

中 總之先致以〇〇～

例 まずは謹(つつし)んでご連絡申(れんらくもう)し上(あ)げます。➜ 總之先謹致以通知。

03 ご回答(かいとう)をいただければ助(たす)かります

中 若能得到您的解答將幫了我的大忙

例 恐縮(きょうしゅく)ですが、ご回答(かいとう)をいただければ助(たす)かります。➜ 雖感冒昧，但若能得到您的解答將幫了我大忙。

04 ご検討(けんとう)ください 中 請研究討論

例 お手数(てすう)ですが、ご検討(けんとう)ください。➜ 還請勞煩您研究討論。

05 引(ひ)き続(つづ)きよろしくお願(ねが)いいたします 中 今後仍望惠顧關照

06 今後(こんご)ともよろしくお願(ねが)いいたします 中 今後也請多指教

07 よろしくお願(ねが)いいたします

中 多多指教

08 なにとぞよろしくお願(ねが)い申(もう)し上(あ)げます 中 祈請多多指教

例 ご協力(きょうりょく)のほど、なにとぞよろしくお願(ねが)い申(もう)し上(あ)げます。

➜ 祈請撥冗協助，多多指教。

01 まずは○○かたがた○○まで

中 在此向您致○○並○○

例 まずはご連絡(れんらく)かたがたお願(ねが)いまで。➜ 在此向您致以通知並請託。

02 取(と)り急(いそ)ぎ○○の○○まで

中 總之先致以○○~

例 取(と)り急(いそ)ぎ実情(じつじょう)のご連絡(れんらく)まで。

➜ 總之先致以實際情況的聯繫。

03 まずは○○まで 中 總之先○○~

例 まずはご連絡(れんらく)まで。

➜ 總之先致以通知。

04 まずは取(と)り急(いそ)ぎご○○まで

中 總之先致以○○~

例 まずは取(と)り急(いそ)ぎご連絡(れんらく)まで。

➜ 總之先致以通知。

# Unit 12 祝賀

要把握在對方最高興、開心的時機時送出，也可說是誠意的最佳表現。寄出時間是越快越好。

## 結構

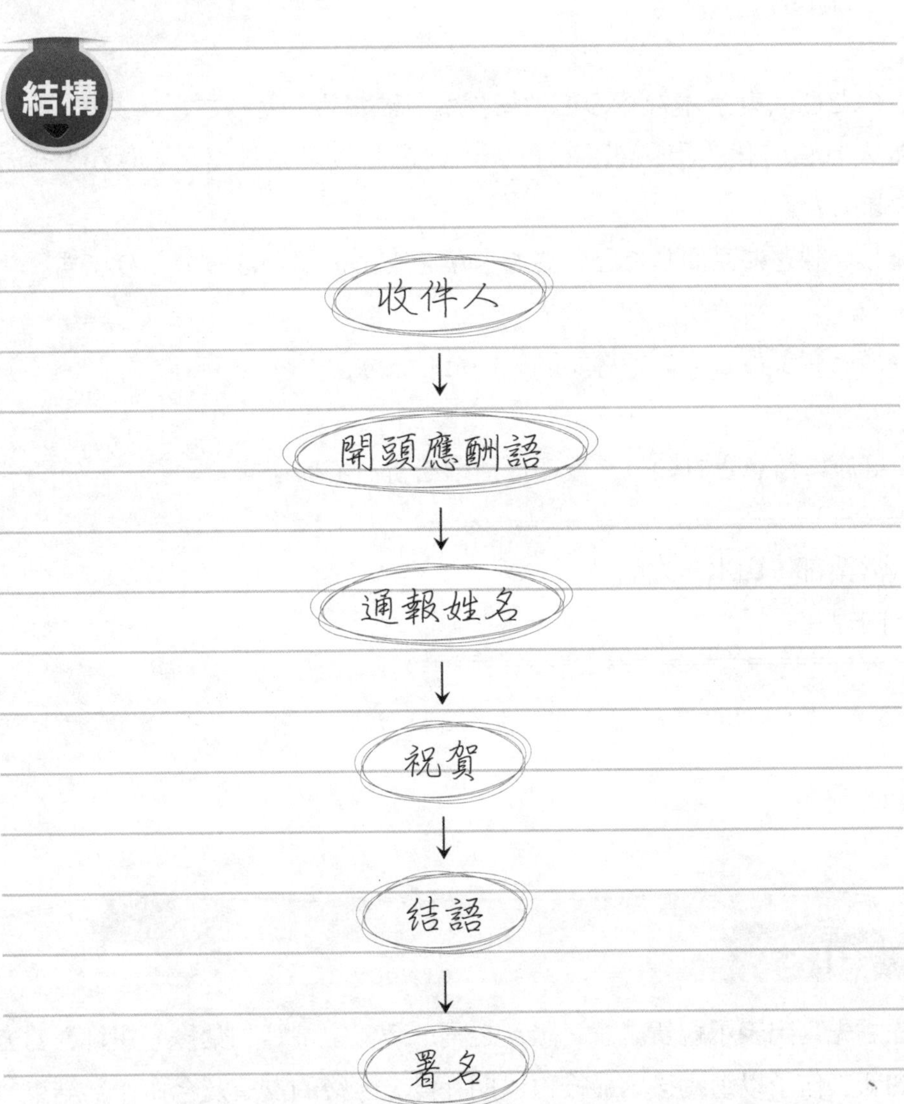

## 12-1 光榮遷調的祝賀

正文

### 件名：ご栄転おめでとうございます

輸出部
○○部長

このたびは東京本社へのご栄転、本当におめでとうございます。
新入社員時代、○○部長にはいろいろお教えいただきありがとうございました。
難しい課題に直面したときもお言葉を支えにがんばっております。

今後ともよろしくご指導お願いいたします。

ご健康に留意されいっそうのご活躍を祈っています。

==================================
営業部　山本　太郎
内線 ○○○
==================================

**POINT**

注意先寫出表示祝賀之意、讚賞之詞、敬佩之情等詞彙後，在針對對方的新工作予以勉勵後，最後再以期許雙方今後的友誼及合作作為結束。

譯文

## 標題：恭喜您光榮遷調

出口部
〇〇部長：

本次光榮遷調至東京總部，真的非常恭喜。
在我還是新人的時候，受到〇〇部長許多指教，非常地謝謝您。
而每當我遇到瓶頸時都會想起您說過的話並以此為支柱地努力突破。

今後也希望您能繼續予以指教。

請您多多保重身體，並於此祝福您步步高升。

====================================
營業部　山本　太郎
內線分機 〇〇〇
====================================

**栄転**(えいてん) 中 **榮升**

例 このたびのご栄転(えいてん)おめでとうございます。➜ 祝您此次榮升。

**このたび** 中 **此次**　例 このたび退任(たいにん)することになった。➜ 決定此次卸任。

**直面**(ちょくめん) 中 **面對**

例 現実(げんじつ)に直面(ちょくめん)して初(はじ)めて事(こと)の真相(しんそう)を知(し)った。➜ 面對現實以後才明白事情的真相。

**支え**(ささ) 中 **支柱**　例 心(こころ)の支(ささ)えとなる。➜ 成為精神支柱。

**留意**(りゅうい) 中 **注意**　例 健康(けんこう)に留意(りゅうい)する。➜ 注意健康。

# 關於「祝賀」信函的好用句

## ★開頭語★

**01 いつもお世話になっております**
中 感謝您一直以來的照顧

**02 いつもお世話になりありがとうございます**
中 感謝您一直以來的照顧

**03 さっそくお返事をいただき、うれしく思います**
中 收到您快速的回覆，我感到高興

例 ご多忙のところ早速メールをいただき、とてもうれしく存じました。➔ 在您百忙之中仍即刻地收到您的郵件，非常地開心。

**04 ご無沙汰しておりますが、いかがお過ごしですか**
中 久疏問候，過得如何？

例 ご無沙汰しておりますが、お変わりなくお過ごしのことと存じます。
➔ 久疏問候，想必一切與往常無異。

**05 ご無沙汰しております**
中 好久不見／久疏問候

例 日々雑事におわれ、ご無沙汰しております。
➔ 因每日雜務繁忙，以致久疏問候。

**06 お久しぶりです** 中 好久不見

例 昨年のセミナーでお会いして以来でしょうか。お久しぶりです。
➔ 最後一次相見是在去年的研討會了吧。好久不見。

**07 いつも大変お世話になっております** 中 感謝您一直以來的照顧

**08 はじめてご連絡いたします**
中 初次與您聯繫

例 はじめてご連絡いたします。輸出課の山本と申します。
➔ 初次與您聯繫。我是出口課的山本。

**09 突然のメールで失礼いたします**
中 唐突致信打擾了

例 突然のメールで失礼いたします。社内報を拝見してご連絡させていただきました。
➔ 唐突致信打擾了。因為瀏覽了公司內部報刊，所以冒昧地聯繫您。

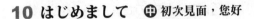

**10 はじめまして** 中 初次見面，您好

例 はじめまして、輸出部の山本です。

→ 初次見面，您好。我是出口部的山本。

**11 お世話になっております**
中 承蒙關照

例 日頃は大変お世話になっております。輸出課の山本です。

→ 平日承蒙您的諸多關照了。我是出口課的山本。

**12 お疲れ様です** 中 辛苦了

例 お疲れ様です。輸出課の山本です。

→ 辛苦了。我是出口課的山本。

**13 ご連絡ありがとうございます**
中 謝謝您的聯繫

例 さっそくご返信、ありがとうございます。

→ 謝謝您的即刻回信。

正式場合

**01 いつもお心遣いいただき、まことにありがとうございます**
中 總是受到您的細心掛念，衷心地感謝

例 いつも温かいお心遣いをいただき、まことにありがとうございます。→ 總是受到您溫馨的細心掛念，衷心地感謝。

**02 いつもお心にかけていただき、深く感謝申し上げます** 中 總是受到您的關懷，謹此致以深深的謝意

例 平素よりなにかとお心にかけていただき、まことにありがたく存じます。→ 平日便受到您的諸多關懷，衷心地感謝。

★正文★

一般場合

**01 心からお喜び申し上げます**
中 衷心的祝賀

例 この記念日を一同、心からお喜び申し上げます。

→ 我們衷心地祝賀這個紀念日。

**02 皆様もさぞお喜びのことでございましょう** ㊥ 大家一定是很高興的吧

㊪ 新工場の完成、おめでとうございます。スタッフの皆様もさぞお喜びのことでございましょう。➔ 祝賀新廠房落成。工作人員全體一定是很高興的吧。

**03 誠におめでとうございます**
㊥ 誠心地祝賀您

㊪ このたびのご栄転、誠におめでとうございます。
➔ 誠心地祝賀您此次高升。

**04 心からお祝い申し上げます**
㊥ 衷心的祝賀

㊪ 事業部長に昇任なされたとの由、心からお祝い申し上げます。➔ 欣聞您升為營業部長之事，我衷心地祝賀。

## 正 式 場 合

**01 心からご祝辞申し上げます**
㊥ 衷心地祝賀

㊪ ご誕生、心からご祝辞申し上げます。➔ 我衷心地祝賀您生日。

**02 まことに悦ばしいおもいでございます** ㊥ 真心感到高興

㊪ 貴下には文化勲章受章の栄誉を得られましたとのこと、まことに悦ばしいおもいでございます。➔ 欣聞您取得文化勳章的榮耀，真心替您感到高興。

**03 慶びにたえません** ㊥ 喜不自禁

㊪ 賞を受賞されましたこと、慶びにたえません。
➔ 我聽說您獲獎，也跟著喜不自禁。

**04 皆様の喜びもいかほどかと拝察申しあげております**
㊥ 大家一定是很高興的吧

㊪ 並々ならぬご苦労があったことと存じますが、それだけに皆様のお喜びもいかほどかと拝察申しあげております。
➔ 我想一定是經歷了許多辛苦。因此，大家一定是很高興的吧。

**05 めでたく～されました由**
㊥ 欣聞您……

㊪ めでたくご結婚されました由、心よりお祝い申し上げます。
➔ 欣聞您結婚的消息，衷心地祝賀。

**06 謹んでお慶び申し上げます**
㊥ 致以衷心的祝福

例 皆様にはますますご健勝のこととお喜び申し上げます。

→ 致以衷心地祝福大家愈益康健。

## ★結 語★

**01 まずは○○申し上げます**

中 總之先致以○○～

例 まずは謹んでお祝い申し上げます。→ 總之先致以祝賀。

**01 皆様のますますのご活躍を心よりお祈り申し上げます**

中 一路順風

**02 皆様のますますのご発展を心よりお祈り申し上げます**

中 一路順風

**01 まずは○○まで** 中 總之先○○～

例 まずはお祝いまで。

→ 總之先致以祝賀。

**02 まずは取り急ぎご○○まで**

中 總之先致以○○～

例 まずは取り急ぎお祝いまで。

→ 總之先致以祝賀。

**03 まずは○○かたがた○○まで**

中 在此向您致○○並○○

例 まずはお祝いかたがたご返事まで。→ 在此向您致以祝賀並回信。

**04 取り急ぎ○○の○○まで**

中 總之先致以○○～

例 取り急ぎご退院のお祝いまで。

→ 總之先致以您出院的祝福。

# Unit 13 慰勞

「慰勞」是為對方的辛勞予以安慰、鼓勵之行為。

書寫時應以尊重對方，且使其今後也能保持其行動力的文章內容為佳。

## 結構

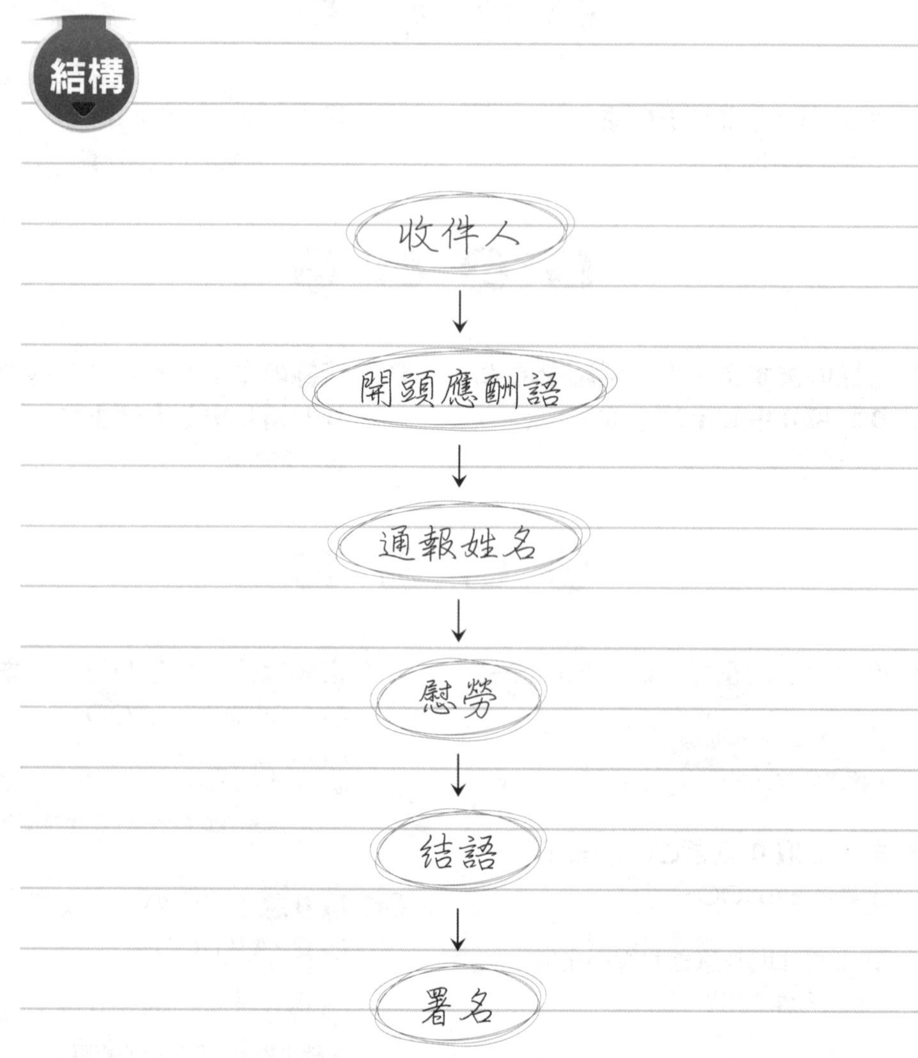

# 13-1 鼓勵垂頭喪氣的部屬

正文

## 件名：〇〇〇社の件

〇〇さん

お疲れ様です。
山本です。

〇〇〇社の件、今回は受注できなかったとのこと、残念でしたね。
先方のニーズに価格、仕様も合っており、相当な数量も期待できていただけに、
〇〇さんは相当がっかりしていることでしょう。

今回は先方の急激な資金繰り悪化で断念せざるを得なかったわけで、
不幸中の幸いかも知れません。

〇〇さんの真摯な営業態度をお客からよく耳にしています。

次回また頑張りましょう。

==============================
輸出部　山本　太郎
内線 〇〇〇
==============================

譯文

## 標題：關於〇〇〇公司的事

工作辛苦了。
我是山本。

關於〇〇〇公司的事，聽說這次沒能拿下訂單，好可惜呢。
因為價格、商品規格也都符合對方的需求，
大家原本都預測期待能拿下大筆數量的訂單，
相對這樣的結果，想必〇〇現正感到相當地沮喪吧。

此次因對方突然發生資金周轉不靈而不得不放棄這筆訂單說不定是不幸中的大幸。

我常常從客人那裡聽說〇〇的服務態度非常誠懇喔。

等待下次機會我們再接再厲就好了。

==================================
出口部　山本　太郎
內線分機 〇〇〇
==================================

## 單字

**残念（ざんねん）** 中 遺憾

例 若（わか）い時（とき）によく勉強（べんきょう）しなかったのが残念（ざんねん）だ。
➔ 年輕的時候沒有好好學習，真是遺憾。

**ニーズ** 中 要求

例 顧客（こきゃく）のニーズに応（おう）じきれない。➔ 不能滿足顧客的要求。

**だけに** 中 因為～，所以

例 事件（じけん）が事件（じけん）だけにそのほとぼりはまだ続（つづ）いている。
➔ 因為那件事非同小可，所以社會上還在不斷議論。

**がっかりする** 中 灰心喪氣

例 がっかりしている友（とも）だちを励（はげ）ます。➔ 鼓勵灰心喪氣的朋友。

**資金繰り（しきんぐり）** 中 資金周轉

**断念（だんねん）** 中 放棄

例 あの計画（けいかく）はまだ断念（だんねん）しない。➔ 還不放棄那項計畫。

**真摯（しんし）** 中 認真

例 真摯（しんし）に考慮（こうりょ）する。➔ 認真思考。

**耳（みみ）にする** 中 聽到

例 陰口（かげぐち）を耳（みみ）にする。➔ 聽到背地說的壞話。

**POINT**

1. 內容以稱讚、感謝對方，並以期待的態度傾聽對方的話語等為佳。
2. 「お疲（つか）れ様（さま）」：表示慰勞對方辛勞之招呼語。是面對上位的人時使用。於晚輩、下位的人時則使用「ご苦労様（くろうさま）」。

# 關於「慰勞」信函的好用句

## ★開頭語★

**01 ご無沙汰しております**

中 好久不見／久疏問候

例 日々雑事におわれ、ご無沙汰しております。

➔ 因每日雜務繁忙，以致久疏問候。

**02 いつも大変お世話になっております** 中 感謝您一直以來的照顧

**03 お疲れ様です** 中 辛苦了

例 お疲れ様です。輸出課の山本です。➔ 辛苦了。我是出口課的山本。

**04 ご無沙汰しておりますが、いかがお過ごしですか**

中 久疏問候，過得如何？

例 ご無沙汰しておりますが、お変わりなくお過ごしのことと存じます。

➔ 久疏問候，想必一切與往常無異。

**05 お久しぶりです** 中 好久不見

例 昨年のセミナーでお会いして以来でしょうか。お久しぶりです。➔ 最後一次相見是在去年的研討會了吧。好久不見。

**06 お世話になっております**

中 承蒙關照

例 日頃は大変お世話になっております。山本です。

➔ 平日承蒙您的諸多關照了。我是山本。

**07 いつもお世話になっております**

中 感謝您一直以來的照顧

## ★正 文★

**01 素晴らしい出来だ！さすがは君だ！** 中 太厲害了！真不愧是你！

**02 あなたを誇りに思いますよ**

中 您是我們的驕傲

例 あなたを誇りに思いますよ。
→ 您是我們的驕傲。

**03 ～てくれてありがとう**
中 感謝幫我～

例 手伝ってくれてありがとう。
→ 感謝您幫忙我。

**04 いつもありがとう**
中 經常受到您的關照謝謝您

**05 お仕事おつかれさまです**
中 您工作辛苦了

**06 ○○のおかげで、** 中 托○○的福

例 あなたのおかげで、売り上げが伸びました。
→ 託您的福，銷售收入成長了。

**07 ご苦労様でした** 中 辛苦您了

**08 お疲れ様でした** 中 辛苦您了

**09 お客さんがいつもありがとうって言ってましたよ**
中 客人經常感謝您

## ★結 語★

一般場合

**01 ゆっくり休んでください**
中 請好好休息

**02 良いお年を** 中 祝您過個好年

例 では皆さん、良いお年を！
→ 那麼，就祝大家都過個好年。

**03 とても立派でしたよ**
中 是非常出色的

國家圖書館出版品預行編目資料

零失誤！日文商用E-mail即貼即用 / 三木勳著.
— 新北市 : 知識工場, 2013.12
面 ;　公分
ISBN 978-986-271-431-7(平裝)
1.商業書信 2.商業應用文 3.電子郵件 4.日語

493.6　　102020659

知識工場・日語通 21

# 零失誤！日文商用E-mail即貼即用

出版者／知識工場
作者／三木勳
總編輯／歐綾纖
文字編輯／蔡靜怡
審訂、校正／Nanase
美術設計／蔡瑪麗

本書採減碳印製流程並使用優質中性紙（Acid & Alkali Free）最符環保需求。

郵撥帳號／50017206 采舍國際有限公司（郵撥購買，請另付一成郵資）
台灣出版中心／新北市中和區中山路2段366巷10號10樓
電話／（02）2248-7896　　傳真／（02）2248-7758
ISBN／978-986-271-431-7
出版日期／2017年最新版

全球華文國際市場總代理／采舍國際
地址／新北市中和區中山路2段366巷10號3樓
電話／（02）8245-8786　　傳真／（02）8245-8718

全系列書系特約展示門市
新絲路網路書店
地址／新北市中和區中山路2段366巷10號10樓
電話／（02）8245-9896　　網址／www.silkbook.com

本書於兩岸之行銷（營銷）活動悉由采舍國際公司圖書行銷部規畫執行。

nowledge. 知識工場

Knowledge is everything！

nowledge. 知識工場

Knowledge is everything！